主编　吴越　陈翔
编著　陈翔　王雷　裘知　金方　刘翠　林涛

建筑设计新编教程 3—综合进阶

New Course of Architectural Design 3-Comprehensive Advanced

中国建筑工业出版社

图书在版编目（CIP）数据

建筑设计新编教程. 3, 综合进阶 = New Course of Architectural Design 3-Comprehensive Advanced / 吴越, 陈翔主编. -- 北京 : 中国建筑工业出版社, 2021.12

ISBN 978-7-112-26963-1

Ⅰ. ①建… Ⅱ. ①吴… ②陈… Ⅲ. ①建筑设计－高等学校－教材 Ⅳ. ①TU2

中国版本图书馆CIP数据核字(2021)第259919号

责任编辑：徐昌强 李东 陈夕涛
责任校对：张惠雯

建筑设计新编教程 3—综合进阶
New Course of Architectural Design 3-Comprehensive Advanced
主编 吴越 陈翔
编著 陈翔 王雷 裘知 金方 刘翠 林涛
*
中国建筑工业出版社出版、发行（北京海淀三里河路 9 号）
各地新华书店、建筑书店经销
北京富诚彩色印刷有限公司印刷
*
开本：850 毫米×1168 毫米 1/16 印张：15 字数：479 千字
2021 年 12 月第一版 2021 年 12 月第一次印刷
定价：**138.00** 元
ISBN 978-7-112-26963-1
（ 38705 ）

前言

面对全球化、信息化的挑战，建筑学这门古老的学科，正经历空前变革的压力。专业结构的渗透与交叉、知识体系的更新与互联，打破了学科的固有边界，也触碰了学科的既有内涵。与之相对应的建筑教育，如何适应高速变化的外部环境，走出象牙塔式的传统教育模式，探索一条与时代进步相适应的改革之路，显得尤其必要和迫切。

基于上述思考，浙江大学建筑学系自 2016 年以来，对本科核心设计课程进行了一系列调整。以“国际化、跨学科、实战对接”为核心理念，以提升思维能力和专业素养为目标导向，形成了“3+1+1”建筑设计课程体系（图 1），提出了“知识传授与素质培养并重、技能训练与思维培育兼顾，宽平台、厚基础的卓越人才培养方案”。特别是本科前三年，以较为严格控制的、理性的课程体系进行设计核心课程训练，通过“设计初步”“基本建筑”“综合进阶”三个阶段的系统学习，掌握建筑设计的基本方法和技能，为后续的专业学习及专业拓展打下良好的基础。

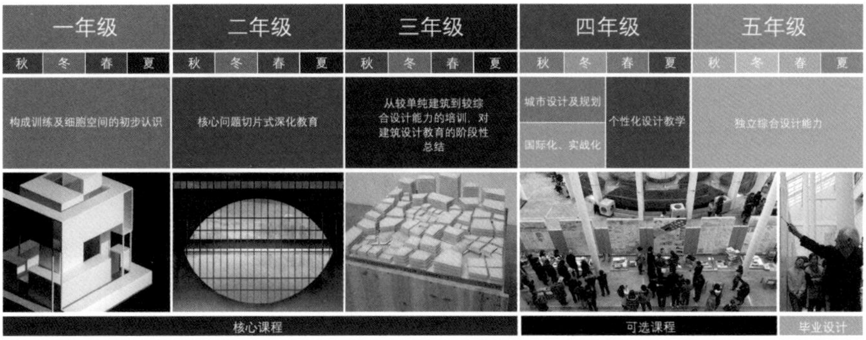

图 1 “3+1+1”建筑设计课程体系

课程训练分为“设计思维训练”和“基本技能训练”两个系列。其中“设计思维训练”通过细胞空间初步训练、核心问题切片训练、复杂问题综合训练这几个递进式教学模块的设置，由抽象到具象、由部分到整体、由简单到复杂，逐步提升，实现对建筑设计问题的综合理解和掌握。“基本技能训练”包括二维图示、三维模型、视觉图解、田野调查、分析测评、阅读归纳、案例启蒙、建筑策划、专题研究、综合表达、执业熏陶、竞争与团队合作等素质能力的训练，有机嵌入设计思维训练的环节中，形成一个系统的学习方法体系。（图 2）

在本科前三年的课程体系里，一、二年级聚焦“建筑本体系统”的空间、功能、技术、形式等核心问题，并触碰到外部具体环境，完成从抽象认知到基本建筑的系统性基础学习。三年级是在前两年“建筑本体系统”训练的基础上，叠加包括城市（建成环境、规划）、自然（场地、景观）、文化（地域、历史、文脉）、社会（社区、人群、观念、规则、决策机制）等“复杂外部系统”的综合性训练。（图 3）

一年级的核心关键词是“基础理性”，通过基于构成和细胞空间的初步训练，培养学生初步的设计概念和设计理性。课程训练包括三维图底、体积规划、水平切分、垂直积聚、视觉尺度、形式秩序、人居空间、建构逻辑、场所环境等建筑设计基础性问题的系统训练，形成“以科学方法启蒙理性设计思维”的建筑设计基础教学体系。教学组织模式以“教、学、评、展、著”五个环节，构成前后关联、相互支撑的系统，引导学生实现五感合一：“眼”（细心观察）、“手”（实际操作）、“脑”（思辨分析）、“口”（表达沟通）、“心”（成就感与专业热情）。强调知识、技能与思维意识三个层面多对矛盾（包括直观现象与抽象属性；直觉偏好与理性逻辑；约束限制与激发创新）的“一致性”，激发学生持续、自主的学习和探索。

设计思维训练	阶段一	基本问题的认知、逻辑思维的训练、理性秩序的建立
	阶段二	基于功能的设计、基于结构和材料的设计、基于构造的设计、基于组群的设计
	阶段三	约束性设计、系统性设计、开放性设计、探究性设计
基本技能训练	阶段一	二维图示、三维模型、视觉图解、专业术语
	阶段二	阅读、调研、分析、测评、表达
	阶段三	案例分析、专题研究、建筑策划、综合表达、执业熏陶、竞争与合作

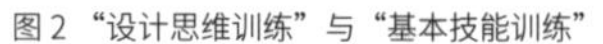
图 2 “设计思维训练”与“基本技能训练”

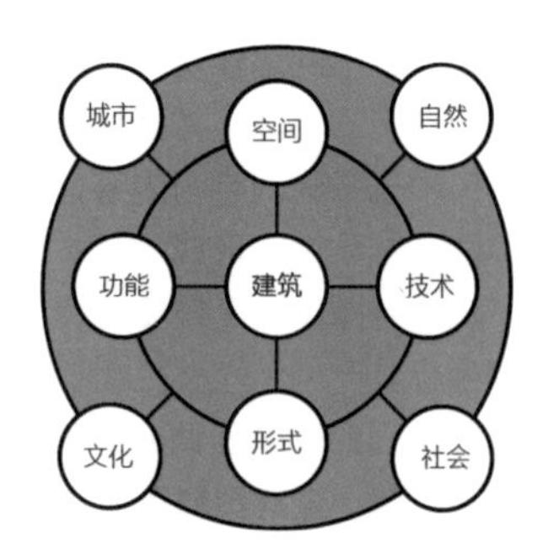

图 3 “建筑本体系统”与“复杂外部系统”

二年级的核心关键词是“基本建筑”：包括基本要素、基本关系、基本原理三方面内容。通过对基本功能、基本结构、基本构造、基本材料、基本设计语言、基本建筑环境、基本规范等建筑设计的基本问题的切片式学习，形成对建筑设计基本方法的理解和掌握。课程强调技能切片训练的逻辑性（包含整体性），操作与观察的互动性（包含多元性）。具体通过一系列具有针对性的设计，包括人居（空间与功能角色）、建构（空间与结构构造）、场所（空间与场地环境）等各有侧重的设计思维训练横向切片，及“阅读、调研、分析、测评、表达”等技能性纵向切片，将基本问题嵌入设计课题，既突出问题，又有效地训练设计。

三年级的核心关键词是“综合进阶”，是在前两年基础性训练的基础上，加入复杂功能、复杂结构、复杂材料和构造、复杂环境等因素，强化对复杂建筑问题的理解，强化对综合性建筑设计能力的训练和提升，是核心设计课程的阶段性总结。三年级设计课程包括约束性设计、系统性设计、开放性设计、探究性设计四部分内容。其中的“约束性设计”，以都市环境下的既有建筑改造作为课题载体，强调条件约束对建筑设计的影响，训练学生的问题意识，以及在限定状态下对建筑问题的回应和解决；“系统性设计”强调“系统观念”在建筑设计中的作用，课题以“自然环境场地 + 非经验功能主题”的方式，通过对环境系统与建筑系统的复合叠加，引导学生理解建筑是由众多系统性要素复合建构的复杂体系，尝试从无到有建构完整性建筑世界的可能；“开放性设计”的命题以事件为线索，以社会性、思想性为概念内核，通过短周期的课题，训练学生对建筑设计问题的开放性探索；“探究性设计”关注建筑设计的“问题、策略、解决”等环节的综合性能力训练，针对城市片区的人群、建筑等复杂现象，通过问题研究、项目策划、建筑设计、概念竞标与团队合作等操作环节，训练学生的实战对接能力、对复杂条件的评估决策以及建筑设计问题的全光谱观察，实现不确定条件下的确定性设计。

针对本科三个年级的建筑设计教学，本教程对应为《建筑设计新编教程 1—设计初步》《建筑设计新编教程 2—基本建筑》《建筑设计新编教程 3—综合进阶》。

本教程尝试以客观型教学替代主观型教学，通过结构有序的教学流程的组织，让学习者理解建筑设计教学的规律性特征，达到普遍合格的学习效果和质量。具体归纳如下：

1. 将建筑设计教学问题分解为“建筑本体系统”+“复杂外部系统”的叠合。教程 1 关注“建筑本体系统”核心问题的抽象认知；教程 2 关注“建筑本体系统”核心要素的完整学习；教程 3 关注叠加“复杂外部系统”后形成的复杂建筑系统的整体建构。阶段目标清晰，整体目标完整，具有较强的连贯性、系统性。

2. 强调思维能力培养与基本技能训练的“双轨推进”。教程编排包括设计思维培养、设计技能操作由易到难的系统训练，统筹学习者在知识、能力、人格等素质培养方面的完整性以及未来职业发展的宽适性。

3. 突出建筑设计教学的“问题导向”特点。课题设置避免按功能类型组织的程式化操作，代之以通过细胞空间初步训练、核心问题切片训练、复杂问题综合训练的渐进式方案。围绕基于设计能力提升这一核心问题，形成具有针对性的解决路径。

4. 通过对设计要素的抽象提炼，突出特征，提高专业学习的“可辨识度”。比如以“基本建筑”的概念对设计的基本问题作切片式提取，将问题切片嵌入设计课题，形成“强调功能的设计”“强调材料结构的设计”“强调构造的设计”“强调组群的设计”等有较强可识别性的“基本建筑”设计方法的学习。

5. 根据不同的学习内容，设置不同的学习场景。一年级基于原理的“操作”强调客观性，基于变量的“观察”强调能动性，形成“基本操作后的观察”；二年级的教学则是“切片观察后的操作”；三年级的教学强调“观察与操作反复叠加的综合”。场景与角色的切换，有利于学生在复杂的建筑设计学习过程中修正认知，找准坐标。

6. 教程的选题强调非经验性。比如动物收容所、西溪艺舍等。由于学生缺乏对这一类建筑的直观认识，需通过调研、查找资料等方式重新认识功能，理解功能在设计中的真实意义。又比如“再建筑”的功能策划，让学生分成多个小组，分别以社区、企业、开发商、个人、NGO 等角色进行任务书编制。角色的多元性，使学生跳出小我的局限，看到建筑背后复杂的社会属性，从而进一步理解基于需求的功能任务书是如何制定出来的。

7. 鼓励和培养正确的设计价值观。强调知识、技能与思维意识三个层面多对矛盾（包括直观现象与抽象属性、直觉偏好与理性逻辑、约束限制与激发创新）的“一致性”。强调基于社会性、思想性、策略性、可持续性的设计价值观的凝练，以及基于约束性、系统性、开放性、探究性的设计方法论的提升，激发学生持续、自主的学习和探索。

本教程的素材大部分采自浙江大学建筑系近五年建筑设计教学的教案、作业。感谢参与整个设计教学过程的所有教师、同学的辛劳与付出；感谢对本教程编写提出宝贵建议的前辈、同仁；感谢胡慧峰、管理、张焕、戚山山、许伟舜、秦洛峰、王卡、余之洋、陈子莹、章艳芬、张佳苹、郭剑峰、胡敏对本书的贡献；感谢浙江大学建筑规划学科联盟、浙江大学平衡建筑研究中心对本书出版给予的支持！

期待从事建筑教育同仁的批评指正！期待建筑教育更丰富多彩的未来！

吴越　陈翔

目录

课题 I　约束性设计：再建筑

REBUILD

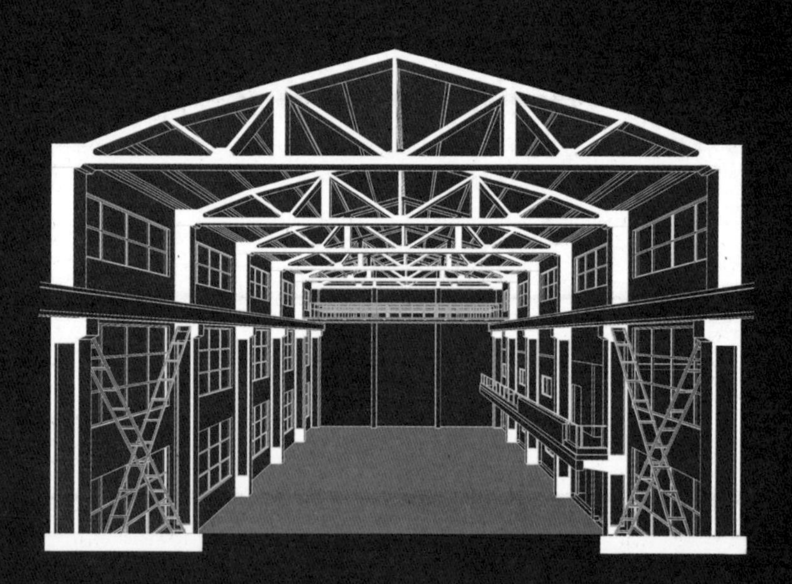

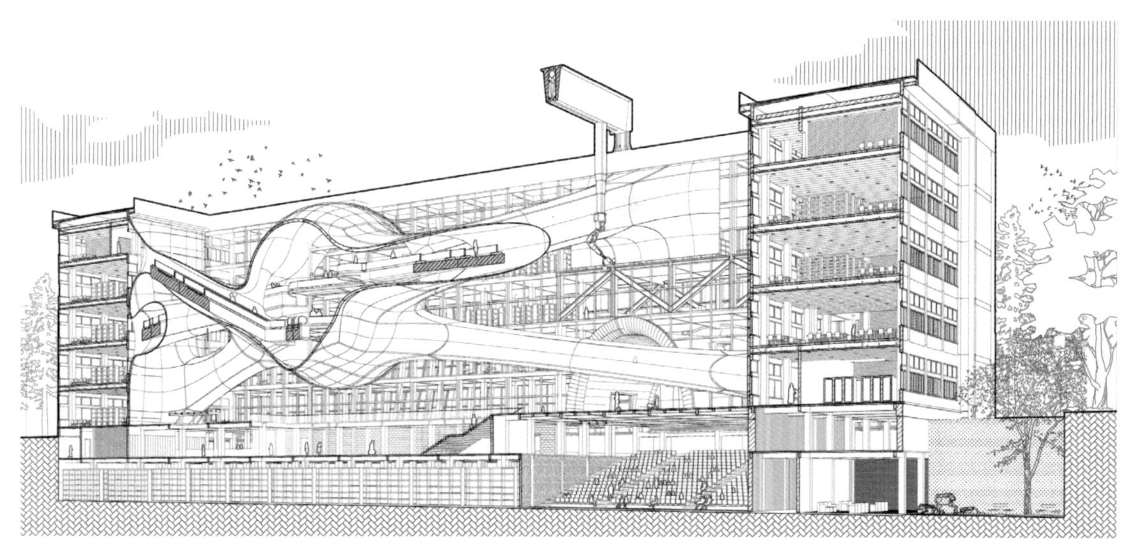

图 1-1 “再建筑”—图书馆改建剖透视

约束性设计以既有建筑更新改造作为课题内容，选择学生相对熟悉的校园建筑环境作为课题对象，通过设计条件的限定，强化对功能、空间、结构、材料及形式语言等核心问题的聚焦。训练通过对既有建筑的解析，深入理解建筑内在逻辑系统及历时性特征；设计保留既有建筑的结构体系，通过注入新的功能，更新建筑空间及形式语言，实现对既有建筑的改造再利用。训练强调约束对设计的影响，希望学生理解建筑设计是对各类约束条件的回应，设计的过程是发现问题、解决问题、建构张力、实现释放 (图 1-1、图 1-2)。

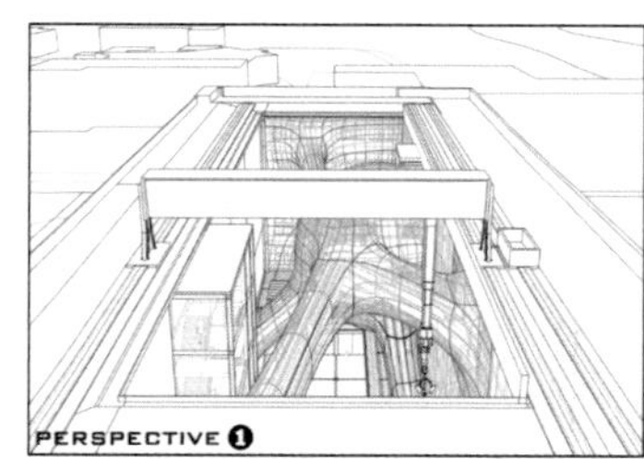

图 1-2 “再建筑”—图书馆改建局部透视

训练目标

1. 理解设计的约束性要素的内容与关键点，并在设计过程中予以回应；
2. 掌握设计相关的各要素之间的关联，选择合适的设计切入路径；
3. 建筑内部空间设计的形式语言与结构形式呼应的系统化训练；
4. 掌握相关基本建筑构造与建筑材料的应用；
5. 建筑设计图解分析、剖透视、建筑模型等表达技巧的强化。

课题背景

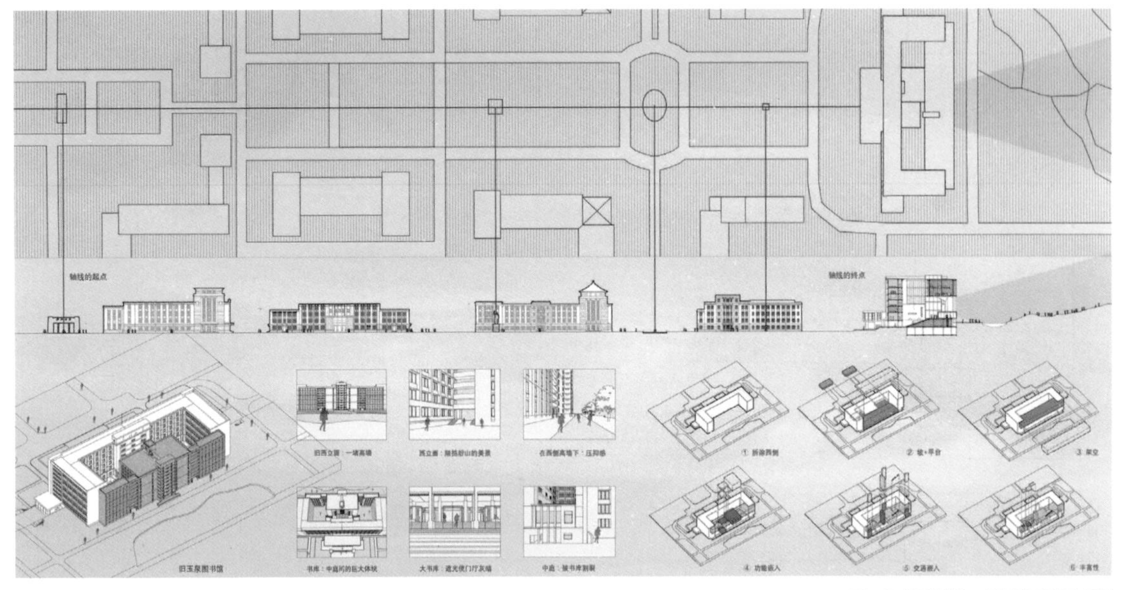

图 1-3 “再建筑”一图书馆改建分析图

1965 年，美国景观建筑师劳伦斯·哈普林 (Lawrence Halprin) 提出了建筑的“再循环”理论：“再循环不同于保存或修复，修复是相当接近地把既存结构物完全地维持其原来的面貌，而再循环是功能的改变，是将其内部组成重新调整成为人能接受的。”[1] 建筑再循环的本质是建筑生命周期的循环和延续，而非单纯意义上的保存或拆除再建。当旧建筑的功能寿命达到一个周期之后，作为建筑既有的物质形态其生命周期已经结束；而通过适度的改造与再利用，并赋予新的功能，原有建筑的生命周期将得到延续。

当下，城市建设加速推进，经历了对建筑业“粗放式”发展模式的自省。在建筑“精细化”设计的发展新趋势下，可以预见在未来相当长的时期内，建筑行业将面临大量旧有建筑更新改造再利用的课题，从而进入“再建筑”时代。另一方面，建筑的发展史告诉我们：建筑作为不同的社会生活方式下人们行为活动的空间物质载体，随着生活需求与活动方式的变化，旧有的建筑功能系统也会发生改变，建筑空间的意义与使用方式也会随之改变。因此，一个有生命力的建筑将呈现出历时性的发展，从而具有更长的使用生命周期。在一系列既有物质条件约束的前提下，建筑师通过“再建筑”方式主动适应建筑功能的变迁，是具有时代意义和社会价值的设计行为。

当旧有建筑的功能体系发生不适用时，建筑再次生命周期的开

1. 倪文岩 . 建筑再循环理念及其中西差异之比较 [J]. 建筑学报 , 2003, 000(012):18-21.

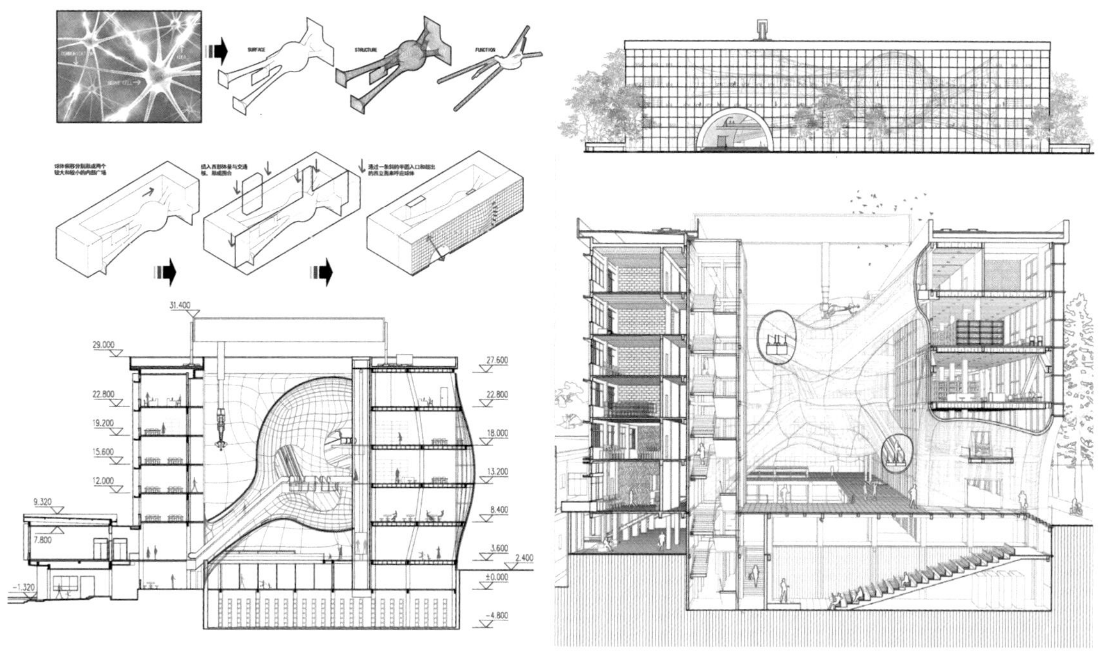

图 1-4 “再建筑”—图书馆改建分析及剖面

始是基于对建筑既有空间的再设计。既成的空间体系、结构体系、造型体系是再建筑开始的基本约束条件，新的用户体系、新的功能空间要求使得建筑各物质要素体系随之发生相应的转换与改变。在此背景下，作为综合进阶建筑设计教程的第一个课题，教学目标设定为：进一步强化学生对建筑空间与诸建筑要素之间逻辑链接的认识，以及对建筑设计所包含的“约束性”的理解，培养学生在特定的限定状态下对建筑问题的回应和分析解决能力(图1-3、图1-4)。

再建筑

城市一直是一种新建与改造共生的物质形态，拥有长久生命的建筑往往是历经改造和功能迭代的。例如建筑史中一些赫赫有名的建筑，都有曾被改造的历史，伊斯坦布尔的圣索菲亚大教堂曾被改作清真寺，四角加了尖塔，内墙面的天使像被《古兰经》语录取代；而英国的约克郡国王庄园，从 13 世纪到现在的近 800 年间，分别被改用作修道院长宅邸、王宫、议会行政中心、公寓、盲人学校、工厂等，直至当前的高等建筑研究学院校舍。纵观历史，往往正是一些合宜的改造，赋予了旧有建筑新的价值，从而重建其生命周期，才避免了这些历史建筑被遗弃荒废或推倒拆除的命运，得以保留绵延至今。

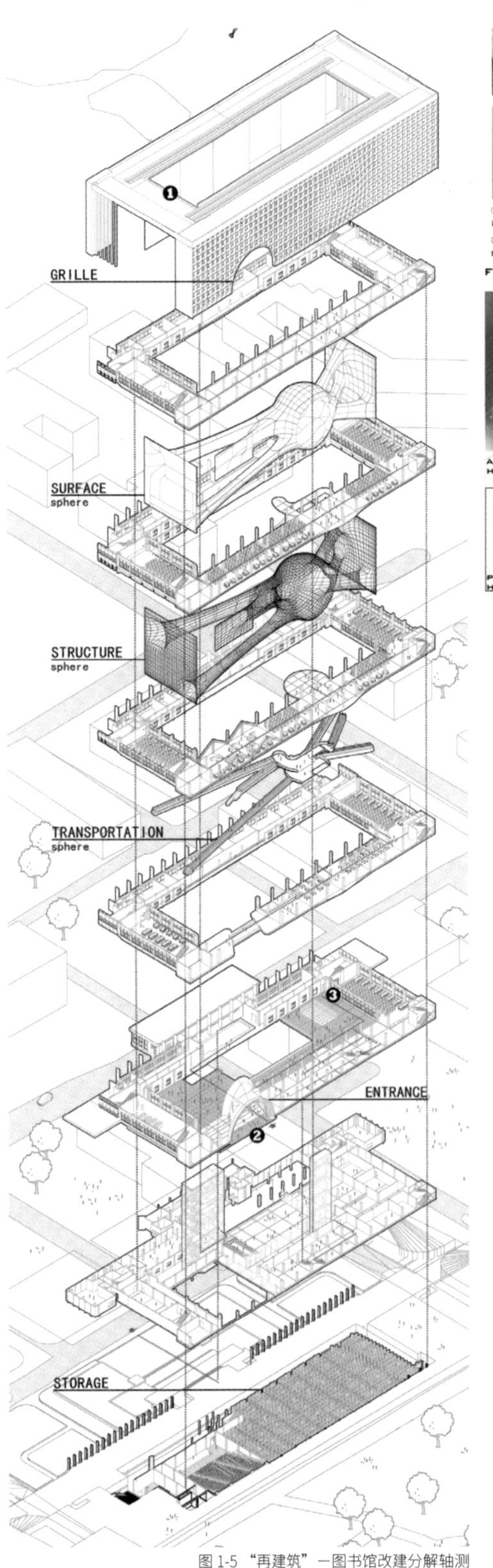

图 1-5 “再建筑”—图书馆改建分解轴测

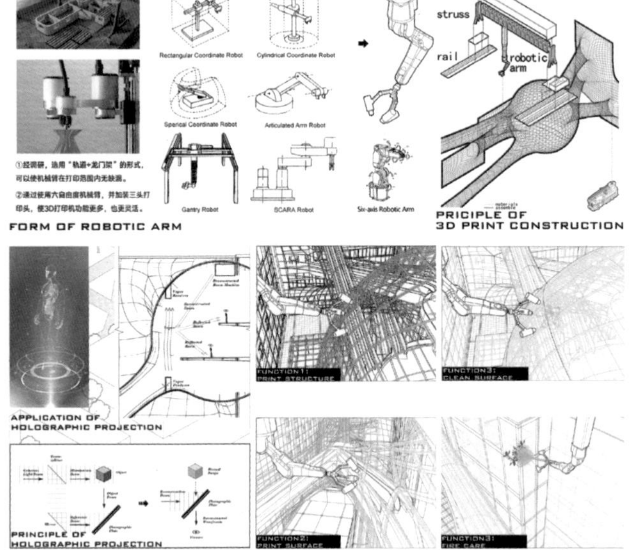

图 1-6 “再建筑”—图书馆改建场景与原理

城市是人类群居活动的空间范畴，由无数的建筑和室外空间组合而成。一个城市有其发生、发展直至消亡的生命历程。城市中的物质空间单元——建筑，正是这些生命信息延续的体征表达。因此，从文脉延续上来看，某些具有特定的人文价值和历史价值的建筑，需要保护和延续，以再现曾经的历史情境与人文艺术。

而那些占据城市物质空间环境绝对数量比的普通建筑，更是共同构成了城市有机体的全貌，承载着人们的群体性记忆，呈现出城市历史发展脉络与人文环境变迁的生命痕迹。面对这些建筑和城市空间的变迁，是忽略这些曾经的存在痕迹，简单拆除再建，还是在这些痕迹上继续延续建筑生命？这显然并不是一个难以抉择的问题。

辩证地认识建筑在城市发生、发展过程中的作用，才能更深刻地理解建筑所承载的历史及文化内涵，人文及情感依托，理解建筑生命周期的意义。“再建筑”正是一种源于社会价值观的，重新定义原有建筑的设计过程。当原有建筑已经失去原有意义或不适应于当下的使用需求时，建筑生命周期从初生到衰退的循环走向结束，这时通过适当的设计手法研究重塑新的价值内涵，重新归纳、梳理和重建建筑各要素系统，达到既有建筑的再生和适应性再利用的目的，赋予原有建筑新的意义与价值，启动建筑新一轮的生命循环。

这里的各要素系统，包括建筑的功能置换、结构体系的加固或调整、空间的增减与变化、形式体系的保留与突破，从而形成新的循环（图 1-5、图 1-6）。

图 1-7 “再建筑”—结构实验室改建剖透视

约束与设计

建筑设计受诸多因素的制约与限制，设计过程中总会遇到不同的客观条件，需要主观分析与筛选。这些主客观因素共同构成了影响设计思维逻辑构建过程中的诸多约束条件 (图 1-7)。

约束条件

约束条件，又称边界条件，概念来源于机械设计领域，英文名 Constraint Condition。

在机械优化设计中，目标函数取决于设计变量，而设计变量的取值范围都有各种限制条件，每个限制条件都可写成包含设计变量的函数，称为约束条件或设计约束[2]。

设计约束（Design Constraints）

约束是描述一组对象所必须满足的某种特定关系。通常讲的约束是指可能限制系统的条件与事物 , 而建筑设计中所讨论的约束则是使设计成果更全面完善的设计边界条件。

设计约束是指设计变量间应满足的相互制约和相互依赖的关系。对于设计而言，越是严苛的约束，越是具有挑战性[3]。

在建筑设计过程中 , 涉及大量的变量和变量的关系 , 这种关系可以通过约束的方式表达出来。各种关系连接成一体 , 可构成建筑设计的关系模型。而约束的类型是多种多样的，主要可分解为基本

2. 姚寿文．机械结构优化设计 =AN INTRODUCTION TO MECHANICAL OPTIMIZATION DESIGN: 北京理工大学出版社，2015.09.
3. 董建华 朱钟炎．设计约束 . 艺术与设计 2007(1): 49-52(1).

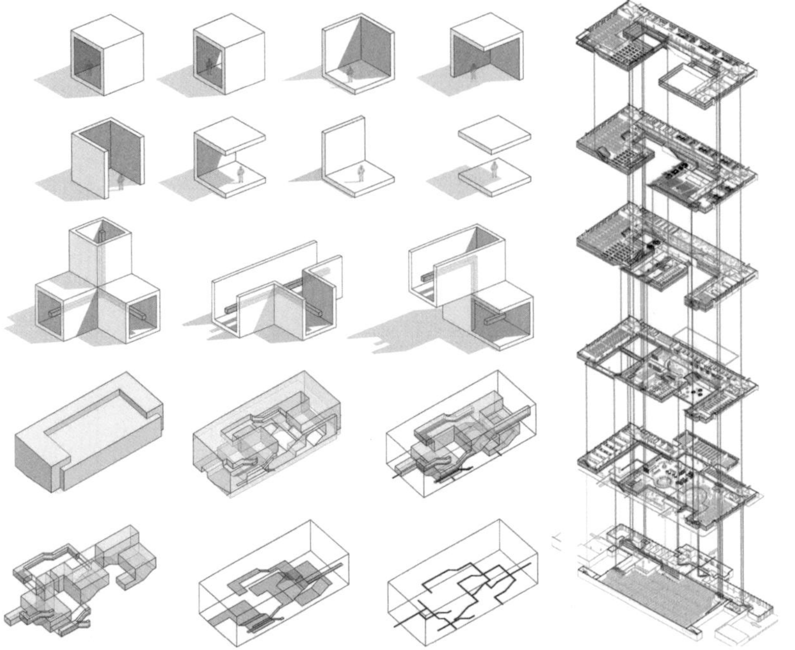

图 1-8 “再建筑”—图书馆改建功能及空间分析

图 1-9 “再建筑”—图书馆改建模型

图 1-10 “再建筑”—图书馆改建模型

约束和复杂约束两个层面。设计问题的求解过程即在满足各类约束的条件下，求得更为理想的综合性问题的平衡性答案。设计的生成是在给定的约束条件下进行的，从一定意义上来说，设计就是约束问题的满足。设计活动的本质是通过提取产品的有效约束来建立其约束模型并进行约束求解的过程 (图 1-8~ 图 1-10)。

表达结构体系对应空间体系变化而发生的改变过程

多个约束条件的合集，其值就是最后得到的最优化设计结果。设计实质是基于多个约束条件的裁剪设计空间 , 在遵守约束条件的情况下，优化设计空间的求解过程。也可将设计过程理解成利用约束逐步缩小设计信息空间的过程，如图 1-11 设计约束模型所示，通过对多个约束条件的认知与判断，明确信息空间、约束的边界范围以及解决其中可能存在的矛盾与冲突，从而提出设计策略，寻找到合适的设计路径。

约束设计方法的关键是建立信息空间、约束的应用以及解决其中可能冲突的控制策略等问题 (图 1-11)。

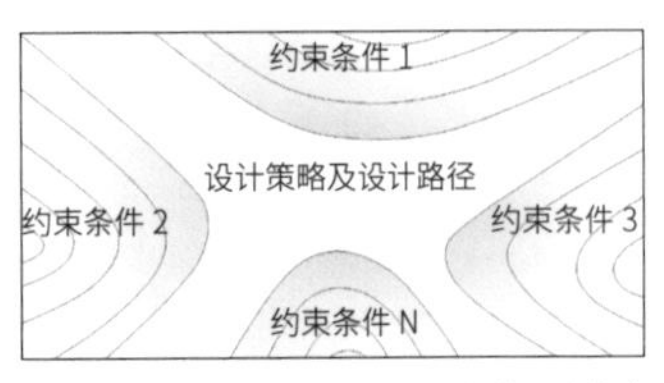

图 1-11　基于约束条件的设计策略

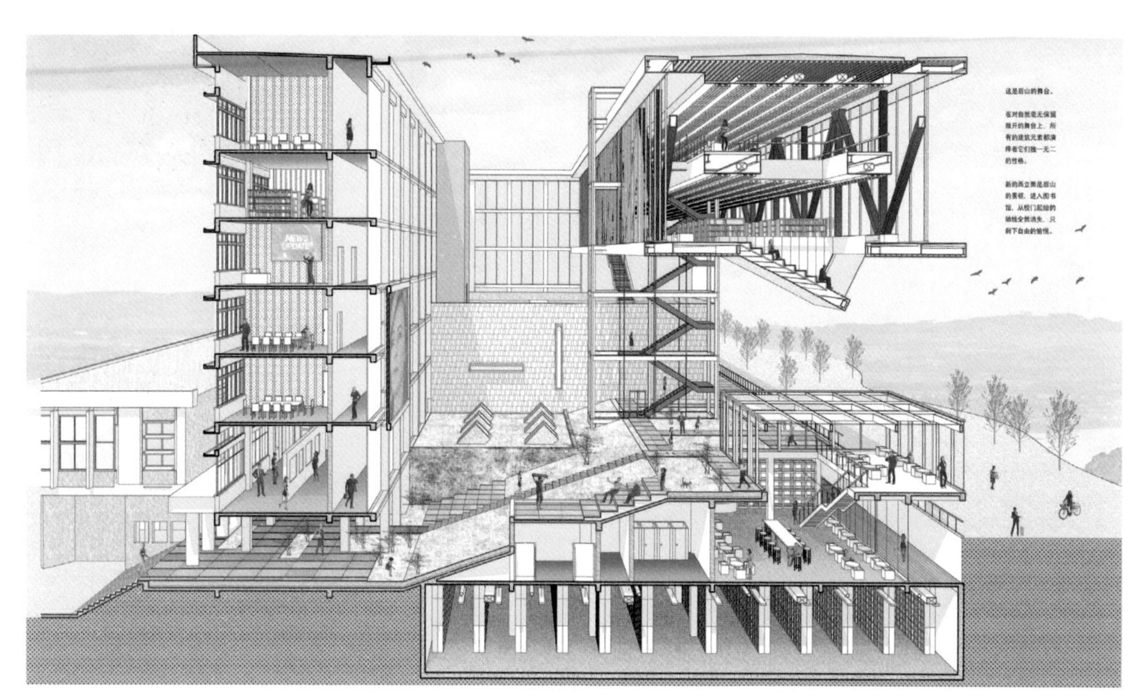

图 1-12 “再建筑”—图书馆改建剖透视

基本约束

建筑作为物理空间的物质存在，是功能、空间、结构、造型各系统之间的耦合集成，对既有建筑的“再建筑”创作，首先要认知并尊重既成的空间体系、结构体系、造型体系，它们是再建筑开始的基本约束条件。同时，要符合建筑设计的基本设计框架与设计逻辑。

结构理性与设计逻辑

建筑是一个融合了使用诉求、场地条件、空间特性、结构原理、材料工艺等要素的综合性的物质空间系统，这个物质系统框架清晰、主次分明、目标明确。建筑设计过程就是这一系统逐步形成与完善的过程，也是建筑结构系统理性达成的过程。“再建筑”课题的开展，设计者首先需要从现实条件出发，引出问题，结合功能定位、既有空间属性、结构形式特征等先决条件与约束性内容，综合分析与统筹部署，通过严谨的逻辑推演，形成解题思路与设计框架，也即结构理性与设计逻辑的生成 (图 1-12、图 1-13)。

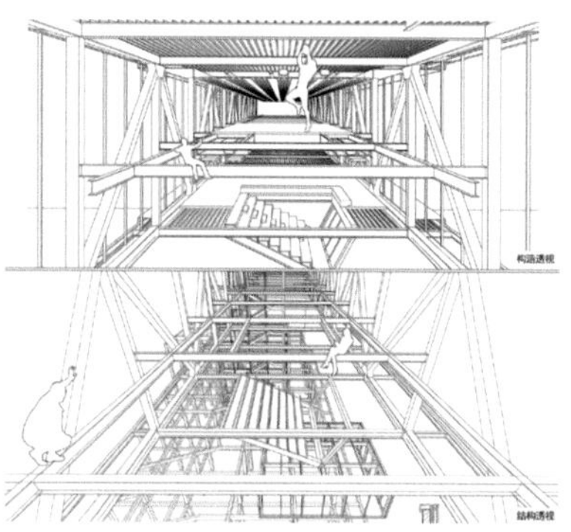

图 1-13 “再建筑”—图书馆改建局部场景透视

建筑功能与建筑形式

工业革命以来在机械理性唯物主义思潮影响下，建筑更倾向于功能与实用。空间与功能需求的对应关系往往决定建筑形式的呈现。因此，既有建筑不可避免地会带有原有功能的形式表征特质。而“再

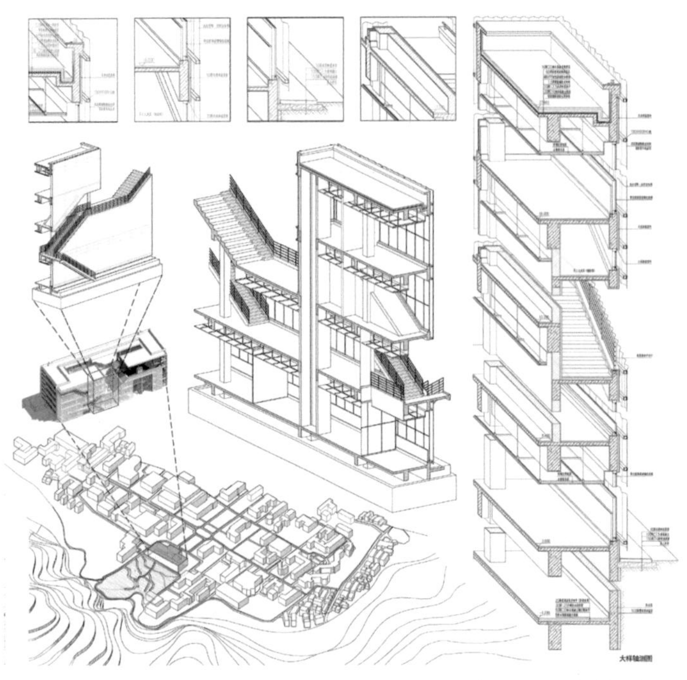

图 1-14 “再建筑”—图书馆改建结构与构造图

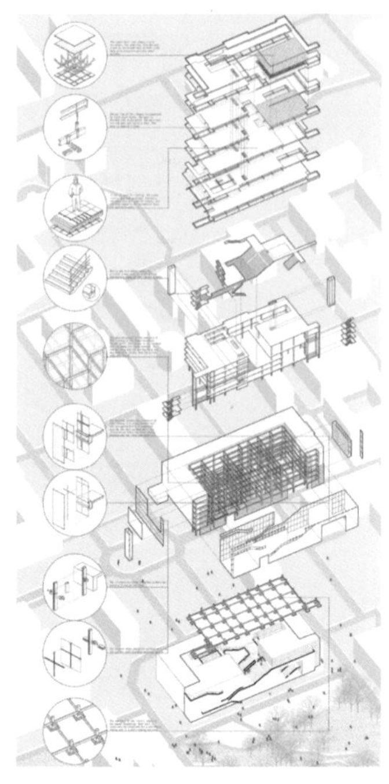
图 1-15 “再建筑”—图书馆改建分解轴测图

建筑”重塑建筑生命周期的前提即重新赋予建筑新的意义和功能定位。如何理解和处理原有的形式表征系统与新的建筑功能表达诉求之间的矛盾，是相较于新建一个建筑更为复杂而内涵深刻的问题。

材料构造与建筑美学

既有建筑的材料、构造、细部往往携带着历史的印记与人文内涵。特别是一些传统的材料和施工技法，往往突破了简单的物质呈现，更多体现传统的人文价值与文化技艺传承。“再建筑”的物质基础就是曾经的建筑实物，在地建筑的特有材料与独有的构造往往承载着某个年代的记忆、曾经的情感归属与传统工艺技法。在设计中，特别需要关注这些凝聚时间沉淀、凝练在地人文价值的建筑构成内容，同时与表征现代技术的新的材料构造技术相结合，实现建筑传统与现代、历史与未来的和谐与融合 (图 1-14~ 图 1-16)。

复杂约束

以问题为导向的多元约束 , 面对不同项目背景条件，通过研究提出相应问题，根据问题生成设计课题的主题与出发点。期望学生通过对特定问题的详细调研与分析，从解决问题的角度出发，重新定义建筑，给予切实可行的设计改造策略，生成方案。

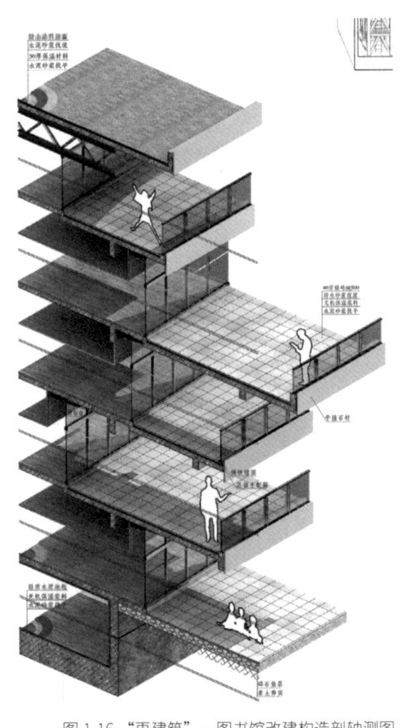

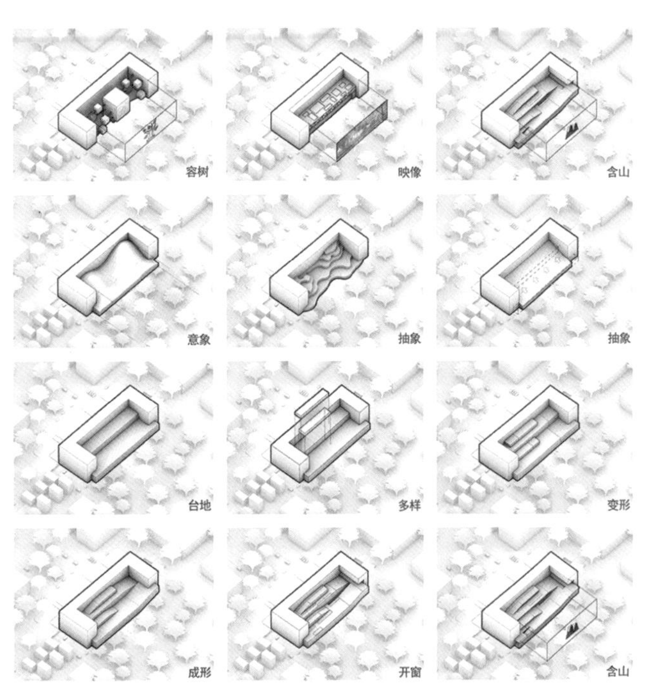

图 1-16 “再建筑”—图书馆改建构造剖轴测图

图 1-17 “再建筑”—图书馆改建空间意象图

满足不同使用需求的功能性约束

旧有建筑改造往往面临的首当其冲的问题就是使用需求的问题。一些问题发自内在，例如需要改变或植入新的功能以满足和填补原有使用需求上的不充足与不适合，课题“自主定义——学生食堂”就是启发学生作为使用者来设定对建筑的功能期许并论证合理性，进而定义学生心目中的学生食堂的建筑意义与设计价值取向，进而指导和实现改造方案；而另一些问题发自外在，例如外在环境的改变带来对旧有建筑在新的城市或区域中角色的重新定位，课题“城市边界——教工活动中心”，要求学生进入设计伊始，就以城市空间营造的视角切入，去看待和定位建筑，加以具体的设计方法和策略来实现这一建筑作为城市边界的价值预期。

体现文脉延续转译的人文性约束

文脉延续转译的问题，是所有建筑不可回避的人文性约束问题。建筑的文化和艺术价值，以及它的历史性特征，都明确赋予建筑以文脉延续和情感依托的属性。在建筑设计中，如何延续文脉传统，又如何融合新与旧，实质上是一个问题的两个方面。

课题“新旧融合——图书馆”从图书专业人士对图书馆过去、当下与未来的解读，引发学生对图书馆这一类型建筑当下生存状态和未来发展可能性的创意与思考，从而建立更具时代意义的改造目标，结合既有形式，完成旧有建筑的新时代更新（图 1-17、图 1-18）。

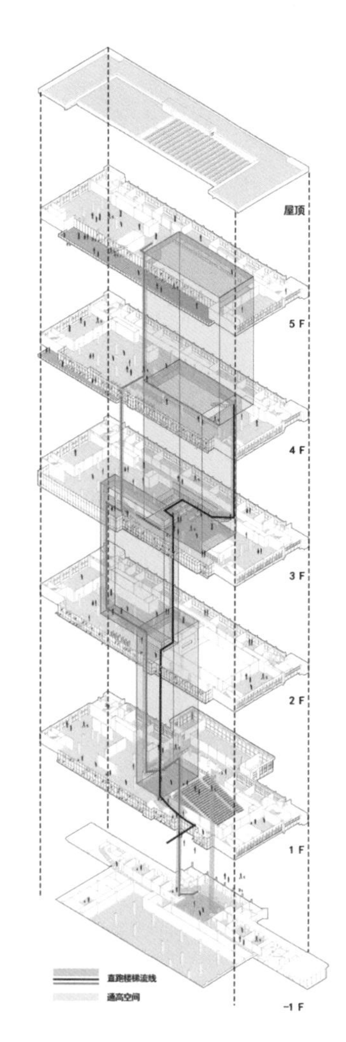

图 1-18 “再建筑”—图书馆改建竖向交通分析

课题“文脉解读——教学楼”的设计改造对象是 20 世纪 60 年代高校教学建筑的典型代表，凝聚着早期高校文化的审美特征，承载着那个年代的历史印记。而半个世纪后的当下，面对新的使用人群的需求与新的使用功能植入，面对延续文脉精神的重要前提，课题面临如何保留重要的形式符号的同时，探讨旧有空间的重构，以及与新建空间衔接和拓展的可能性。

融合场地环境要素的场所性约束

空间环境变迁对建筑的影响归纳为对场地环境要素的解读，也就是场所约束。“再建筑”的对象作为既有存在，其场地环境条件必然是随着时间推移与建造初期的环境背景条件有着或多或少的差异。这些改变也许是城市发展带来的，也许是人群的行为模式改变引起的，抑或是一些物理的、气候的要素变迁而引发的，这些对现有建筑的功能设定和设计目标定位都是不可忽视的约束。课题“由内而外——结构实验室”的选题即是基于引导学生详细研究和分析周边场地特征与限制性要素的变迁，通过对约束边界的裁剪形成设计空间限定，平衡各方面限定要素，达成一个设计的优化解决方案。

廓清对以上这些约束条件的基本认知，有助于理顺建筑设计思维的理性逻辑，强化在设计过程中对约束条件的关注与分析，从而获取行之有效的设计方法路径。

“再建筑”训练学生基于不同的设计边界条件，例如设计对象所处的基地环境、建筑各现状物质要素、使用人群与建设时期的差异性需求，寻求“再建筑”的不同命题切入点。通过训练构建预设功能空间场景，丰富形式语言，提升建筑设计素养。而相互之间的差异性主要体现在各命题所针对的复杂约束条件的内容识别，呈现“再建筑”设计过程中的不同的关注重点与切入设计的路径，通过训练提升建筑思维的逻辑性。

课题演进

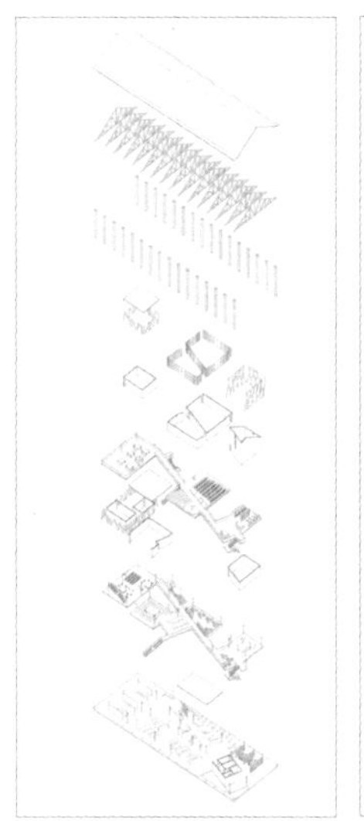

学生食堂

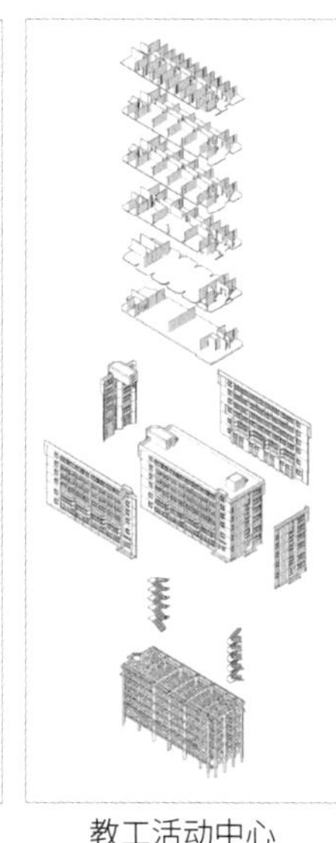

教工活动中心

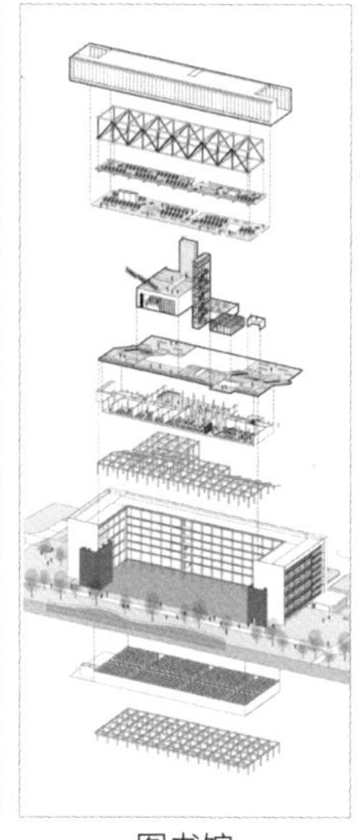

图书馆

教学楼

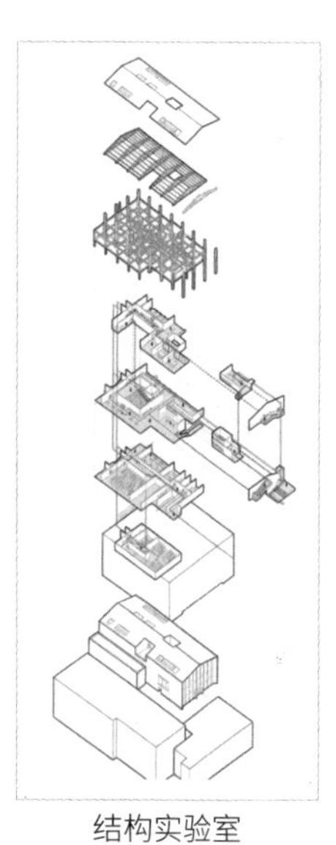

结构实验室

图 1-19 “再建筑”课题类型

课题演进过程中，分别选择了校园建筑中五种典型的建筑类型，依次为学生食堂、教工活动中心、图书馆、教学楼、结构实验室 (图 1-19)。这些建筑始建于 20 世纪七八十年代，在实际使用过程中都已历经不同程度的再建筑过程，同时也是设计者日常接触和使用的对象。以熟悉的对象作为课题“再建筑”的训练内容，便于设计者现场调研踏勘，加强对设计对象的认知深度，加深对建筑生命周期内涵的理解。课题训练从不同角度提出应对再建筑更新的现实需求路径，通过不同视角，确立设计思考的方向，了解建筑过去发生的故事，书写对建筑未来的期许。

每个选题的设计要点的基本约束条件和训练关注点相对统一：建筑设计范围以原有建筑外轮廓范围为界；更新设计中可向内掏挖庭院、露台等；重视与原有建筑结构的衔接，体现更新方案的可实施性；重视建筑立面形式与内部空间之间的相关性。

结合选题对象分布区位、现有空间尺度、现状结构形式、决策者与使用人群定义的差异，每个课题又有各自鲜明的特色与不同的设计侧重点。各项训练指导设计者通过适宜的形式语言和形式结构，处理空间界面、材料运用、节点构造等问题，提升建筑设计素养，建立逻辑的建筑设计思维方法。

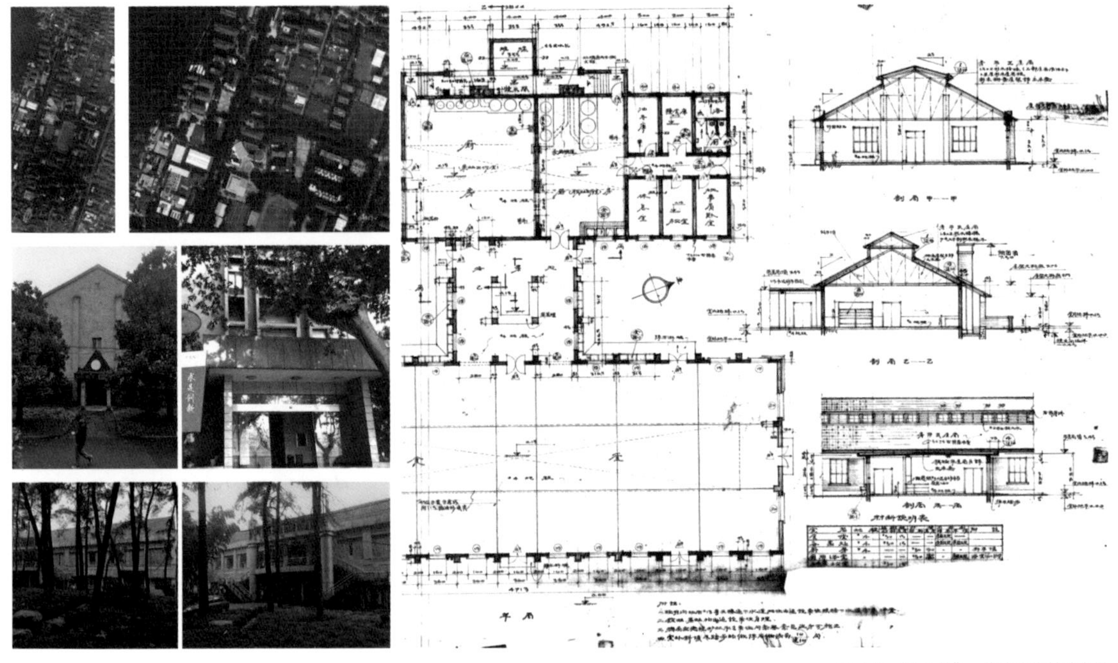

图 1-20 “再建筑”—学生食堂基础资料

学生食堂

课题对象建造于 20 世纪 70 年代，位于校园北侧次轴东北角，场地地势平坦，西侧主入口通过小广场与校园次轴交通干道相接。建筑主体为两层，采用混凝土框架结构，餐厅二层为 24m 单向混凝土桁架结构，建筑总长 54m。随着多校区的空间拓展，原校区师生总量明显减少，原学生食堂明显出现闲置和低效的使用情况，课题针对这一现象提出对原有空间重新定义和赋予新的用途。

区别于一般设计训练的任务书制定方式，此次课题训练在基本训练目标明确的前提下，引导设计者自主定义“再建筑”的内涵。通过对更新对象的分析调研与自主选择，加强设计者对建筑使用需求变化的深入理解。从关注新的使用者需求入手，引导设计者更广泛地关注建筑功能使用的多元性，发现问题、分析问题，提出课题策划，自拟任务书。

接着，针对拟定的功能架构，创新性地提出富有个性的解答方案，完成从功能计划图向三维空间结构的转译。形式与功能互为表里，关注两者之间的对应关系，同时注重与原有建筑的结构体系和空间原型的协调 (图 1-20)。

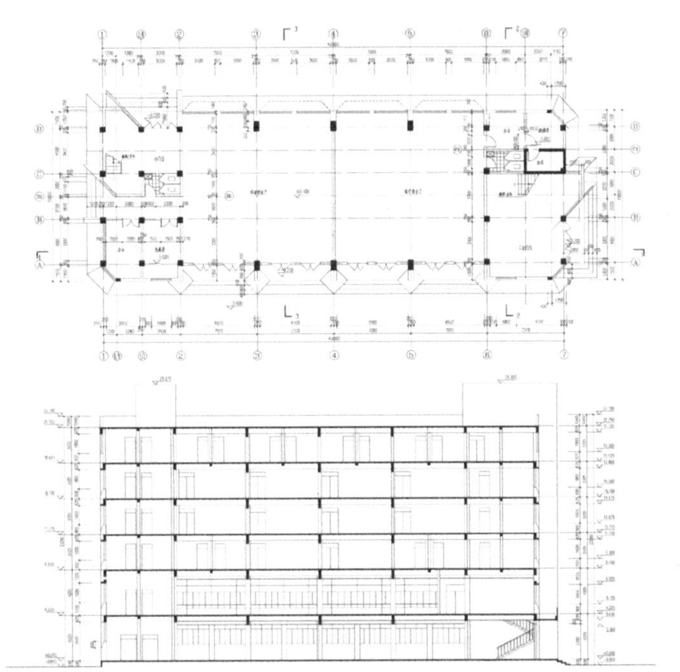

图 1-21 “再建筑”—教工活动中心基础资料

教工活动中心

课题对象建造于 20 世纪 80 年代，位于校区外城市环境中，与原校区一路之隔。西侧为城市交通干道，东侧为教工安居小区，建筑环境总体上较为局促，周边人行车流密集。建筑原有功能为多功能综合楼，主体采用钢筋混凝土框架结构，一层布置邮局、银行、活动中心入口门厅，二层为 15m 跨度的教工活动多功能厅，三层以上为双廊式布局的阅览、培训与办公空间。随着校园内后续新建教工活动中心，原有建筑也面临“再建筑”的境况。

训练意图通过引导学生观察、调研，思考城市边界这一空间特质，理解原有的校区功能外溢扩张的需求，以及当下建筑功能收缩现象背后的影响建筑生命周期发展的机制。让设计者从学校主体、开发商主体、社会团体、科研团体、设计研究院以及作为专家学者的个体等不同的开发主体出发，结合选定的开发主体各自不同的需求，对既有建筑提出合理的功能定位与形式优化策略，以自主更新的形式制定相应的任务书，完成差异化的教工活动中心“再建筑”的设计 (图 1-21)。

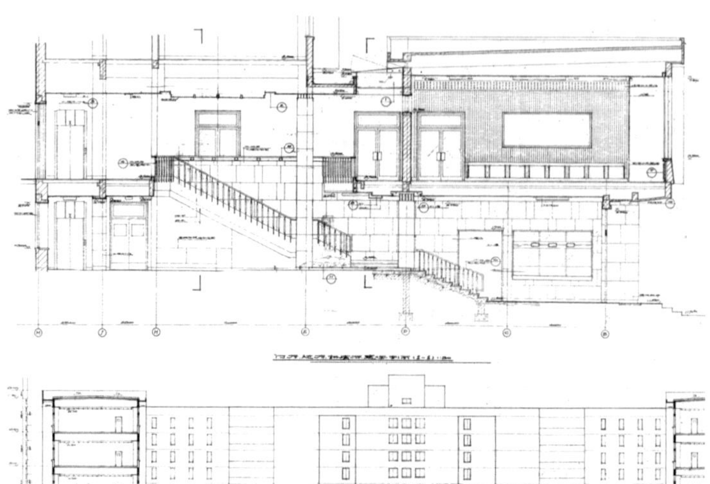

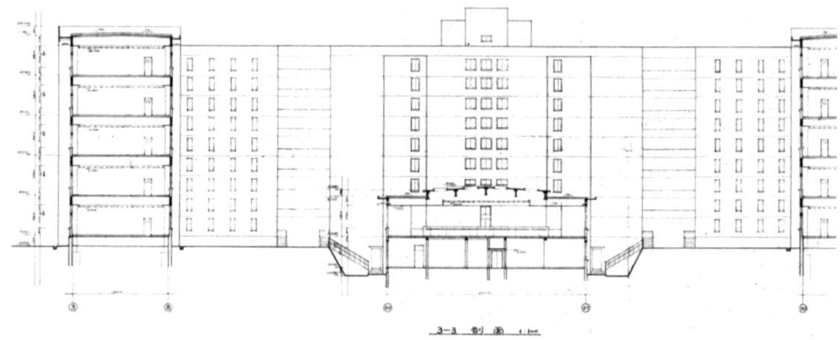

图 1-22 “再建筑”—图书馆基础资料

图书馆

课题对象建造于 20 世纪 70 年代末 80 年代初。作为大学校园东西主轴尽端的标志性建筑，图书馆在校园空间景观布局中占据着极为重要的地位。原有图书馆是曾经馆藏 200 万册图书的大型图书馆，堪称教科书式的图书馆功能布局简洁高效。随着当下图书馆使用模式与复合功能的发展，图书馆空间的功能内涵发生了颠覆性的变化。未来，无论是应对图书馆自身的发展需求，还是其所面对的新的使用人群，都需要重新定义旧有建筑的功能，类型建筑功能使用的变迁具有时代的迫切性。

课题要求设计者通过调查研究分析，从图书馆功能演变与使用人群的重新定位出发，提出满足建筑未来功能变迁并与之对应的形式优化的策略。根据现有建筑的区位环境、结构形式、空间容量等实际情况，完成对原图书馆西侧集中书库部分的建筑更新方案设计。更新设计需考虑与原有不可变部分建筑的沟通连接，功能组织形成新旧融合，并整体统筹建筑空间，考虑新旧建筑结构的衔接方式等，同时兼顾场地东西向竖向落差的过渡与建筑在校园环境中的标志性与景观性 (图 1-22)。

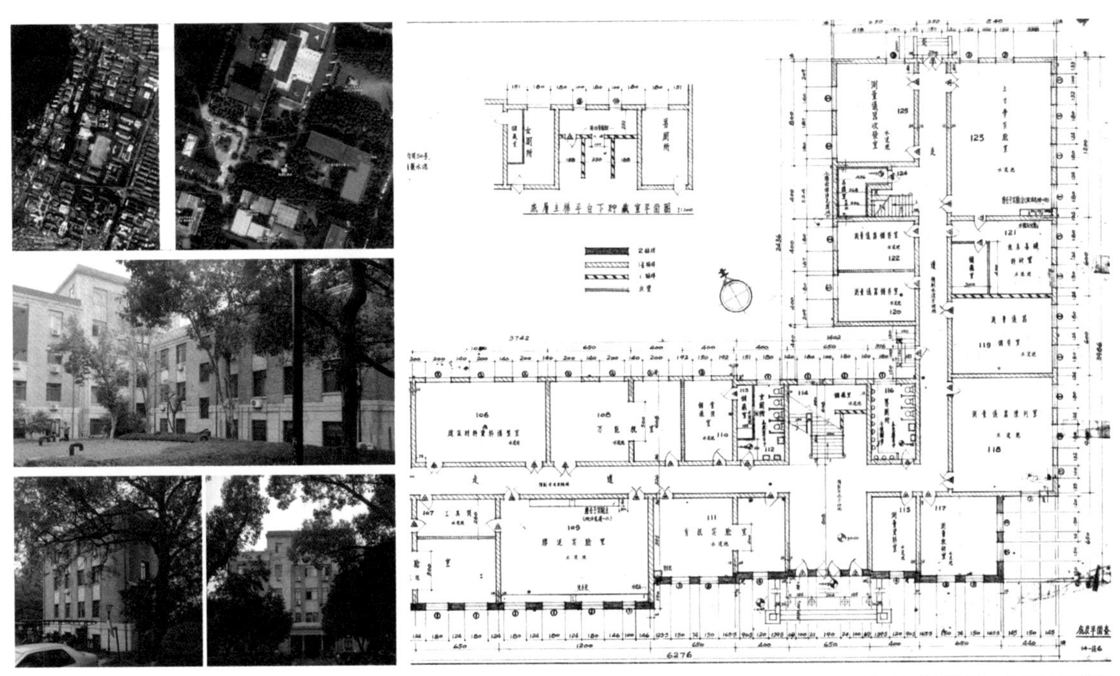

图 1-23 “再建筑”—教学楼基础资料

教学楼

课题对象建造于 20 世纪六七十年代，位于校园东西主轴与南北次轴交界处。建筑主体 3-4 层，局部 5 层，采用砖混结构、预制楼板和木桁架屋面结构，外部造型采用典型的西方古典分段式与中国传统建筑装饰相结合的建筑风格，承载着校园建筑文化发展中的历史文脉。

随着学校国际化发展的战略目标与对外交流的学科拓展，未来教学楼期望承载信息档案存储调阅、学术成果展示、学术研究办公、国际学术交流等新的功能需求。面对教学楼将迎来新的使用人群与使用诉求，需要重新定义教学楼这一旧有建筑的空间形式，探讨既有建筑空间改造与局部新建，以及未来新旧之间的衔接和拓展融合。

课题要求设计者从场地环境认知、旧有建筑剖析、改造案例比对、档案馆图解、报告厅图解、公共大厅图解、任务书图析等七个专题出发，对课程对象设计的前期内容进行系统的认知分析。随后根据现状各约束条件细化任务书等内容，针对“再建筑”内容，提出相应的功能空间布局策略，完成原有建筑更新与新增建设用地新建拓展的方案设计，探寻建筑功能空间重新定义下建筑有机更新的新思路与方案实现的可能性，同时兼顾历史建筑符号信息的可延续性 (图 1-23)。

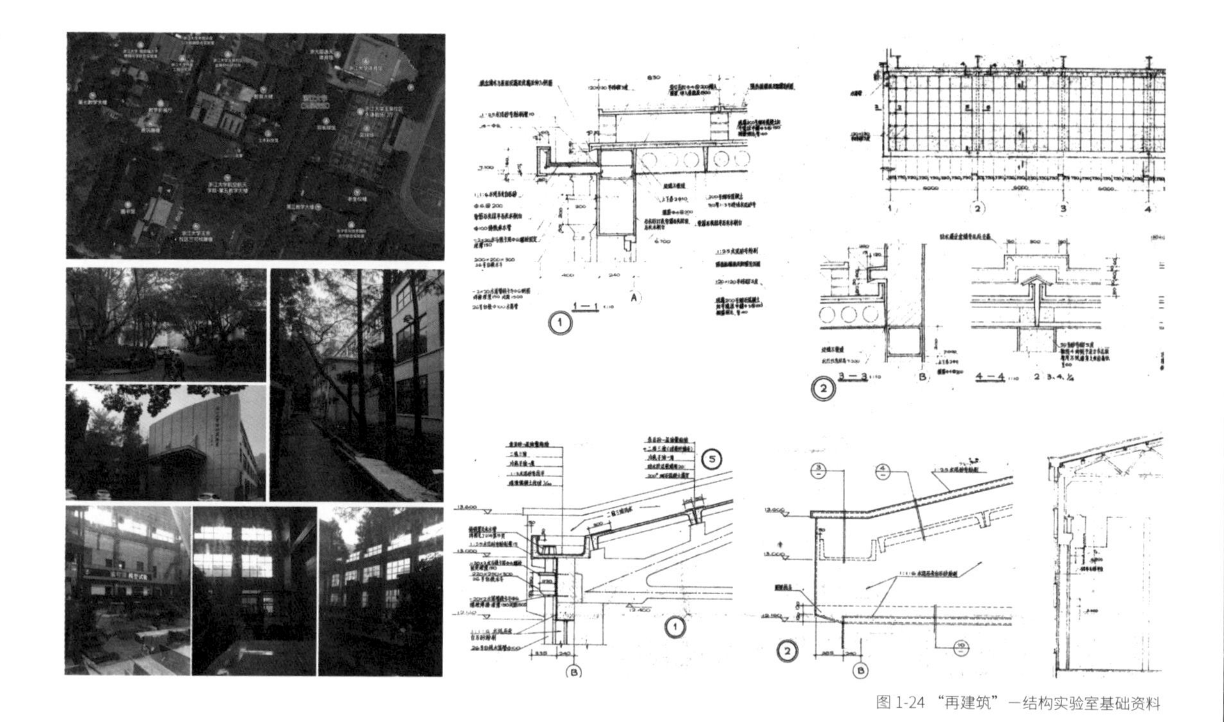

图 1-24 “再建筑”—结构实验室基础资料

结构实验室

课题对象位于校园东西主轴北侧山坡之上，设计建造于20世纪70年代，90年代经历过外立面整体改造。建筑由一层42mX18m轴网大跨的实验主厅和西南侧二层18mX5.24m轴网的附楼组成。建筑东侧为场地主入口，地形西高东低，与校区道路接口高程变化较大。

课题引导设计者结合调研分析与建筑现状，在同一功能类型指向前提下，自主确定改造更新的主题及其功能策划，通过对建筑内部空间的改造再利用，由内而外研究既有建筑更新的方式，以满足未来新的使用需求，并根据自拟任务书完成结构实验室内部空间改造的更新设计。

在实现向内约束的内建筑基础之上，要求设计者结合对校园历史发展和整体环境风貌的调研分析，进行建筑外壳和外部空间的更新设计。以有一定历史积淀的校区整体环境为外部约束，寻找面向未来的新的功能空间利用向外延展所应有的姿态和形式，提出建筑的外部环境及外部造型设计策略；同时结合使用要求，完成室外场地与原场地、道路等的衔接。设计过程中强调注重与原有建筑的结构体系和空间体系的协调，通过适宜的形式语言和形式逻辑，处理材料、色彩、比例、构造等问题，培养由内而外的建筑设计思维逻辑(图1-24)。

课题要点

图 1-25 “再建筑”—图书馆改建立面图

课题训练注重设计思维与专业技能两方面的能力培养，既训练设计者创造力与设计思维的深度和广度，又培养设计者能够将设计意图充分表现和表达出来的实操技能。能想、会做是全面的设计工作能力，缺一不可。

设计思维训练

立足关于设计本体的设计思维训练，有助于设计者进一步了解处理设计问题的不同的切入角度、构思方法和实现过程，积累设计经验和激发创造能力。其中包括对设计的逻辑思维训练、设计价值判断训练，以及对功能空间场景化营造的能力，能通过设计形式语言能力的训练予以表达；同时了解如何寻求设计基本的方法路径，重视对设计人文的关注。

设计的逻辑思维

设计思维的培养是课题训练的重点。

通常设计过程中的逻辑结构包括：要素条件分析、梳理发现问题并思考解决方法、提出设计策略并形成设计概念、进一步逻辑推导与演绎并将抽象概念转化为可观形态。

其中，要素条件的制定是思维培养的教学基础，清晰明确的条件边界明显优于条件宽松的课题。限制性要素少会带来更多的偶然

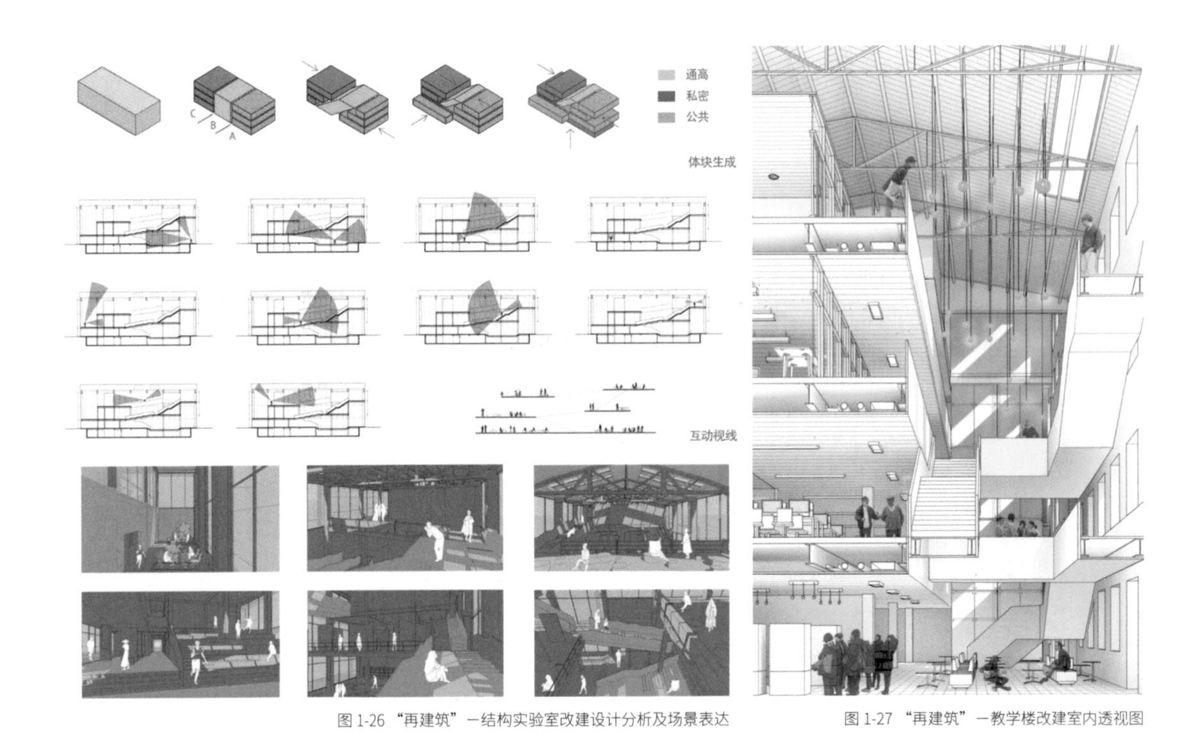

图 1-26 “再建筑”—结构实验室改建设计分析及场景表达

图 1-27 “再建筑”—教学楼改建室内透视图

性与随机性，难以建立严谨的发现问题—解决问题的线索和路径，之后就更难以引导设计走上逻辑生成的道路，甚至会对作品的逻辑展现强而求之。

在明确的条件边界设定下，鼓励指导学生通过理性的分析方法，发现问题，进而思考如何解决、通过何种途径解决，来形成初步的设计概念。这是一个前后关联、次第推进、不可打断或逆行的推导过程，形成思维的逻辑性演进。课题中通过“设计策划书”的环节，要求学生通过对限制条件的分析，呈现最终设计目标的起因、经过、结果以及突出的设计概念，提出任务书指标并图解诠释相应内容，强化设计发生的逻辑推导。

撰写策划书的过程大致包括（不限于、可拓展）：

1. 在现有调研、案例比较分析的基础上，发现提出矛盾与问题，对策划背景进行介绍；

2. 针对核心矛盾（价值）提出解决策略，明确策略提出的动因、廓清对应的使用人群；

3. 围绕设计策略明确设计内容与范围，明确设计要求和原则，回答为什么设计、如何设计以及设计的亮点为何；

4. 建构建筑设计的基本逻辑框架，以功能泡泡图、diagram 的形式呈现，提出指标分配；

5. 展示未来实现目标（价值）的愿景，提出建筑意向。

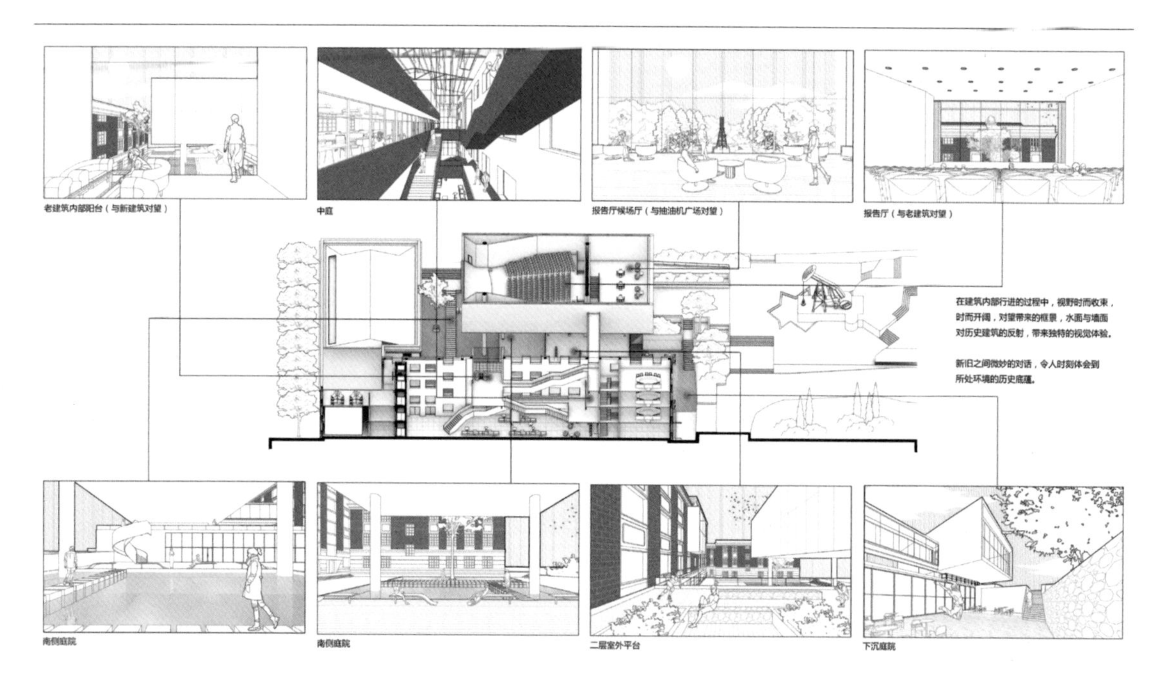

图 1-28 “再建筑”—教学楼改建空间场景分析

最后，是对既定的目标和设计策略的落实，将设计问题逐步分解细化和逐一实现的过程。而逻辑推导与演绎则是对这一过程的具体图面表达，是对前述思维过程的物化记录，也就是常见的设计概念生成图示，最终实现抽象概念的可观形态转变。这里的每一步分解细化与问题解决都是设计逻辑这条线索上的不可分割的内容，是不可分离的线索和节点 (图 1-25~ 图 1-28)。

设计的价值判断

设计的价值体系架构与评判是一个建筑师的基本职业素养的内核基础。

建筑设计首先是创造性的、实用的和美观的。建筑既有应用价值、美学价值、文化价值、历史价值，也有社会价值、经济价值和生态价值。如何平衡与和谐处理如此多的价值系统，是建筑师需要毕生求索和精进的工作内容，也是设计教学中需要灌输的设计原则。

最后，作为城市发展以及人类历史文化进程的物质承载，建筑是特殊的物质内涵，不断变化的审美情趣与社会、科技变迁都直接作用于建筑表达，实现为具体的物质呈现。因此，作为设计师需要看到社会发展与历史的绵延特征，需要学习用动态的眼光分析与研究建筑问题。

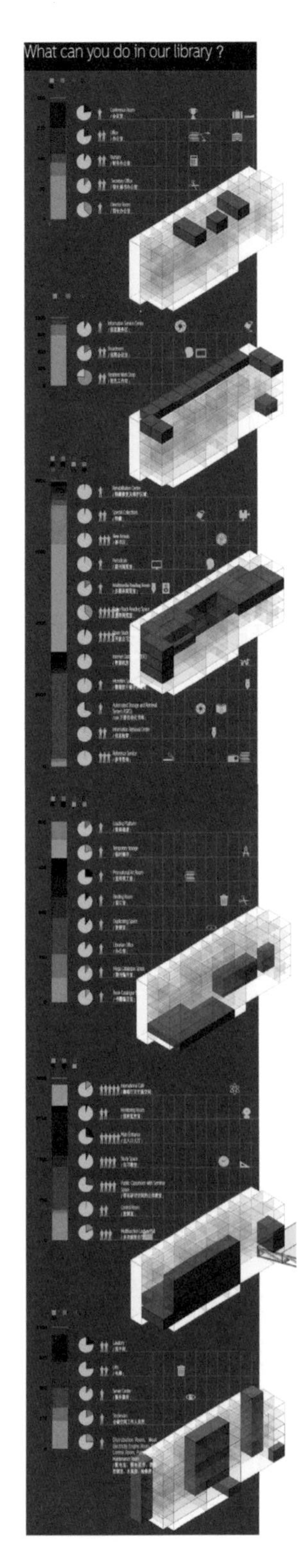

图 1-29 “再建筑”—图书馆改建功能分析图

功能空间的场景化营造

建筑设计的首要任务是满足使用需求。

如何塑造合理舒适的功能空间是一个复杂的问题。需要设计者从使用者的角度出发，了解使用功能的具体发生状态和流程、使用者的行为方式、心理需求与生理特征，构建一个不仅适合使用的空间，更是一个适宜的场景和体验舒适的氛围。

形式语言的建构化表达

建筑是要具体实现的物理形态。如何将图纸与想象付诸实践，需要足够的建构技术支撑。单纯的想象和图纸要生成实实在在的建筑，往往需要结合必要的结构和构造技术，从每一块梁板的搭接、每一根柱子的承托、每一樘门窗的镶嵌，甚至每一条线脚的拼接，需要设计者系统性地研究和制定策略，形成设计构思。高楼大厦拔地起，建筑形式异彩纷呈，离不开形式语言建构化表达的能力。

同时，建筑的空间性是建筑区别于雕塑的重要特质。作为容纳使用行为的场所，建筑提供人们四维的空间体验。而这些空间的建构与系统化组织原则作为基本的空间设计语汇，成为设计生成的重要手段和凭借，设计的过程推演就是这些空间设计语汇的创建和组织的逻辑生成过程，是每个建筑师必须掌握和熟练应用的基本能力。

设计的方法路径

在建筑设计过程中，切入的角度不同，呈现的求解路径就大相径庭。

一个设计的全过程求解是从提出问题开始的。

不同的设计者面对同一个项目，同样的边界条件，进行调查分析研究，而得到的关注对象和解决问题的切入点却不一定相同，对边界条件下的各要素之间的平衡关系的处理也不尽相同，这就会造成每一位设计者对各个要素条件的评判和重视程度都有不同的侧重，从而得到设定约束条件构成的设计空间范围内的多样化的求解路径和结果。训练目的就是明确正确的设计空间界定，设定合理的设计目标，寻求逻辑性的求解过程，最终得到准确的设计结论。

设计的人文关怀

设计的人文关怀需要从两个层面去关注。

首先，建筑本身由于历时性的特征，就具有本源的人文价值与历史价值，值得设计者关注与尊重，并从新的设计与理念上予以肯定与关照，可以是顺应与附和，也可以是呼应与对比，解决新与旧关系的协调与融合问题。

另一个层面，则是面对使用需求的人文关怀。专注使用对象是谁？使用对象有怎样的特质，需要怎样的关注与关照，以及怎样的建筑才是符合使用对象或使用方式气质的形式。如同学校建筑、展博类建筑会呈现出因使用方式而不同的空间组织形式，甚至由内因不同而表象在外的建筑形态；甚至不同地域的建筑，会呈现出各自不同文化认知下的极为丰富的建筑语汇 (图 1-29、图 1-30)。

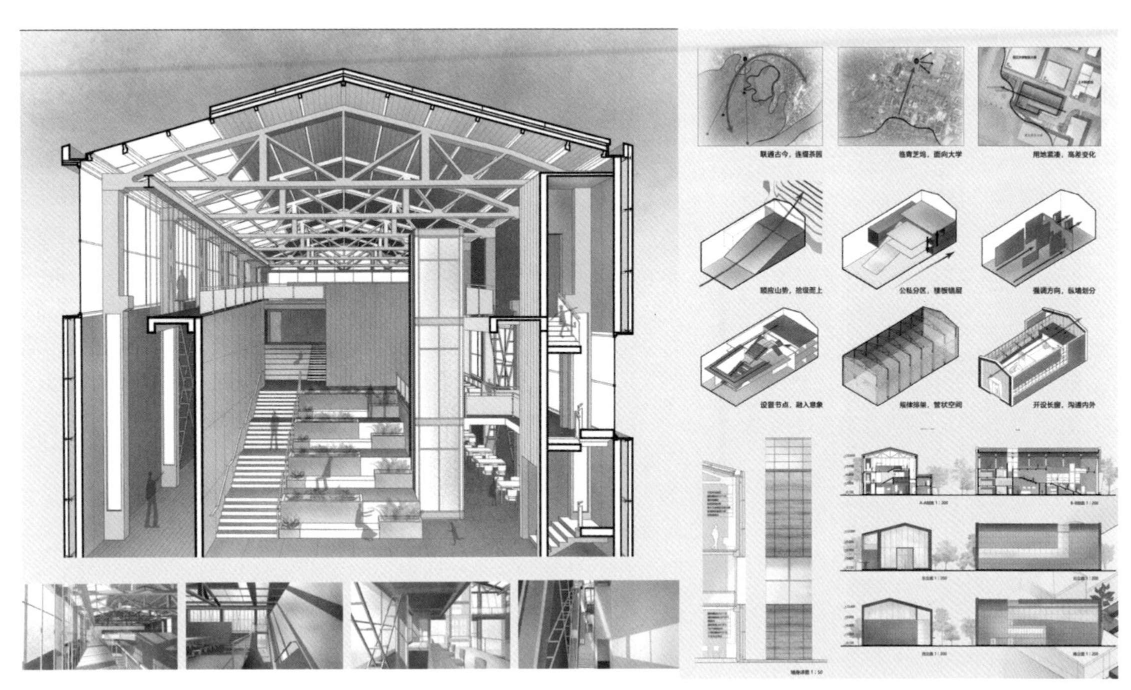

图 1-30 “再建筑”—结构实验室改建空间分析表现图

专业技能训练

设计思维逻辑的最终呈现，依赖扎实的专业技能素质。通过课题目标设置与课题训练，设计者逐渐形成相应的操作技巧，针对设计任务，掌握如何研究与分析，如何通过设计表达体现设计内容，理解技术支持对设计造型的作用，同时接触到未来设计实战过程中的合作设计的工作方式。

研究与分析

训练学生研究、分析问题，进而推导、解决问题的能力。研究课题的约束性条件，通过对本源问题的思考，在分析中探寻解决问题的路径，生成逻辑性的关系链，进而推演建筑设计方案。这一过程内容包括基础资料的搜集与整理、建筑原始图纸的还原、现场踏勘、使用人群研判、建筑功能角色的重新定位以及功能关系三维图解、功能与空间之间的容量匹配分析。

设计与表达

在设计过程中，表达与设计始终是密切相关的，表达贯穿于设计过程的始终。三年级的设计与表达能力培养侧重于在兼顾建筑制图规范性的前提下，如何选择和利用更为准确适合的图示语言表达相应的设计意图，例如分析图、剖透视、爆炸图等实现不同的表达诉求。使用简单便于修改的过程模型帮助设计推敲，利用大比例模型展现材料与构造概念。

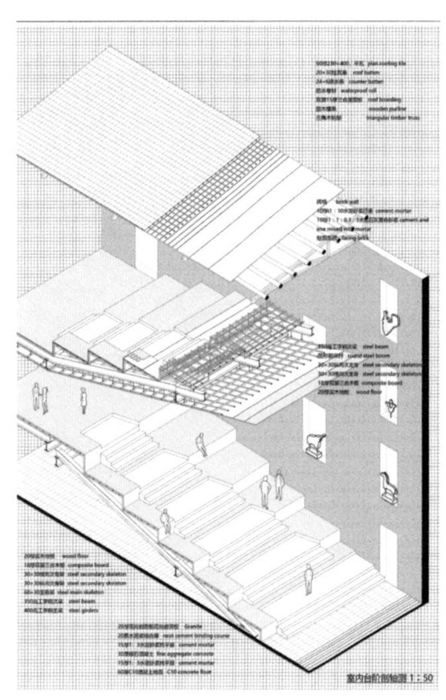

图 1-31 “再建筑”—教学楼改建空间与营造表现

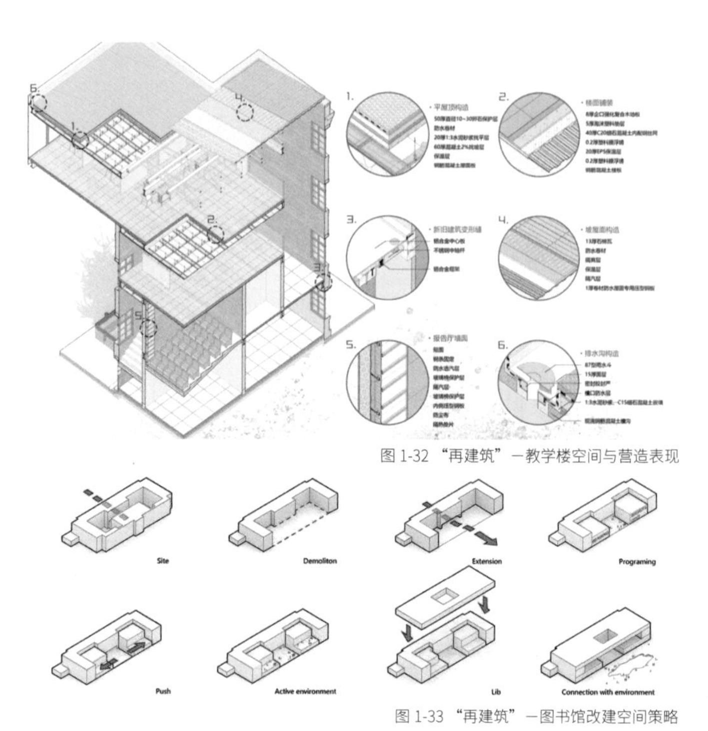

图 1-32 “再建筑”—教学楼空间与营造表现

图 1-33 “再建筑”—图书馆改建空间策略

造型的技术支撑

针对“再建筑”的改造、扩建、转换需求，辅助以相关技术支撑的教学内容。其中包括轻钢结构、幕墙结构、建筑结构系统的基本知识，扩充和完备“再建筑”设计的专业知识与专业素质，强化建筑结构体系与建筑空间体系之间关联性的认知与把握 (图 1-31、图 1-32)。

合作的工作方式

通过确定的合作制形式，培养设计者相互之间的理念交流、合作工作方式的架构组织关系以及协调分工合作的能力，灌输正确的价值观与职业道德：在合作中学会相互帮助、相互促进和相互学习。从不同的分工角色中体验合作的乐趣，感悟相处的艺术，同时促进个体的成长 (图 1-33)。

课题过程

设计过程组织

课程设置（8 周）

时长	课堂内容	课后内容
	布置课题；各指导小组功能菜单以 2-3 人分组认领；对功能菜单的初步解读与讨论；对改造对象结构体系特征的讨论；组内分解任务（包括但不限于）：各功能菜单设计内容研究及解读；再建筑的要点及案例文献；建筑容量及特征分析；现场调研，明确建筑环境特征	以小组为单位，进行现场调研，了解改造建筑区位环境、形式结构、空间容量、城市景观等要素；完成专题任务
0.5 周	专题成果 PPT 汇报，资料共享；功能菜单内容细化；专题讲座	准备个人设计主题、设计意向图以及自拟任务书
0.5 周	功能菜单细化；功能关系图；三维空间关系图	细化完善任务书；制作功能关系图、三维空间关系图
0.5 周	功能与空间结构的对应关系；原结构体系与空间模式的改造对应策略	制作平面、剖面草图；开始制作用于表达设计内容的 1：100 工作模型，屋盖、表皮可开启用以展示设计内容
0.5 周	讲座：内建筑—形式、材料、语言；平面、剖面、工作模型讨论（功能与空间）；外部造型与内部空间的对应关系	制作平面、剖面草图及分析图；制作剖透视草图；调整工作模型
2.0 周	讨论平立剖面图；分析图	技术图纸深化；制作 SU 模型；调整工作模型
	讲座：建筑造型语言及建筑图示表达；剖透视草图（材料与结构）；分析图草图；外部造型材料及构造	设计深化
1.0 周	图示表达；技术图纸	设计深化
1.0 周	定稿图；确定版式；绘制正图	绘制正图；准备制作成果模型
1.5 周	完成正图；成果模型制作	制作成果模型
0.5 周	最终设计成果：图纸 A1X3X1、成果模型 1 ： 50、工作模型 1 ： 100	

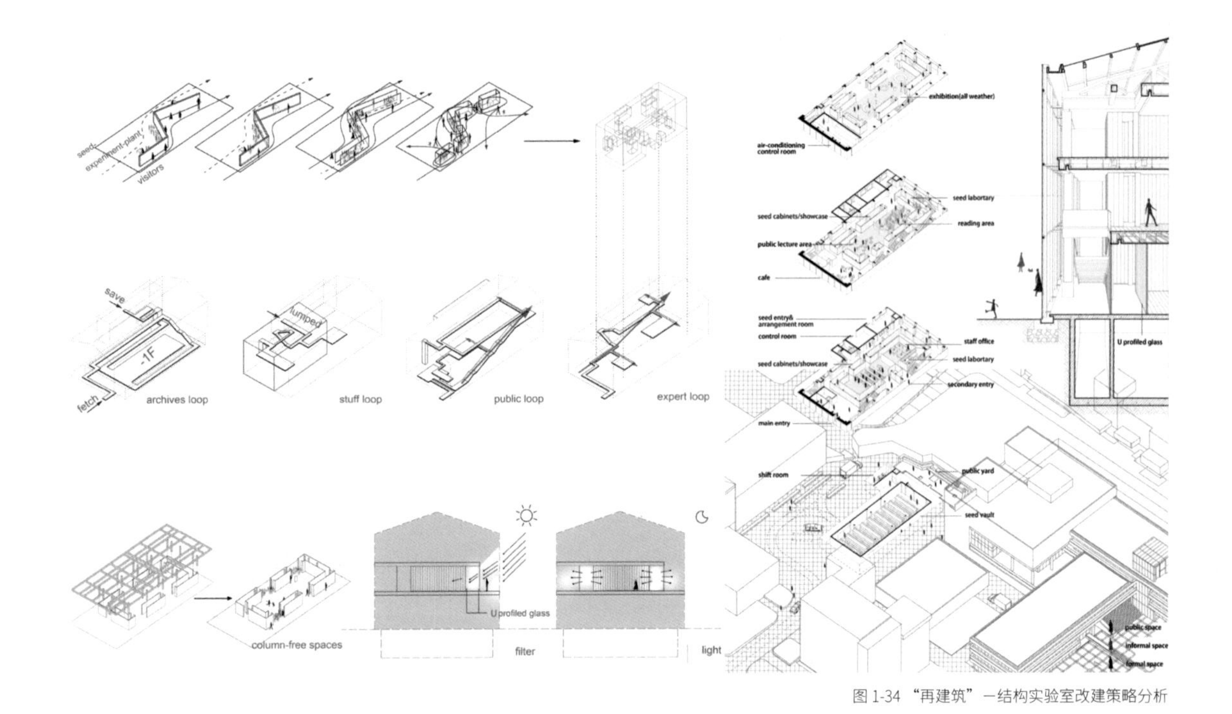

图 1-34 “再建筑”—结构实验室改建策略分析

设计初体验

初步接触课题，首先要认识课题和解读背景，包括对设计类型的研究分析，对课题训练目标的理解，对设计对象、现场条件和使用人群的调研分析与建筑容量测算，明确相关的约束条件，初步确定基本设计边界，为下一步课题推进做好充分的准备。

设计对象研究与设计内容解读

对设计对象的研读分析是课题开展的首要环节。通过对设计对象的全面认知、对背景环境的分析以及对具体设计要求与内容的解读，实现工作目标的准确定位。

课题以小组为单位，组织现场调研，了解改造建筑的区位环境、既有功能定位、形式结构、空间容量与城市景观等要素；归纳确认项目的各功能菜单设计内容；既有建筑的原有形式及结构体系特征确认，等等。

再建筑要点认知与案例文献检索

再建筑的意义与价值判断决定了设计的展开方向。

对应设计目标，从相关要点寻找设计路径，研究设计约束条件认识设计边界，再对应搜集寻找相关文献与案例，学习和建立设计框架系统。

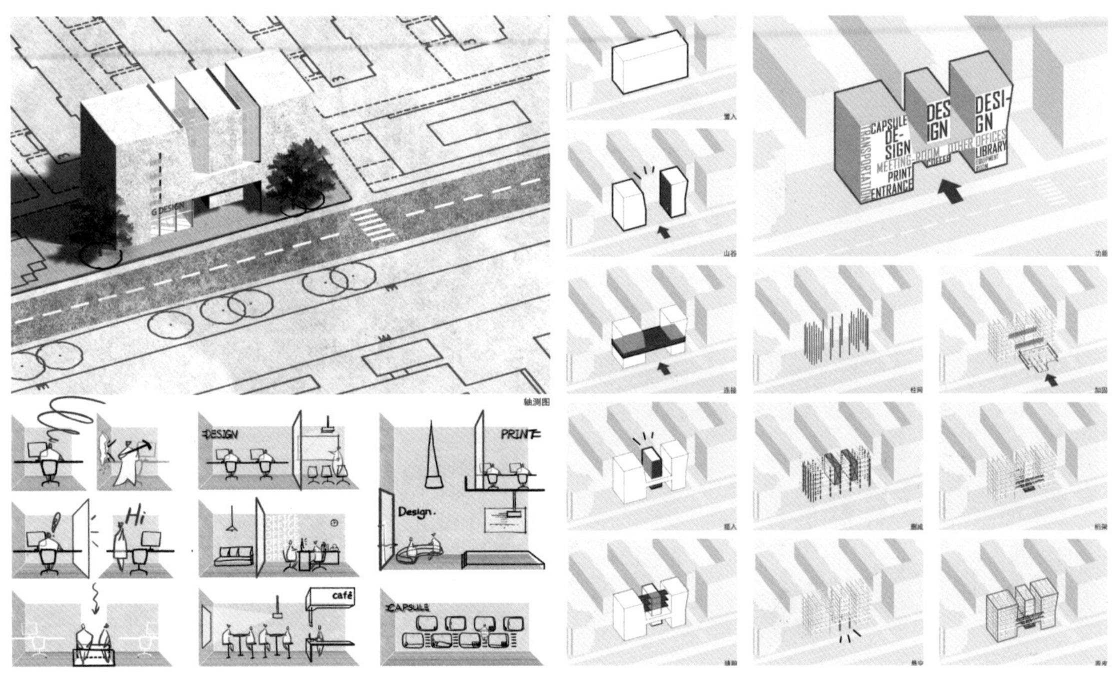

图 1-35 “再建筑”—教工活动中心改建功能策划与分析

再建筑容量测算与现状特征分析

具体到再建筑对象的物质空间分析，要求对目标建筑进行明确空间容量的测算，通过具体数据与空间体量的分析，明确建筑各类功能的容纳可能、容纳边界，以及既有空间环境特质与空间体验，进而启发约束条件认知，指导设计工作进一步的推进与开展。

现场调研分析与使用人群研判

现场调研是建筑设计工作的重要基础工作，主要包括对场地条件的基本考察、场地周边环境与配套、交通环境、建筑形式与角色、建筑场所与背景体验，是对既有建筑角色认知的主要途径。对于使用人群的设定与分析，主要通过调研和类型建筑发展趋势分析，解析使用需求、对象特质以及建筑中人的行为与心理预期 (图 1-34、图 1-35)。

设计再认知

深入解读课题，从“再建筑”的基本约束到特定约束框定设计空间范围，从功能与空间的呼应确立建筑的三维构成，以草图和模型的方式推演设计构思，推敲设计细部。

约束与回应的设计策略

认知场地约束性条件，重视场地入口与建筑入口的关联性、场地停车与环境塑造等要点。

图 1-36 “再建筑”—结构实验室的档案馆改建

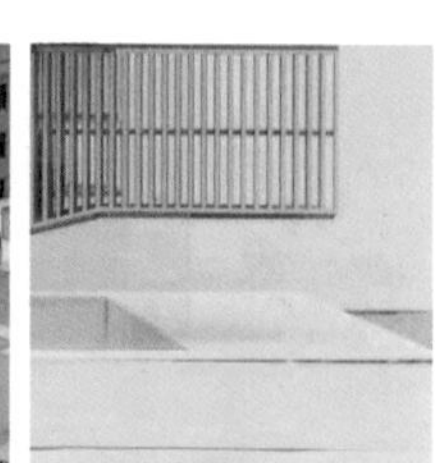

图 1-37 “再建筑”—结构实验室的档案馆改建

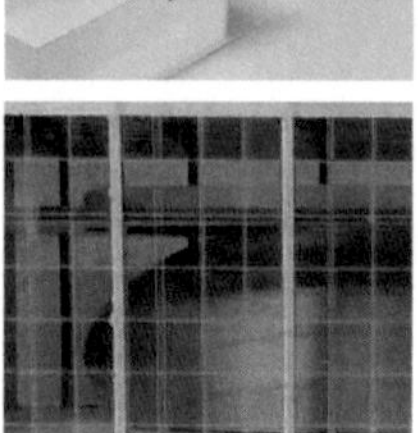

图 1-38 “再建筑”—模型局部

分析与认知现有结构体系对功能、空间、形式关联的约束性，以此为出发点，探讨更新改变的设计路径，自拟任务书。同时，与诸要素之间相互关照，增强更新方案的可实施性。

重视内部形式结构的统一性，充分考虑材料运用、节点构造等问题。

重视建筑立面形式与内部空间的关联性，在结合内部空间改造的基础上，允许建筑外界面更新调整。

功能与空间的设计方式

通过功能菜单修正细化设计任务书，借助功能关系图、三维空间关系图，探讨功能与空间结构的对应关系。

原结构体系与空间模式的改造对应策略，通过课后制作平面、剖面草图，以 1 ：100 的工作模型展现结构空间系统。

草图与模型的设计表达

课后制作平面、剖面草图和工作模型，用以推敲设计构思与细部，课上通过平面、剖面、工作模型辅助讨论功能与空间关系，课后制作分析图、剖透视图、SU 模型等深入设计，并形成设计成果，制作成果模型 (图 1-36~ 图 1-39)。

图 1-39 “再建筑”—结构实验室的展览馆改建

知识点融入

以课程专题讲座的形式将相关知识点融入设计指导过程中，让设计者从更为全面的视角理解设计对象，完善设计背景。讲座内容从以下几个方面切入：

建筑的前世今生

建筑从诞生、兴盛至衰变，其发展演变中包含诸多背景故事、建筑设计者的成长经历、不同阶段对建筑文化的不同评价。针对建筑文化这一特质设置系列讲座，邀请课题对象的原设计师谈设计的缘起和背后所发生的当时的设计轶事，结合讲述相关案例的设计过程，展示建筑师视野下的建筑历史人文画卷，让课题训练者形成对设计对象的感性认知，强化对建筑人文的理解。

同时，系列讲座还包括设计实践导师的设计实践故事的讲述，包括成熟建筑师对设计的独特看法与观点的阐述。通过这一系列讲座，让课题设计者了解建筑师的执业过程与设计师的成长故事，激发其设计热情与职业信念。

功能的发展演进

随着社会的发展与技术的进步，社会生活方式与功能运营模式都在不断地发生变迁。建筑作为使用功能的空间载体，相应地也会发生日新月异的变化。例如图书馆作为典型的功能性建筑，由于信

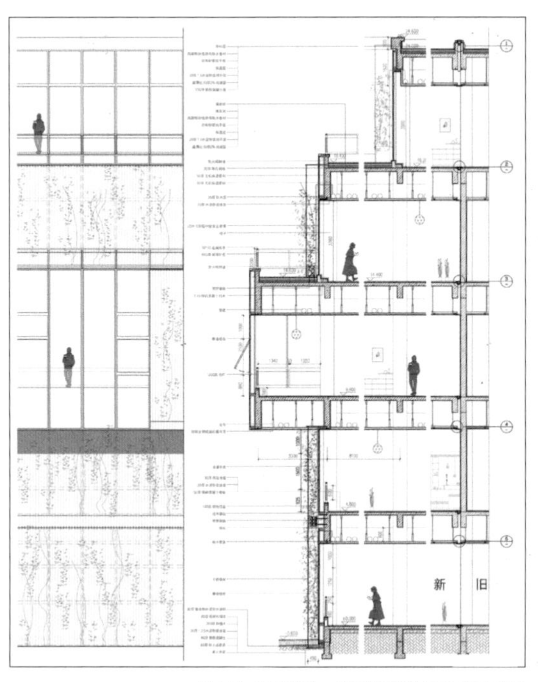

图 1-40 “再建筑”—图书馆改建立面与剖面详图

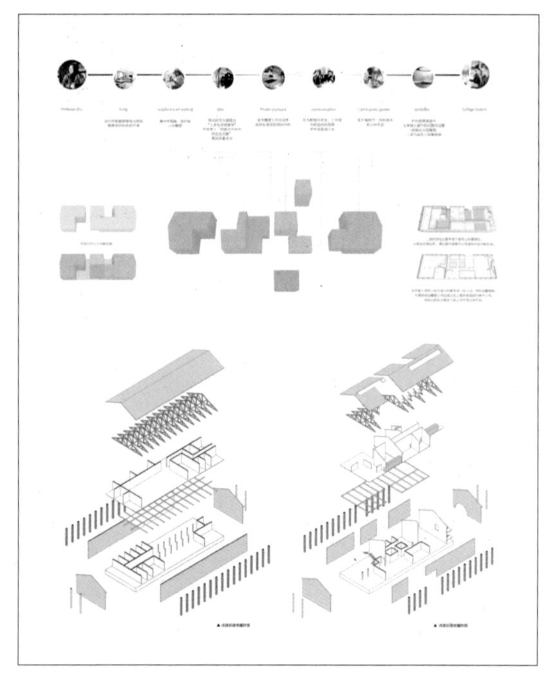

图 1-41 “再建筑”—食堂改建功能与空间分解图

息社会与互联网交互方式的发展，现代图书馆的角色和使用方式正在发生着巨大的改变。针对这一现象，邀请图书馆馆长对图书馆演进发展历程进行专题讲座，讲述对当前及未来图书馆功能角色发展的分析与展望，解读新的功能布局与流线组织要求，展示国际上最经典与最新颖的图书馆使用模式和对应的空间布局，引导设计者与时俱进，积极面对设计对象新兴功能的演进趋势，关注其发展变化特征，提出具有前瞻性与创造性的设计策略。

设计实现的技术支撑

建筑形式的生成需要结构与技术的支持，建筑师深刻理解和应用结构、构造要素和手法，是营造丰富精彩建筑形象、达成设计从概念到现实的基本能力。在既有建筑本体上进行改造提升的再建筑方式，在设计中需要重视与原有建筑结构的衔接，主要和普遍使用的技术支撑即为轻型钢结构。因此，训练过程中设置了轻型钢结构及材料的专业知识普及，包括结构特点解读、结构受力原理、常见材料形式及尺寸、构造与施工方法以及经典案例分析等，帮助设计者更好地理解技术支撑在设计中的应用，培养设计者全面的专业技术素质。

设计思维的内在逻辑

建筑究其本质，即为容纳活动的空间，从另一面来解读也可以理解为布局隔离各类空间或事件的屏障。建筑设计思维的内在逻辑

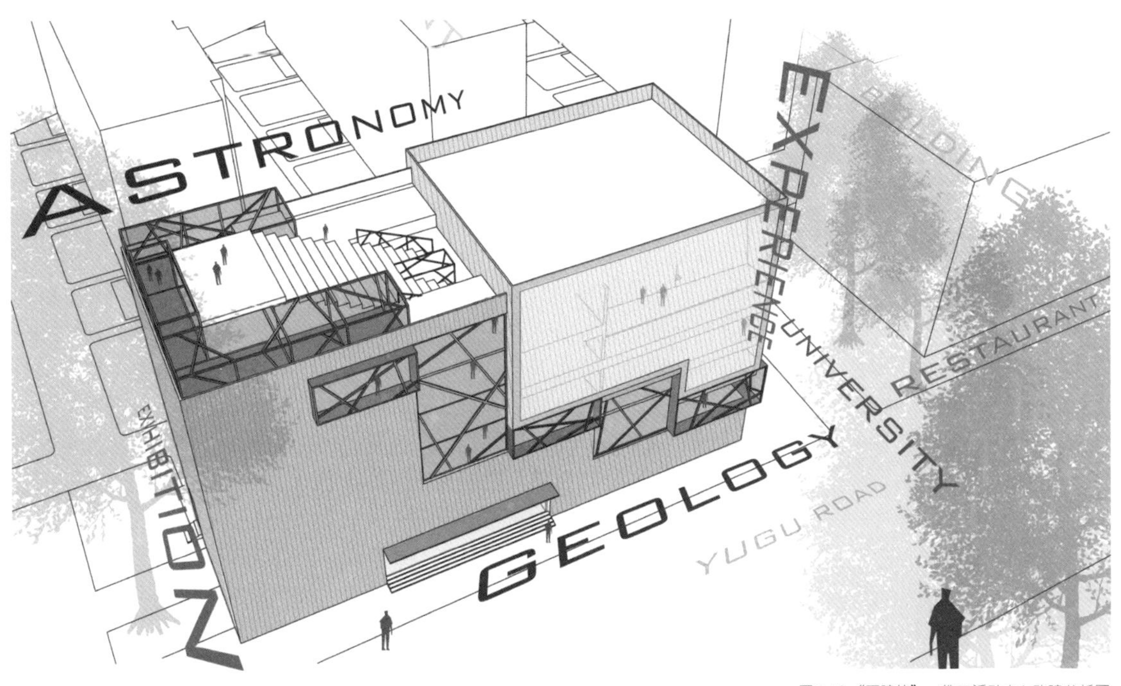

图 1-42 “再建筑”—教工活动中心改建分析图

就是如何运用物质要素，构成空间组织关系。

建筑内部的空间塑造（内建筑）即空间场景的实现，需要关注建筑空间语义与语境的共构。类比于文章修辞，就是以物质的材质（词句）、元素（段落）实现语义表达，通过设计手段（修辞手法）达成设计结果（语境表达）。课题训练过程中，设置专题讲座解析内建筑设计相关的设计语汇，如石材、混凝土、木材、砖、面砖、金属、玻璃、木材等材料特征，分析箱体、阶梯、斜面、连桥、柱廊、天窗、平台、活动装置、构筑物，以及标识等设计元素特质，列举了内置的室外、外化的室内、全质感、超尺度、力的表达、简明营造、断面表达、减法、多义、歧义、微观结构、自然的人工等多样的设计手法，明确设计各要素之间的内在逻辑，让设计者在设计思维过程中得以应用。

由此，在训练中结合专题内容，强化设计者在建筑内部空间处理的形式语言、建构方式、细部处理、节点构造等方面的系统化训练，以及对于建筑设计规范的落实和尊重。针对特定的功能架构，创新性地提出富有个性的解答，完成从功能计划图向三维空间结构的转译，关注两者之间的对应关系，并注重与原有建筑的结构体系和空间原型的协调。通过适宜的形式语言和形式结构，处理空间界面、材料运用、节点构造等问题，提升建筑设计素养和建筑思维深度。

设计思维的外在联系

设计除了考虑建筑内在逻辑的生成关系之外，同时需要关注外在城市肌理与建筑生成关系的硬件特质，并关注与之相关的社会问题和文脉历史的软件特质。引导设计者谨慎地对待建筑与城市发展之间的关联，以尊重原有肌理为导向，研究城市建筑空间尺度、界面、边界以及城市建筑的生长方式，形成具有连贯性和逻辑性的建筑关联城市文化的策略。

由此，通过对应性的专题讲座，强化设计者对设计思维外在联系的认知，让设计者更为全面地关注建筑由内而外的适宜性问题：充分认知社会、城市建筑的“软硬件”内容；完善外在自然要素分析，包括自然的宏观感知与微观感知、自然力的感知、生态边界形态及其成因、人工环境与自然的连接与冲突；融合使用人群特质，选择合适的建筑有机更新方案，提出合理的功能定位，制定相应的任务书。

设计语言的图示表达

建筑图示语言作为表达设计者设计内容和设计意图的重要手段，是设计基本专业技能重要的组成内容。图示语言的组织需要通过设计者对表达过程的抽象、凝练和浓缩，选择合适的图形色彩表现手段，展现设计思维内容。

课题训练通过图示语言专题讲座，讲述图解分析在前期分析、概念呈现、功能定位、改造策略、方案生成过程中的运用；其中，对应课题特点的结构空间体系更新过程的分析图是表达的重点。其余还有展示内部空间尺度、构造与造型关联性、特征空间场景、结构体系特质的剖透视、体现分析深度的爆炸分析图等，为设计者提供合适的图示表达方法，可以促进设计者对设计内容有充分的表达 (图 1-40~图 1-43)。

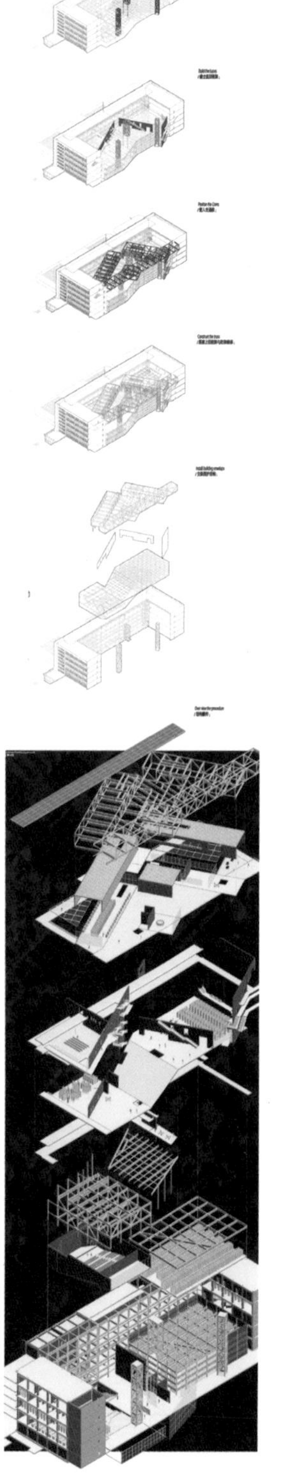

图 1-43 “再建筑”—图书馆改建策略

作业示例

食堂

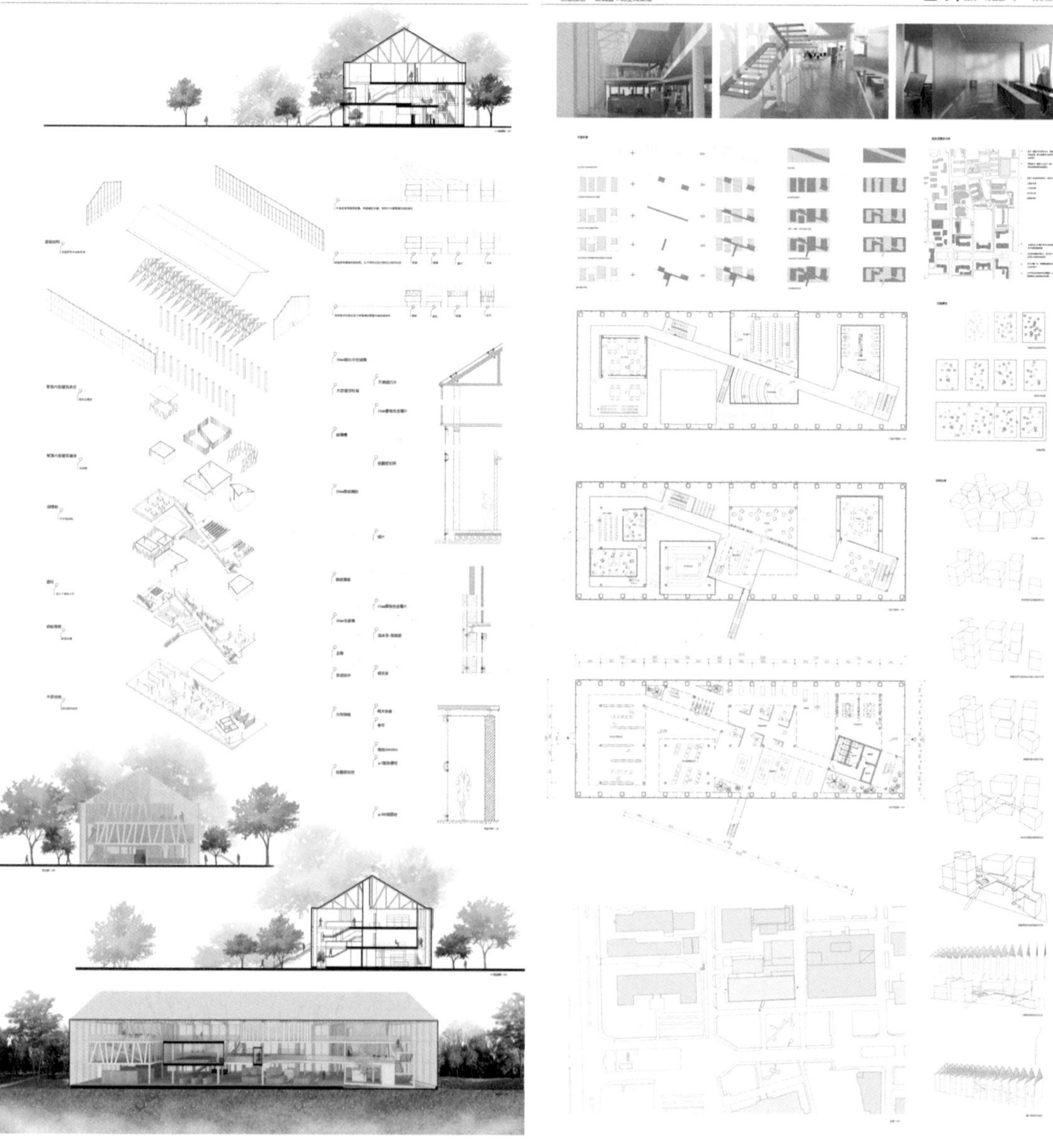

2013 级 方晗茜 丁一 吴铮然

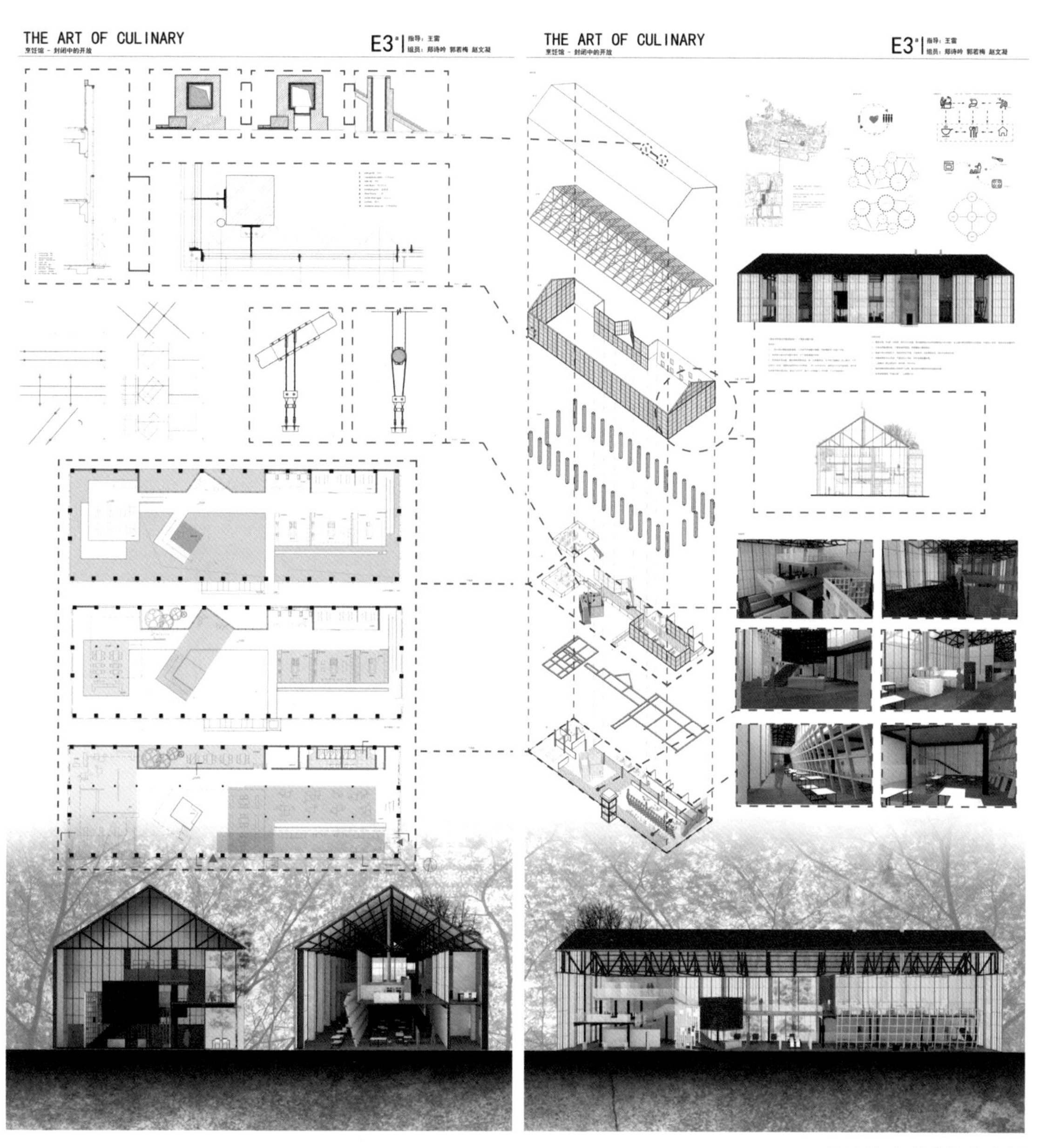

2013 级 政诗吟 郭若梅 郑文凝

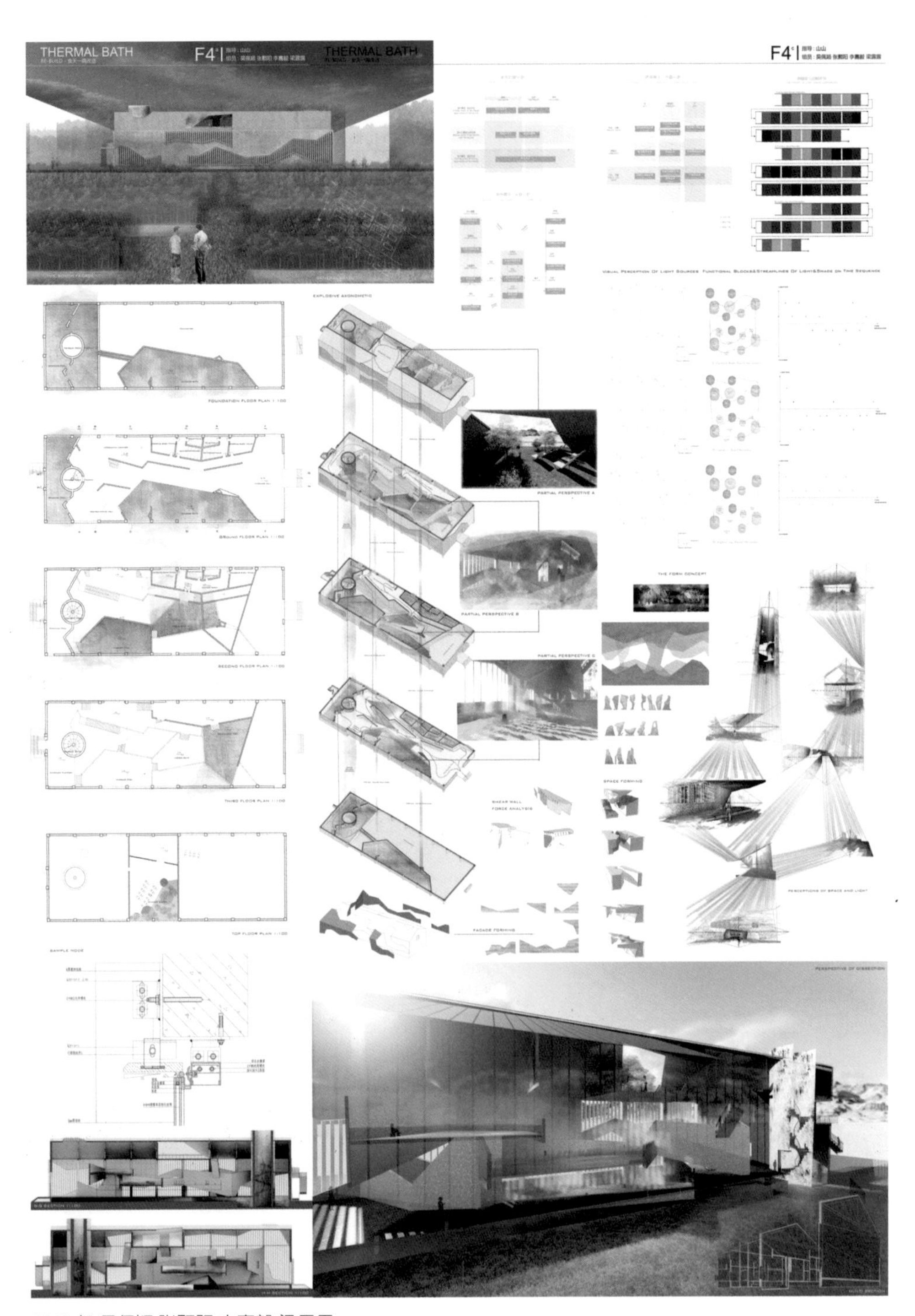

2013级 吴佩颖 张颢阳 李嘉毅 梁露露

2013 级 毛宇青 杨兆轩 王嘉慧

教工活动中心

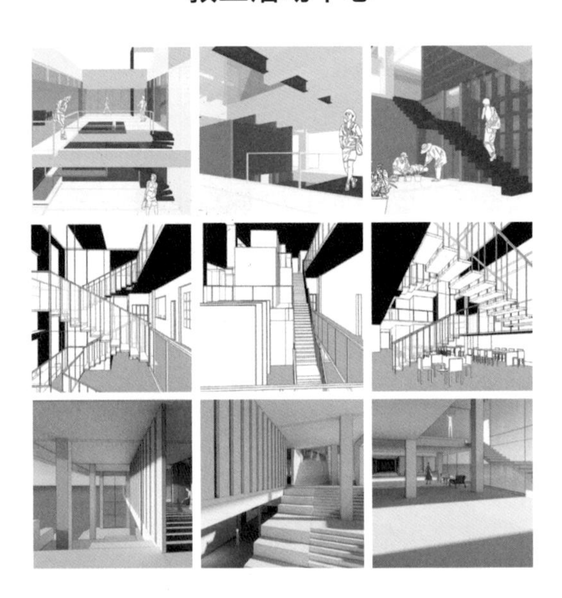

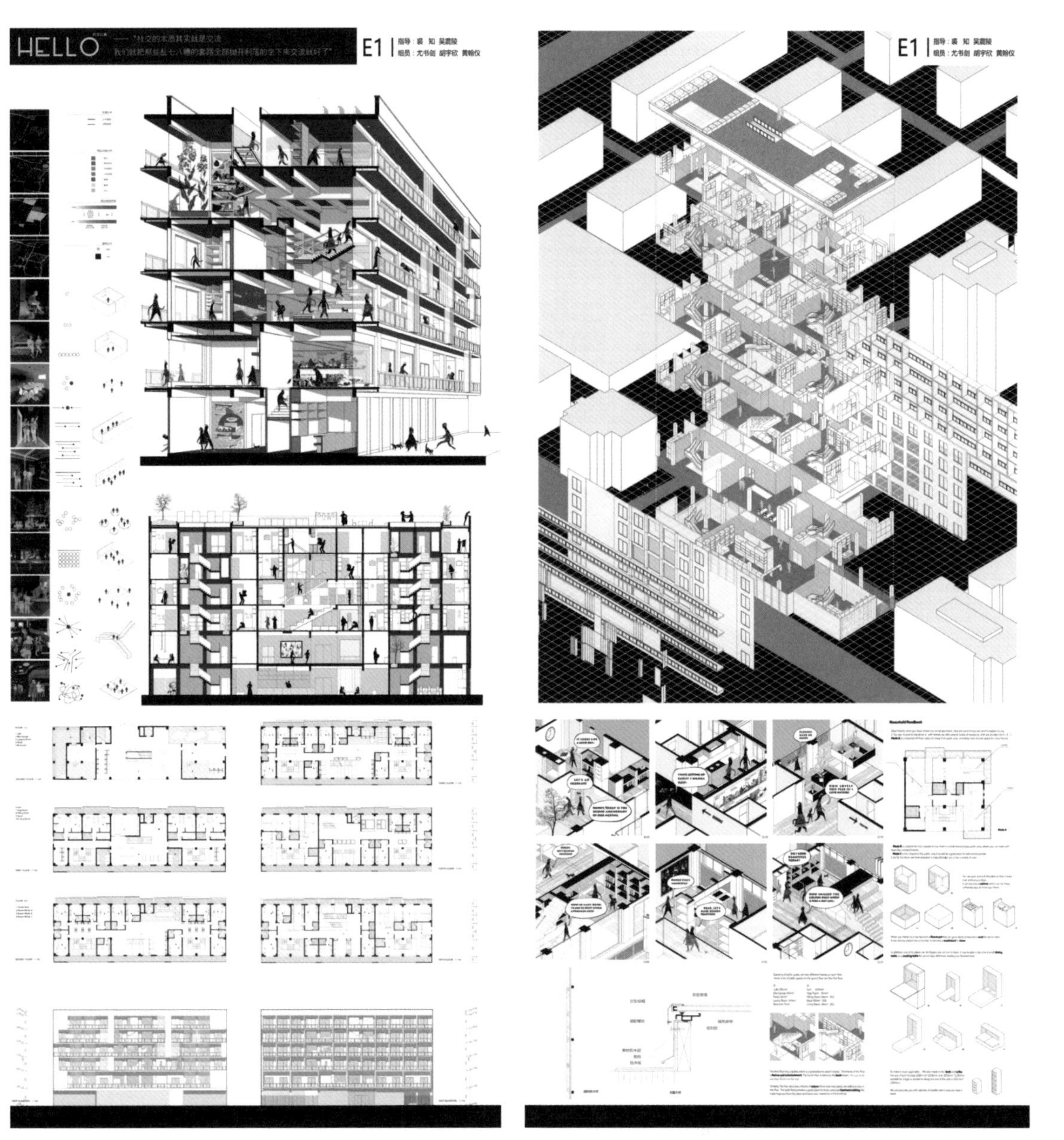

2014 级 尤书剑 胡宇欣 黄瀚仪

2018 级 洪辰

2018 级 徐珂晨

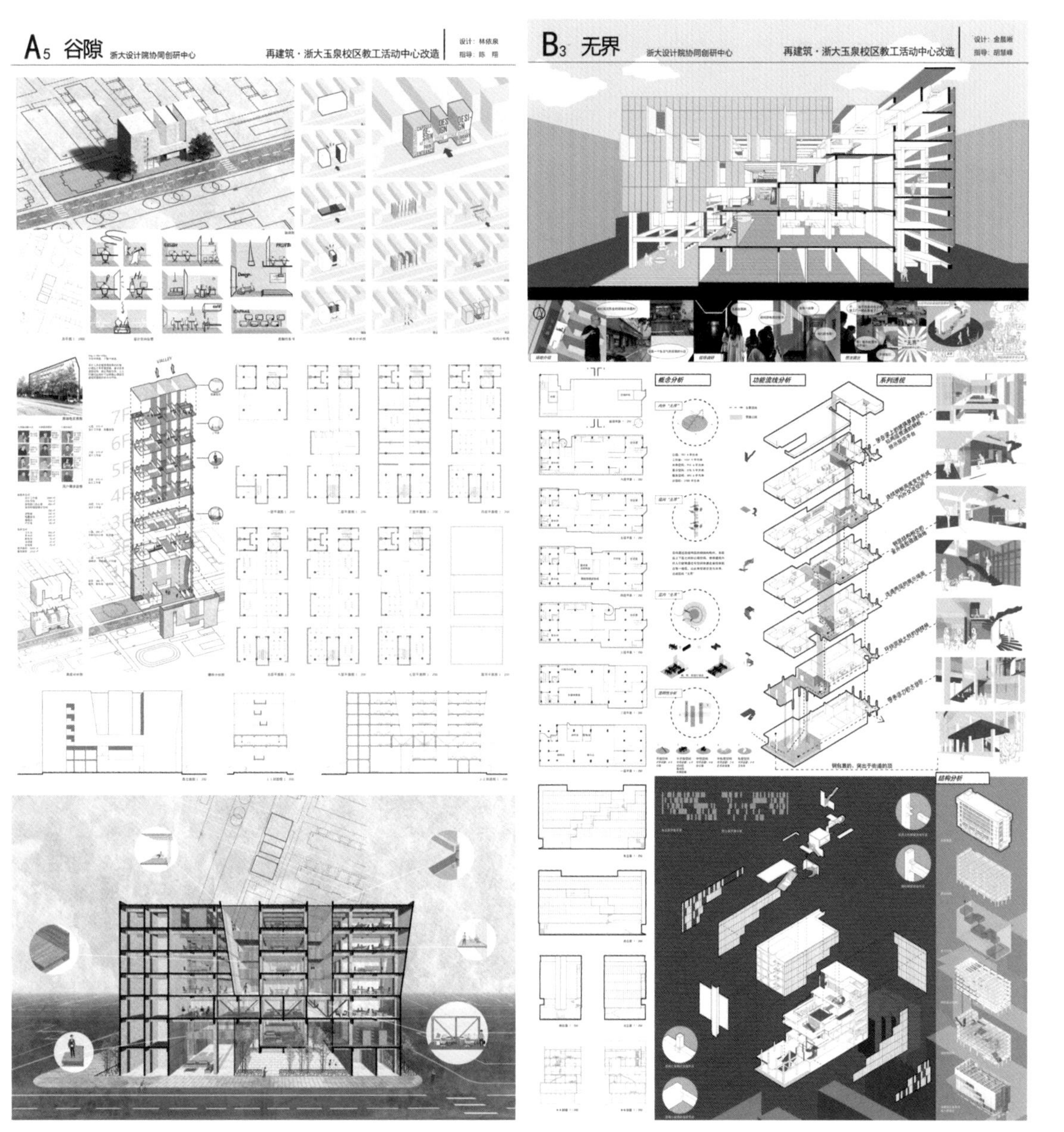

2018 级 林依泉

2018 级 金晨晰

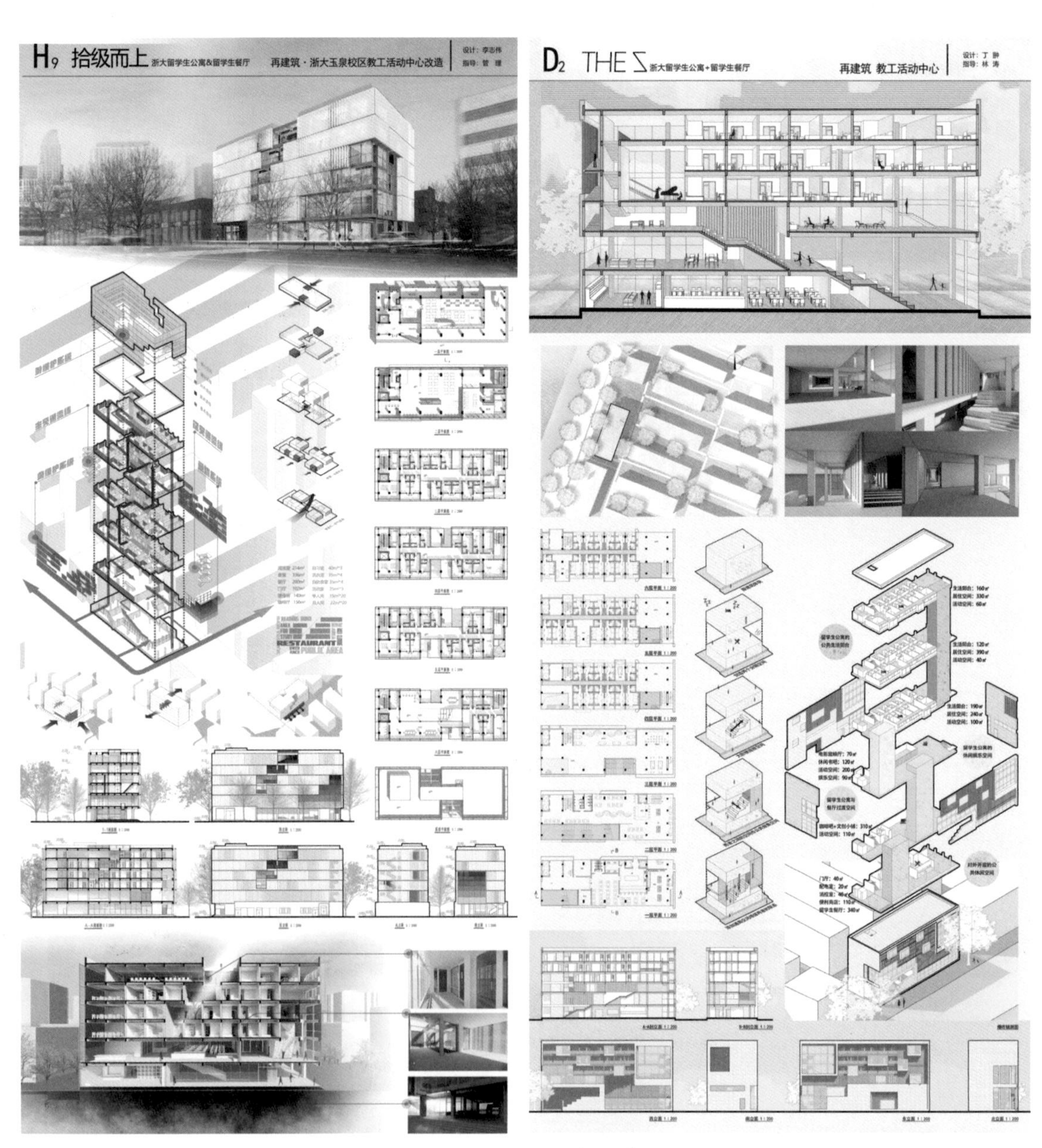

2018 级 李志伟

2018 级 丁翀

图书馆

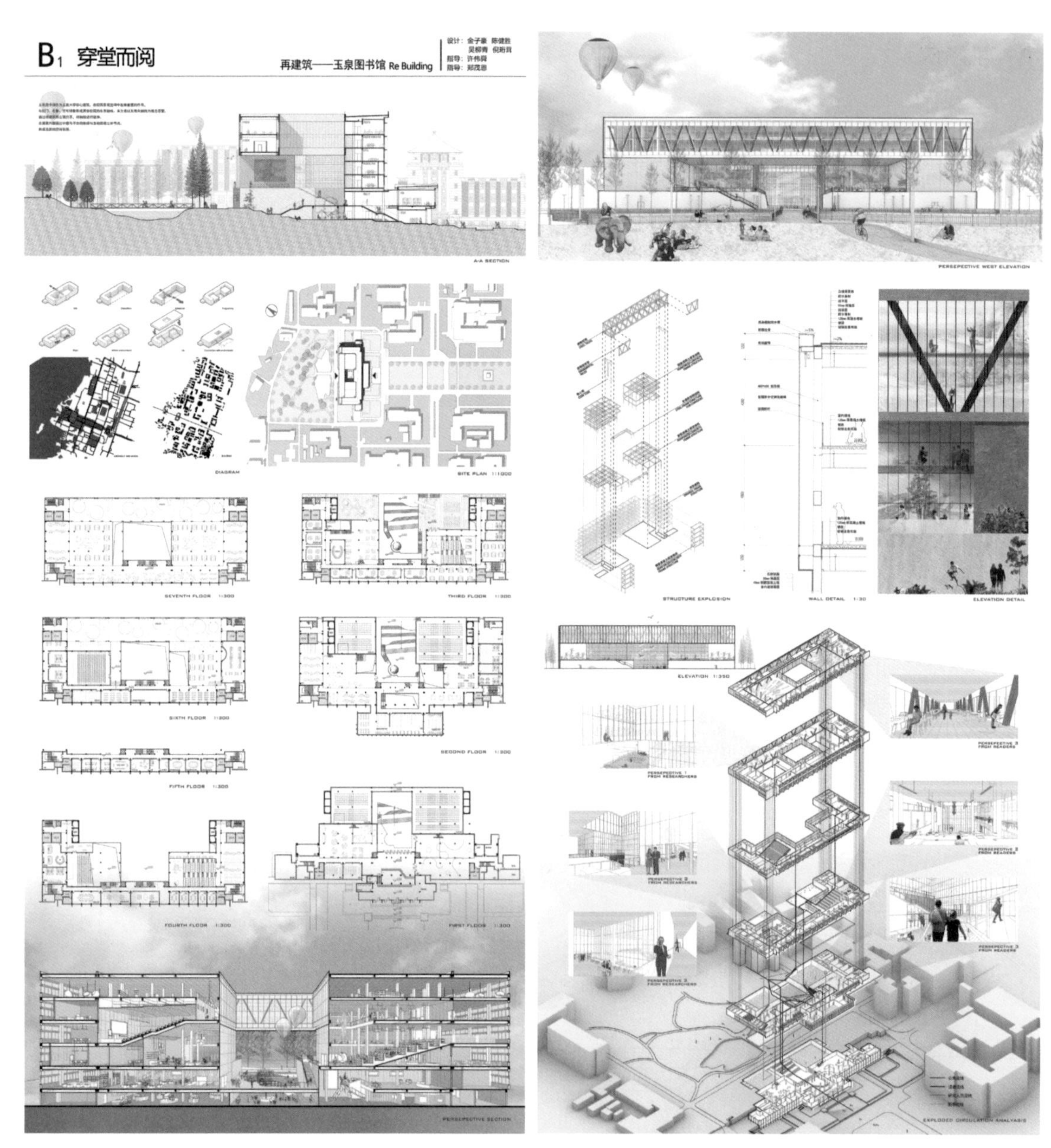

2015 级 金子豪 陈健胜 吴柳青 倪珩茸

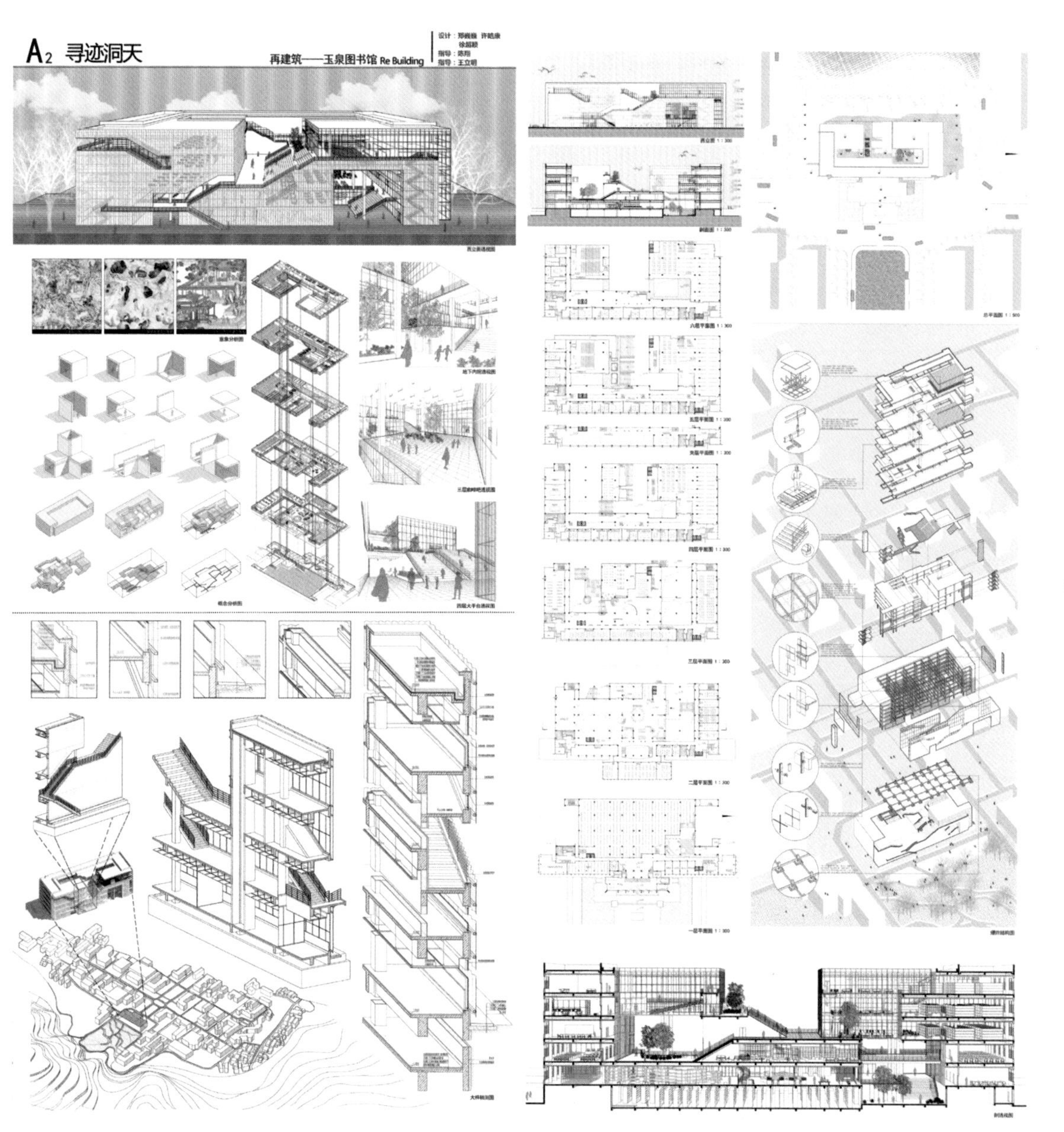

2015 级 郑巍巍 许皓康 徐超颖

F2 向左向右

再建筑——玉泉图书馆 Re Building

设计：苏 亮 郭剑峰 林淑艺 吴峥然
指导：王 雷
指导：任绿时

2015 级 苏亮 林淑艺 郭剑峰

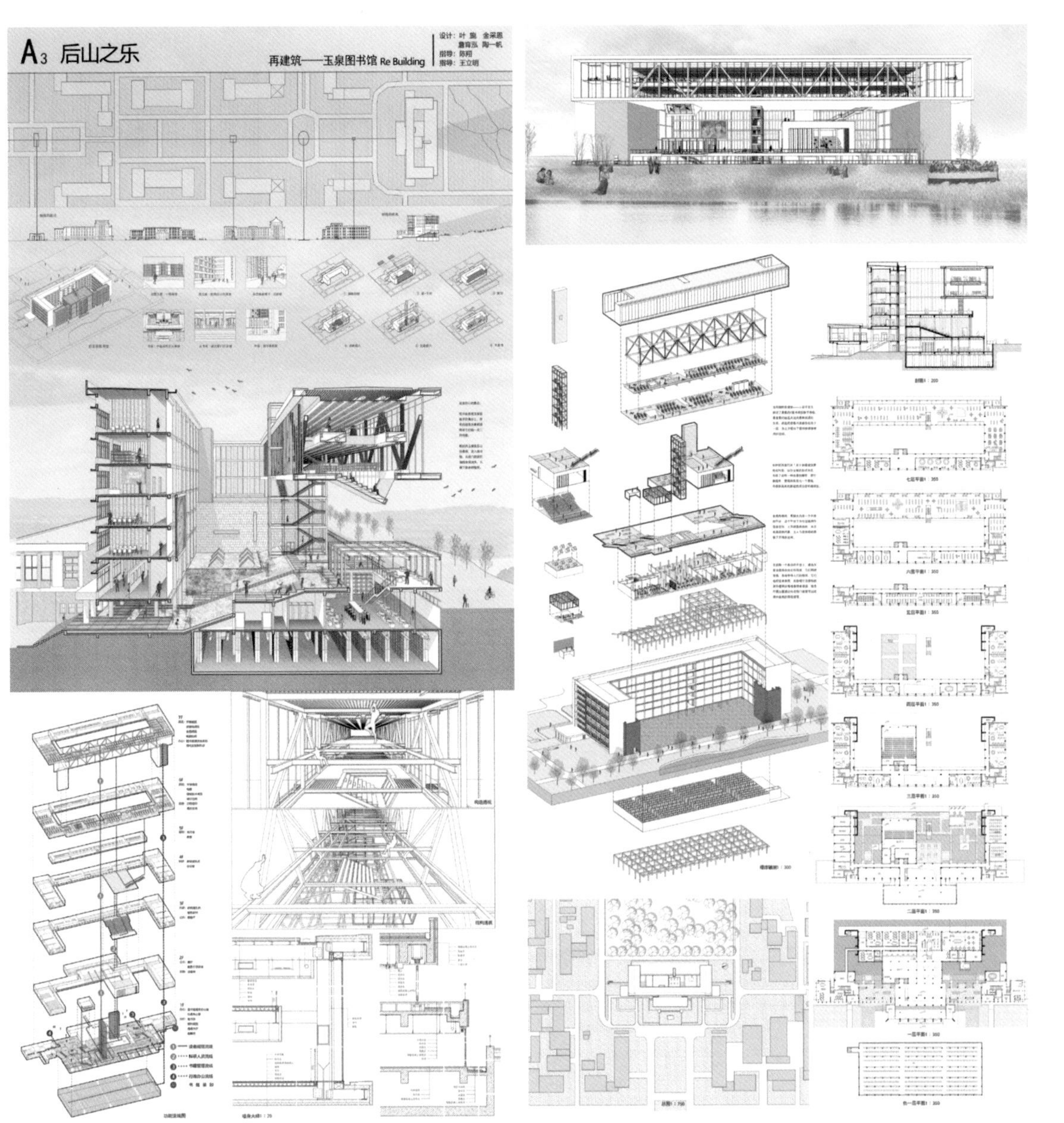

2015 级 叶旎 陶一帆 詹育泓 金采恩

教学楼

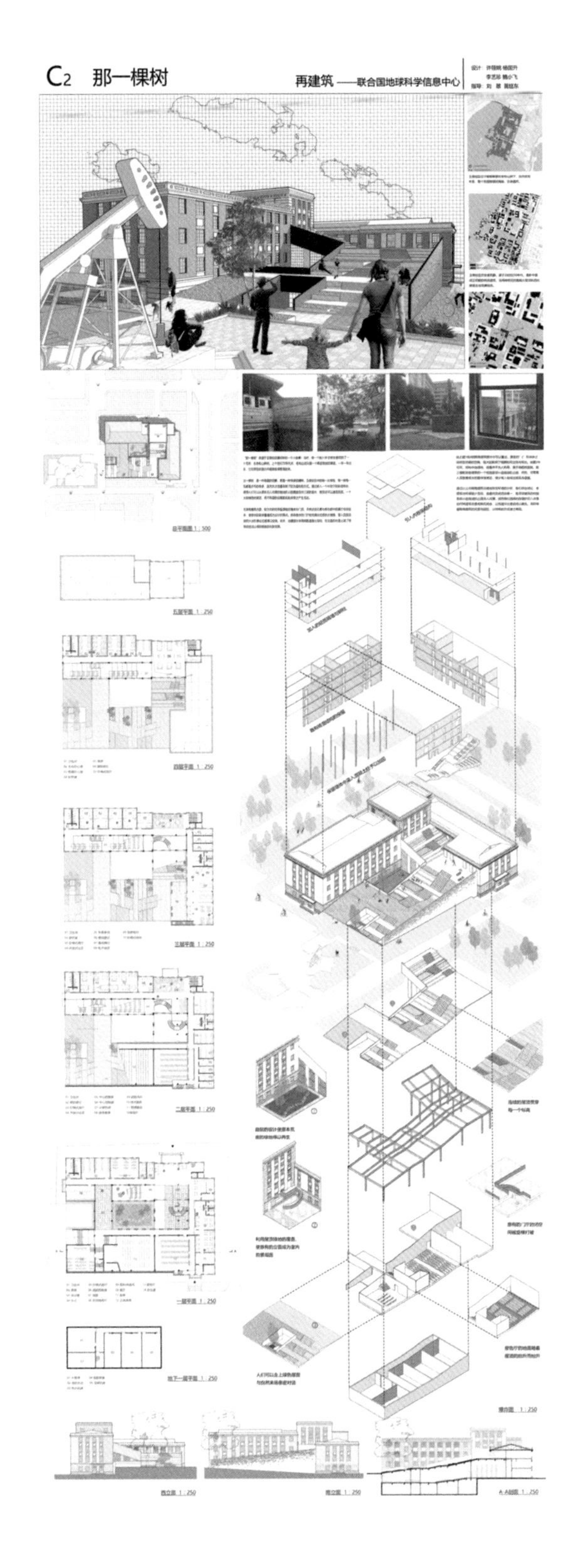

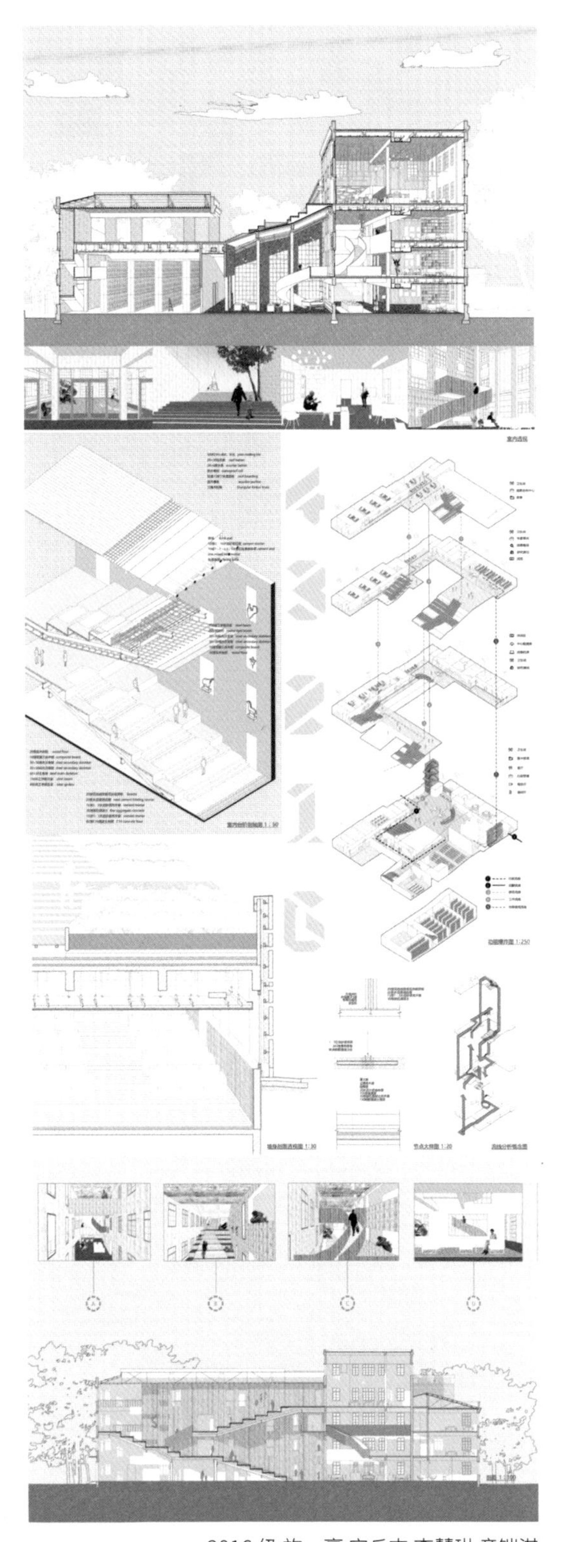

2016级 施一豪 宋丘吉 李慧琳 章铠淇

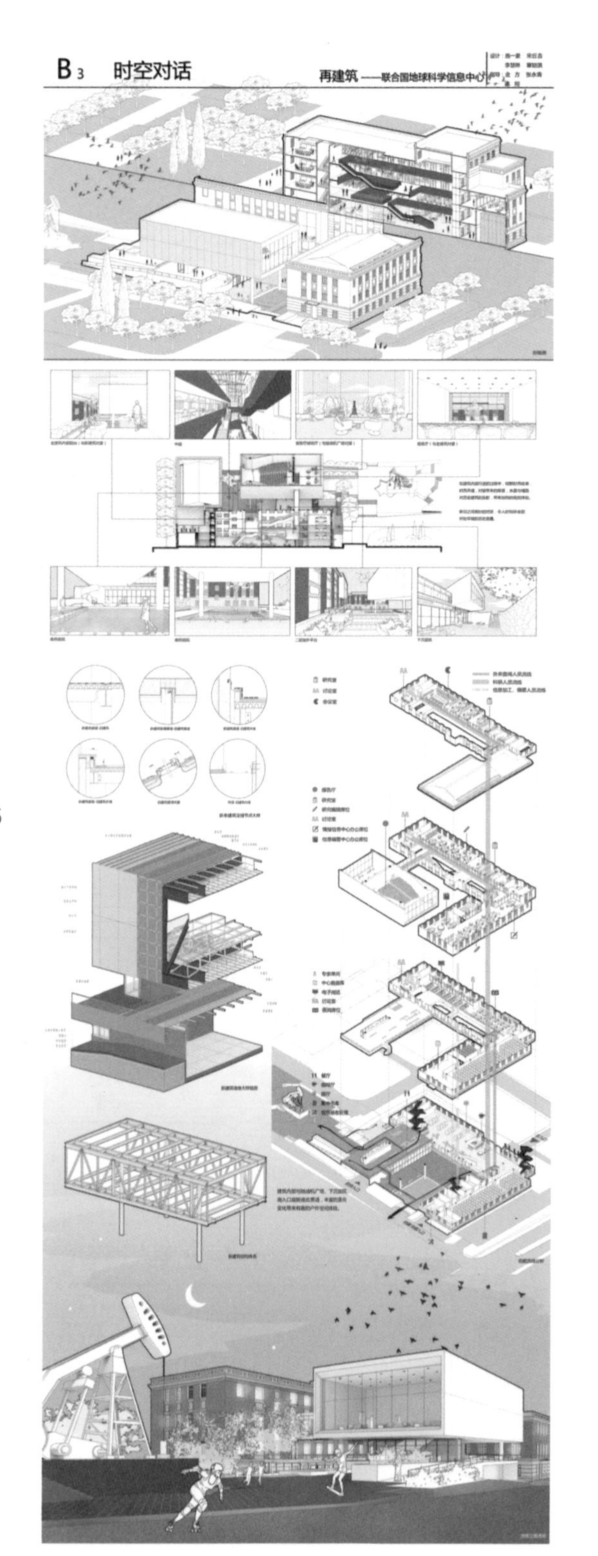

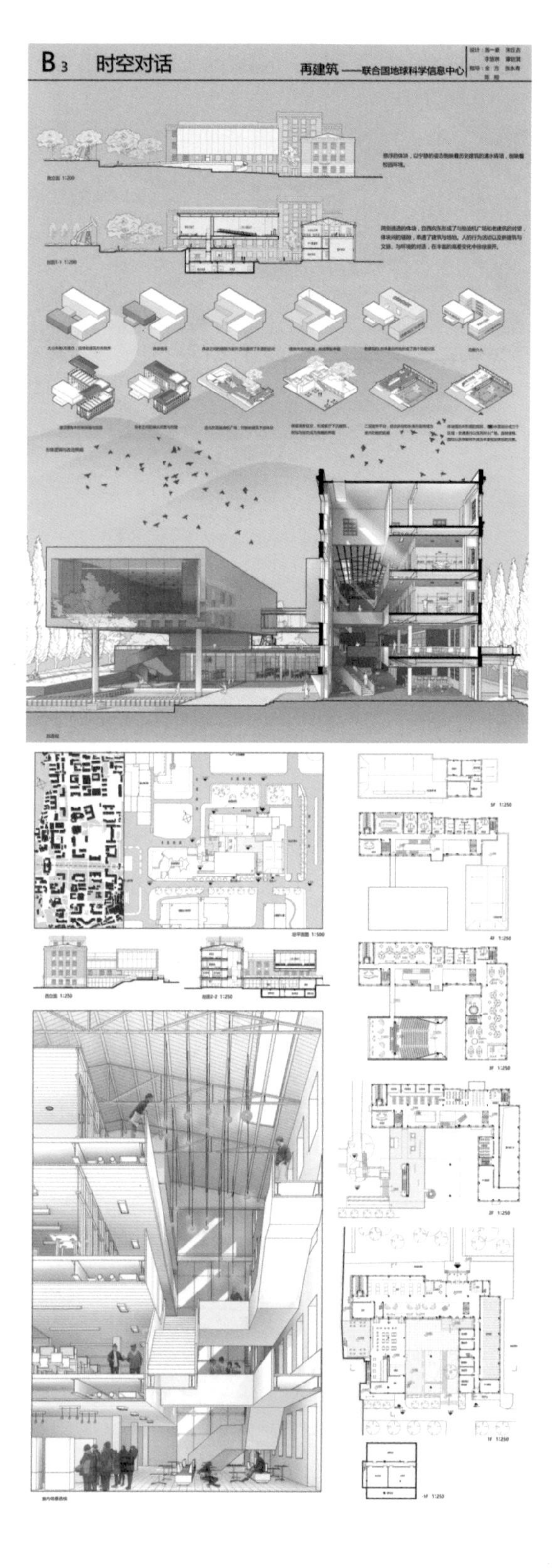

2016 级 施一豪 宋丘吉 李慧琳 章铠淇

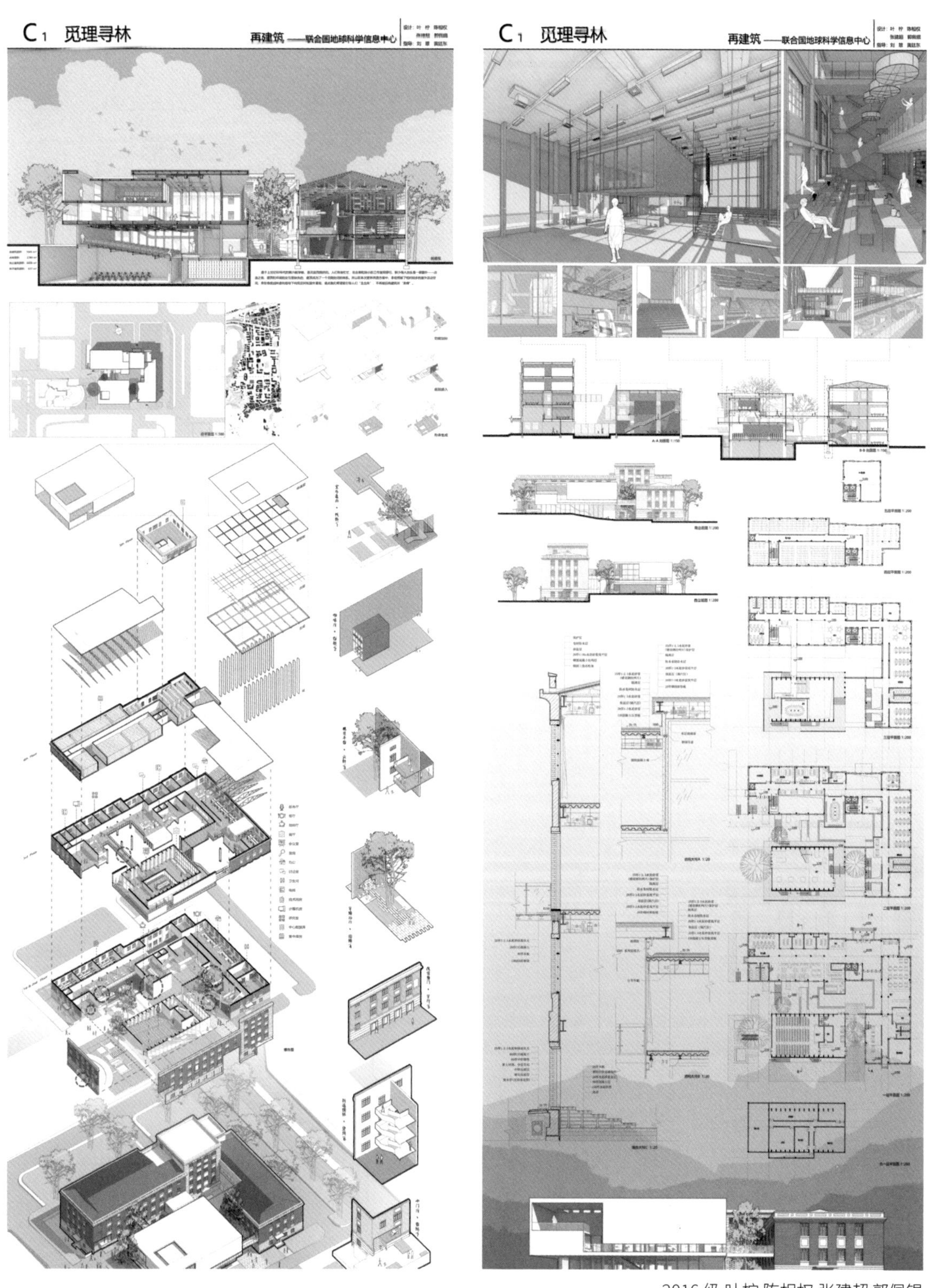

2016 级 叶柠 陈相权 张建超 郭佩锟

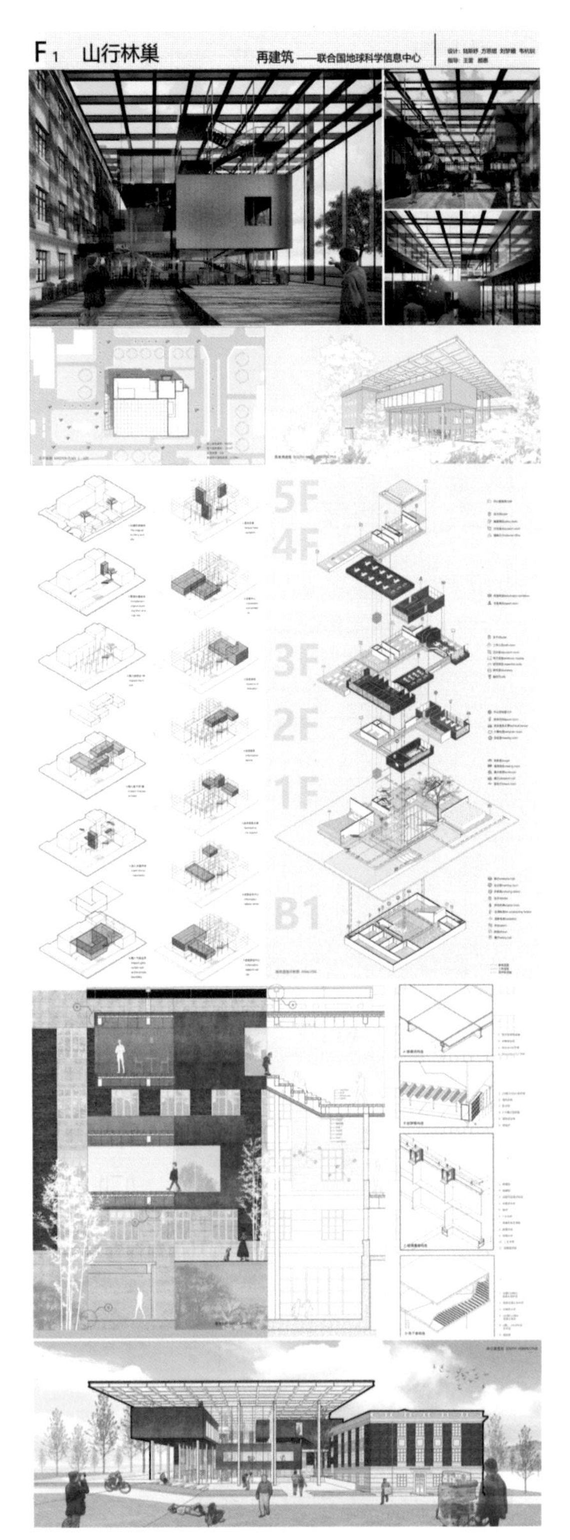

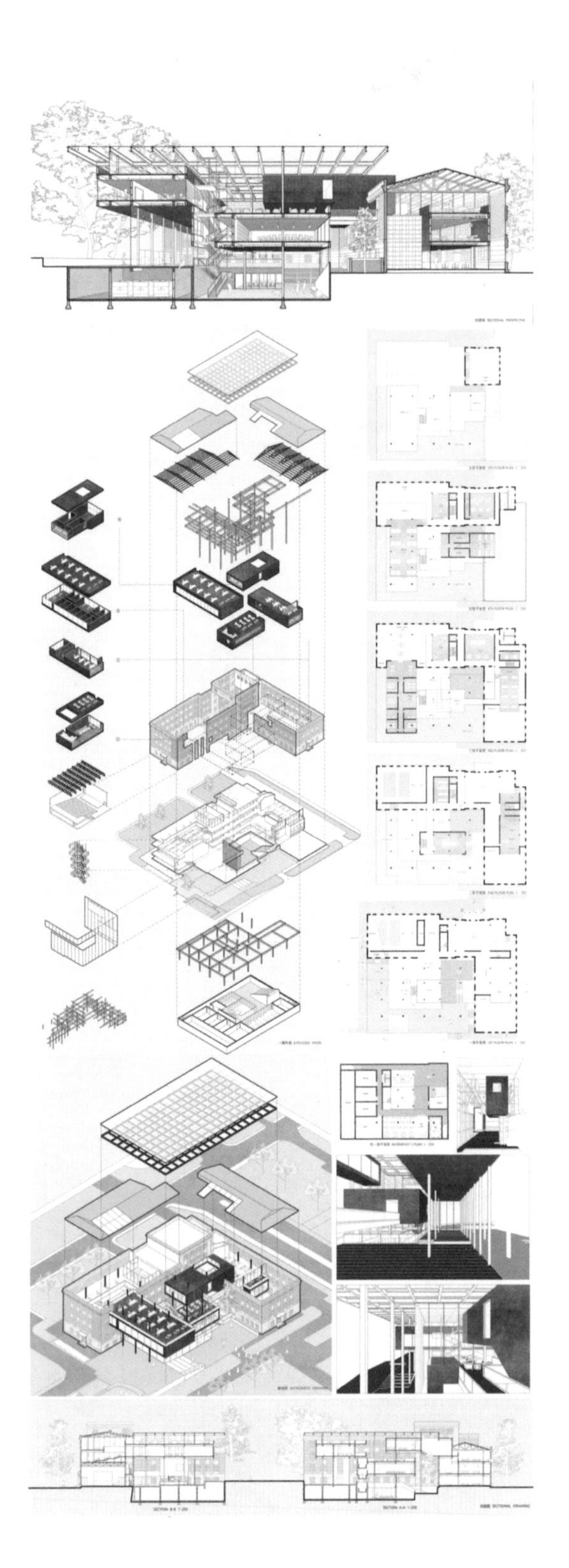

2016 级 陆斯妤 方思熠 刘梦嫚 韦杭钏

结构实验室

VOYAGE
远航 — Recycle & Rebuild

A2 | 指导：吴越
组员：郦家骥 张玮婷 董舒畅

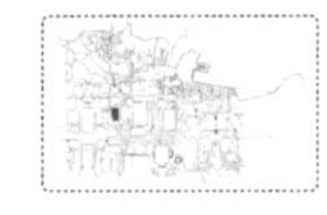

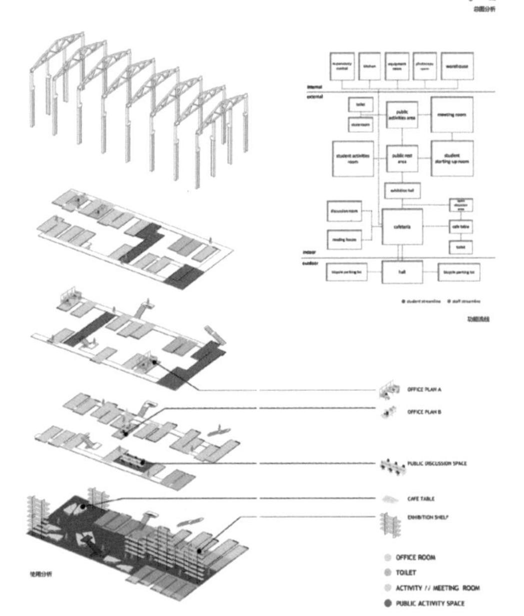

VOYAGE
远航 — Recycle & Rebuild

A2 | 指导：吴越
组员：郦家骥 张玮婷 董舒畅

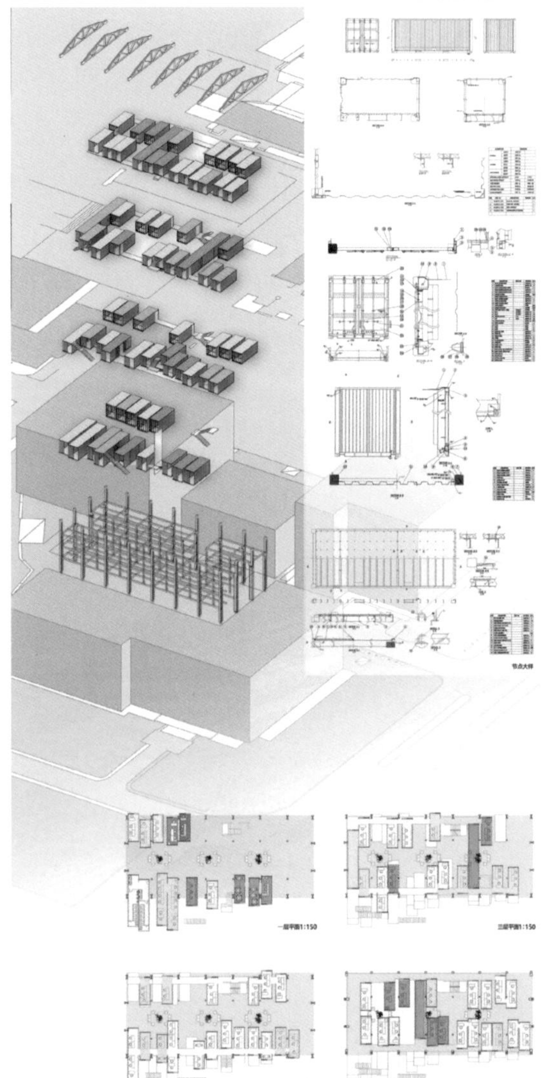

2013 级 郦家骥 张玮婷 董舒畅

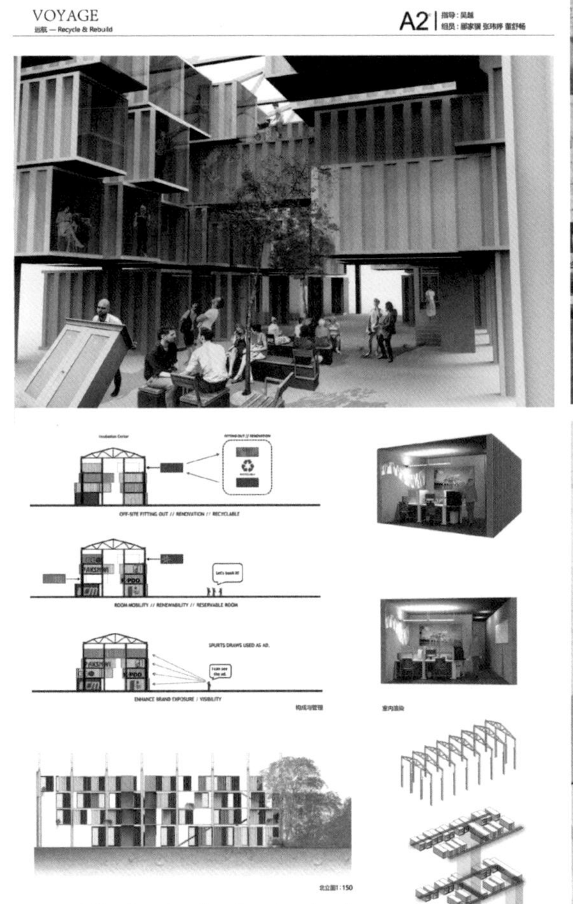

2013 级 郦家骥 张玮婷 董舒畅

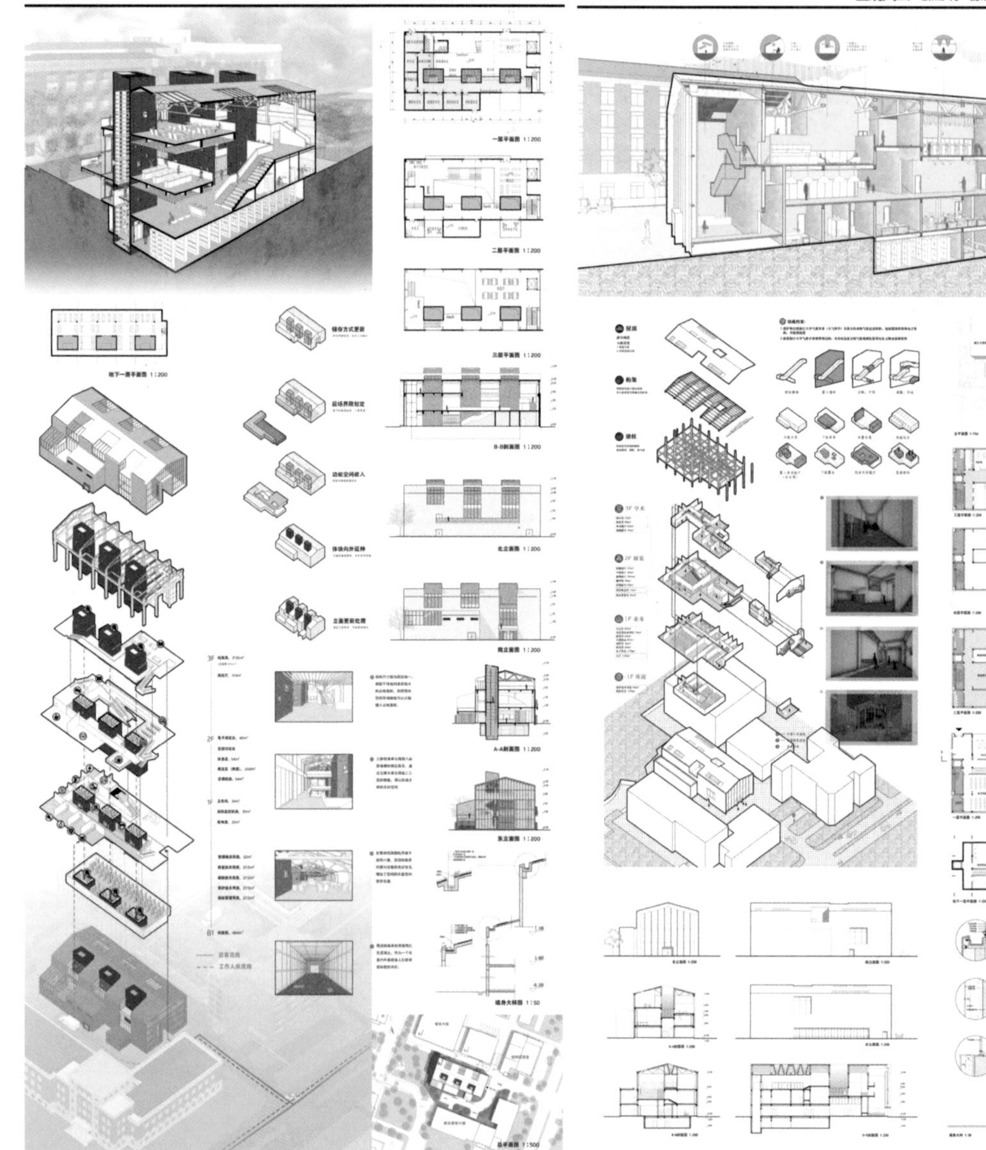

2017 级 王兆恒

2017 级 赵睿

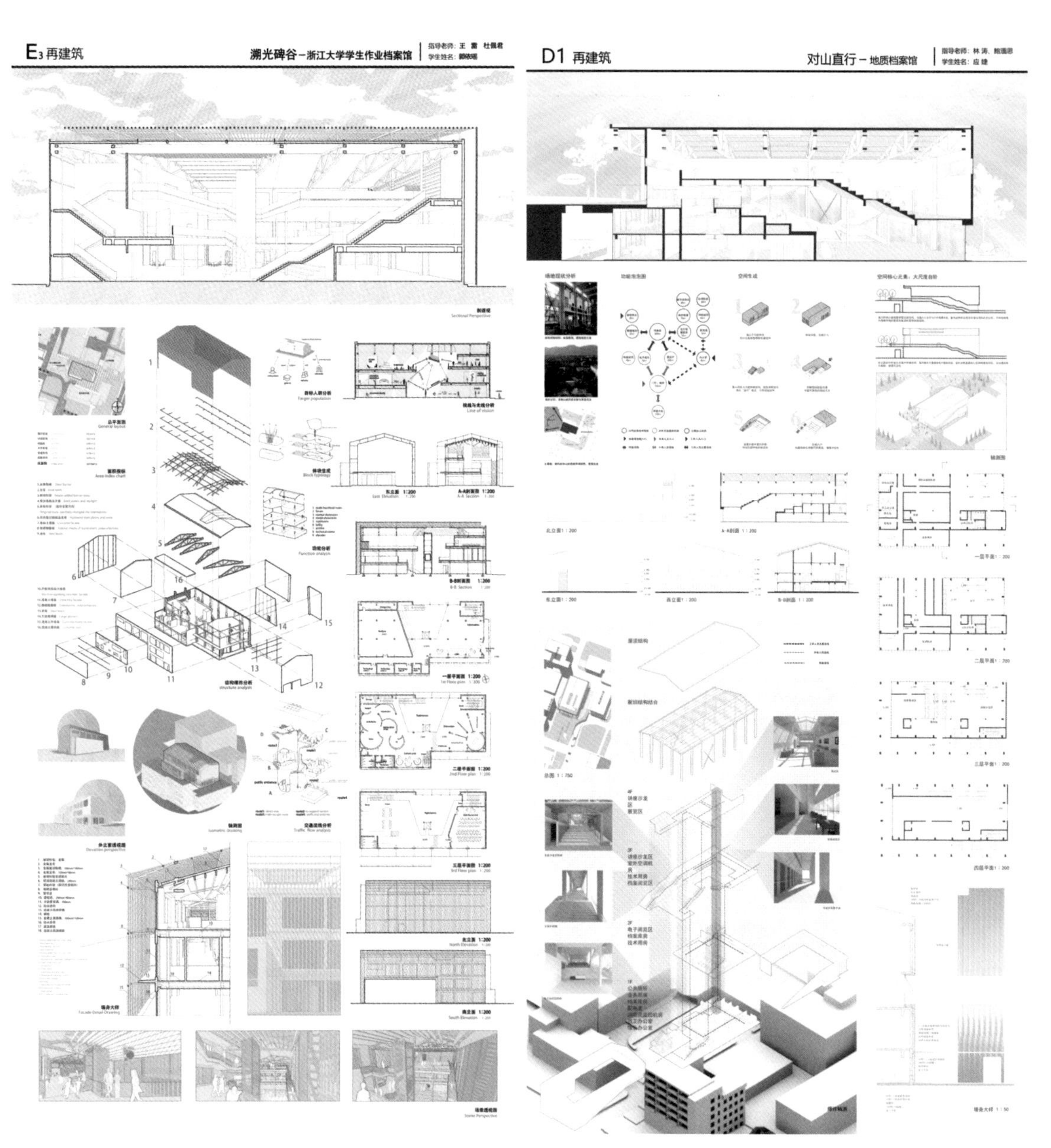

2017 级 郭依瑶

2017 级 应婕

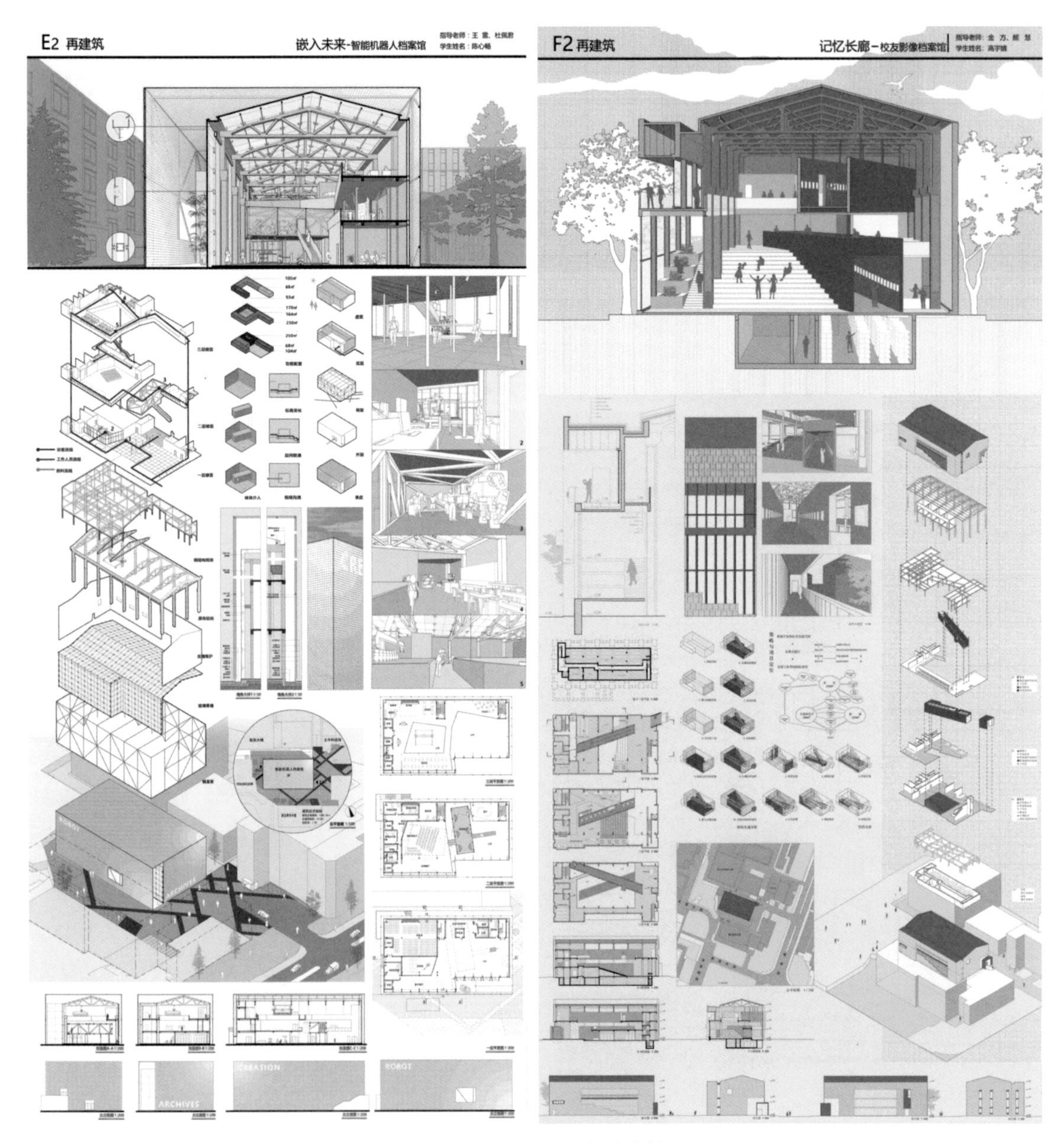

2017 级 陈心畅

2017 级 高宇婧

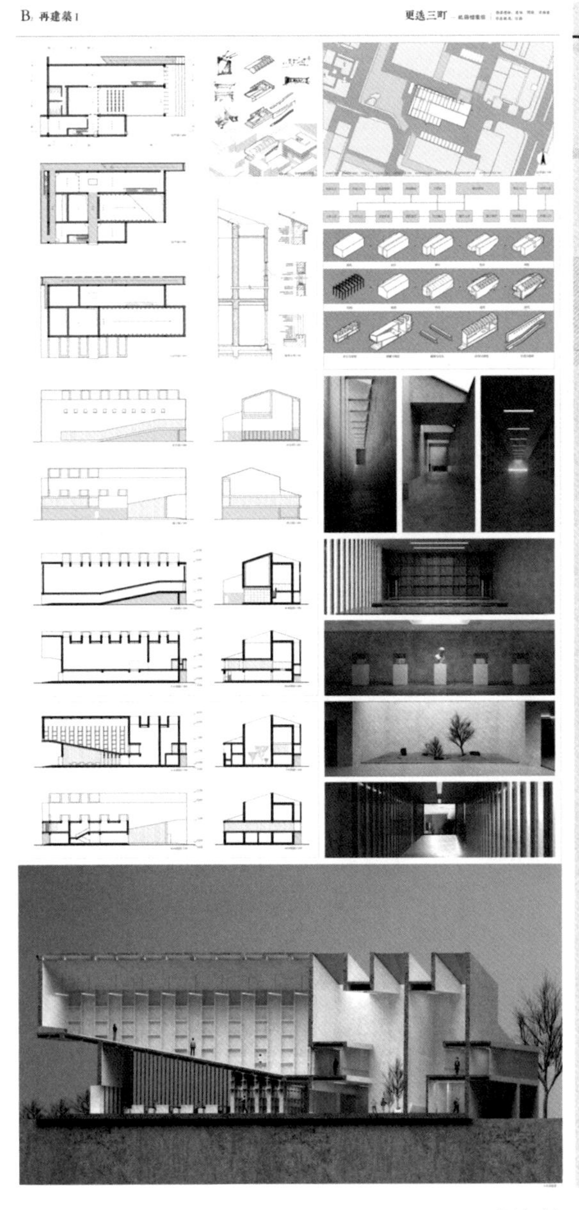

2017 级 江钧

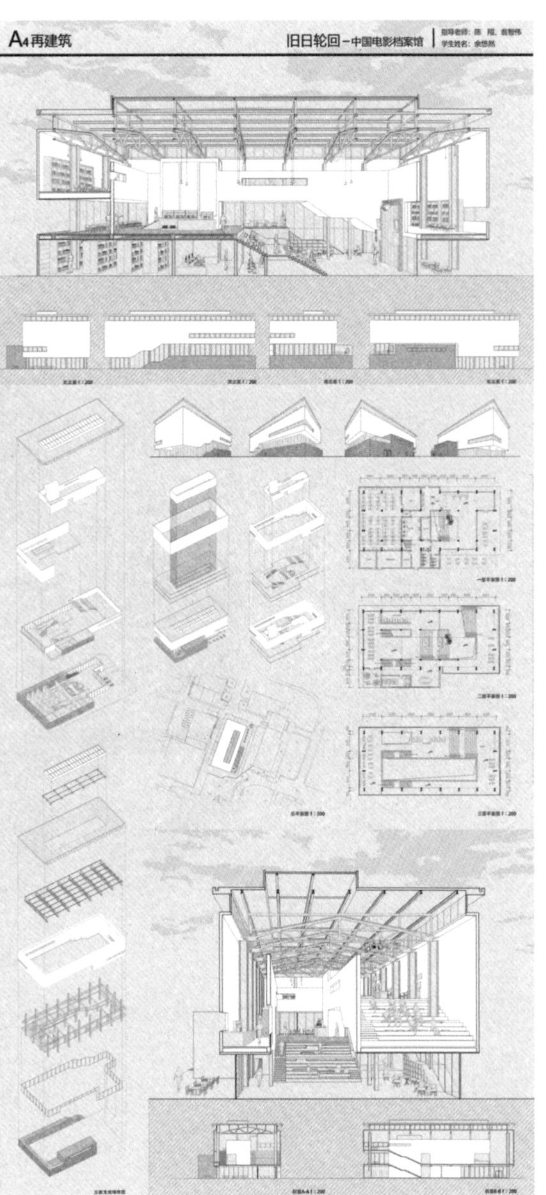

2017 级 余悠然

模型示例

模型作者：

2014 级 赵黄哲 杭希 相瑗瑗

2017 级 陈心畅等

2017 级 罗洋

2014 级 臧特 钟佳滨 朱安琪

1

2

2

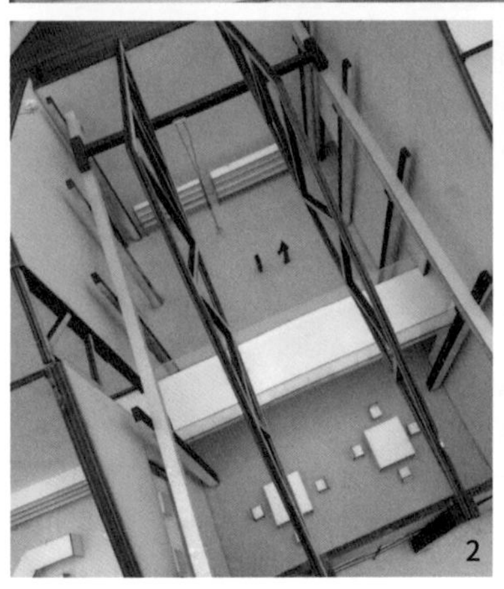

2

3

模型作者：

2016 级 陈楚意 庞荻 刘怡敏 张钰莹

2013 级 毛宇青 杨兆轩 王嘉慧

2013 级 伍一峰 李泽 毛金统

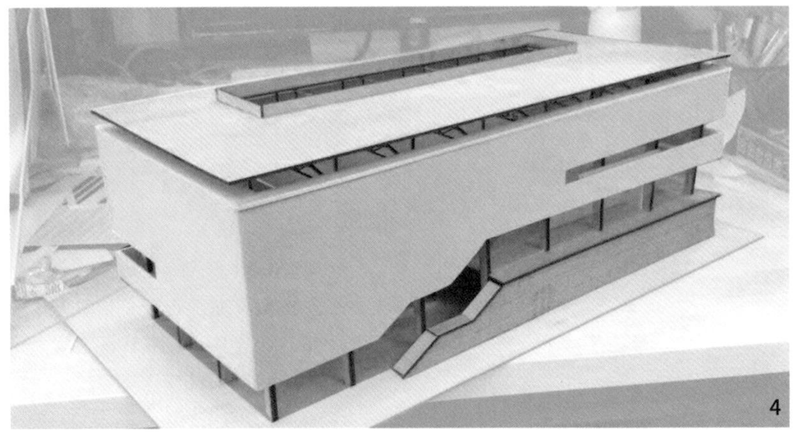

模型作者：

2014 级 储宇鑫 任一凯 周宇嘉 姚嘉伟

2013 级 郑诗吟 郭若梅 赵文凝

2014 级 吴佩颖 张颢阳 李嘉毅 梁露露

2017 级 余悠然

课题Ⅱ　系统性设计：整体的建构

CONSTRUCTION of INTEGRATION

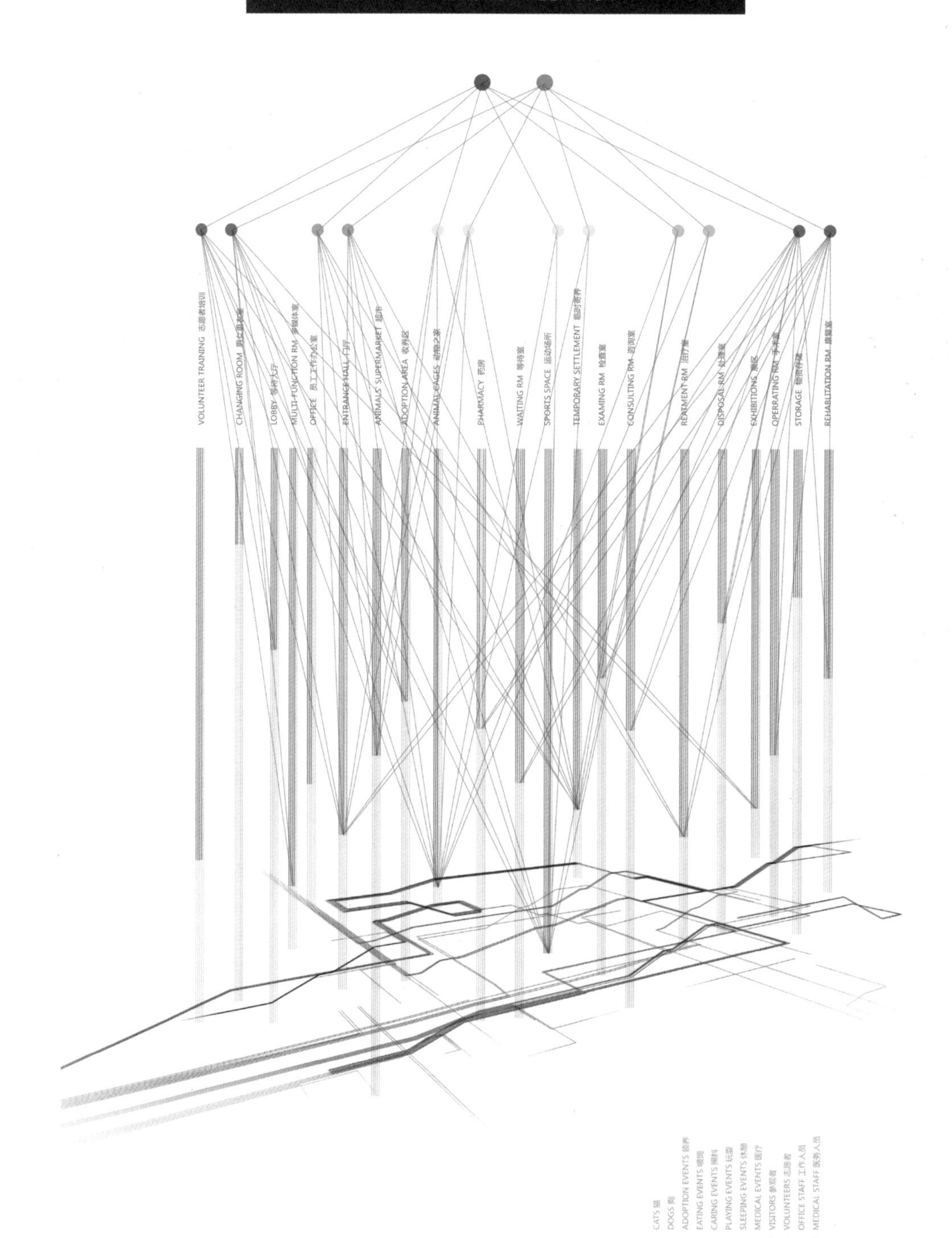

图 2-1　动物收容所一透视图

系统性设计将建筑理解为包含环境、行为、功能、空间、结构、形态等多个子系统的集合体，理解建筑是由上述系统要素复合建构的整体系统。

课题在场地选择上突出都市及自然的特征，以放大场地这一环境系统在设计中的影响。课题也有意识地选择学生相对陌生的功能作为主题，以突出功能系统在设计过程中的在场感。课题强调设计图式语言对系统要素及整体复合系统进行解释、分析、推演的运用。

通过课题的训练，理解建筑整体性的意义，以及通过系统性方法实现整体性目标的途径 (图 2-1)。

训练目标

1. 理解建筑所包含的行为、功能、空间、形态、结构、语言、环境等多个系统要素；
2. 理解建筑是由上述系统要素复合建构的整体系统；
3. 熟练运用图式语言对系统要素及整体复合系统进行解释、分析、推演；
4. 以系统性设计为题，要求在设计过程中充分考虑各个系统之间的相关性，结合具体的场地环境特征，设计与使用者行为和功能需求相适应的建筑空间体系。

课题背景

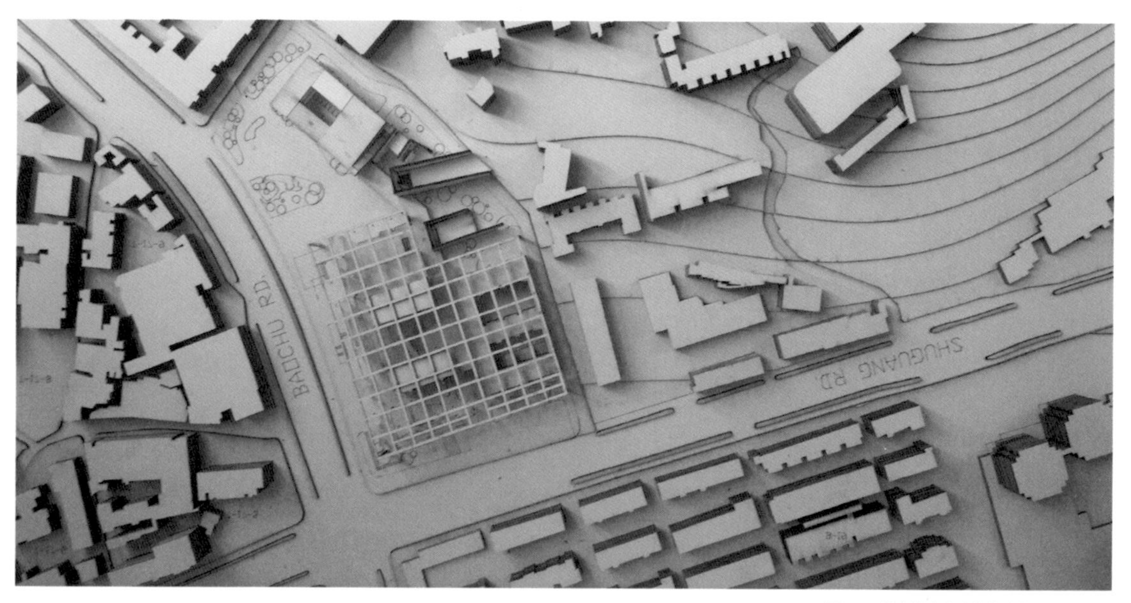

图 2-2　城市艺术和文化综合体一总图环境

随着社会发展，城市与自然环境不断变化，新的建筑功能层出不穷，空间需求也越来越多样化。由于无法遵从既有建筑设计经验，设计师往往无所适从，面临前所未有的挑战和困惑。

伴随着新的空间需求出现的是复杂交织的各类建筑系统。这些系统要素之间，或强或弱、或间接或直接地相互交织，保持着限制、修正、适应等关系，构成相互渗透的复合系统。这就要求我们应该以整体性为目标，以系统性为手段，从系统复合的角度去探讨建筑设计 (图 2-2)。

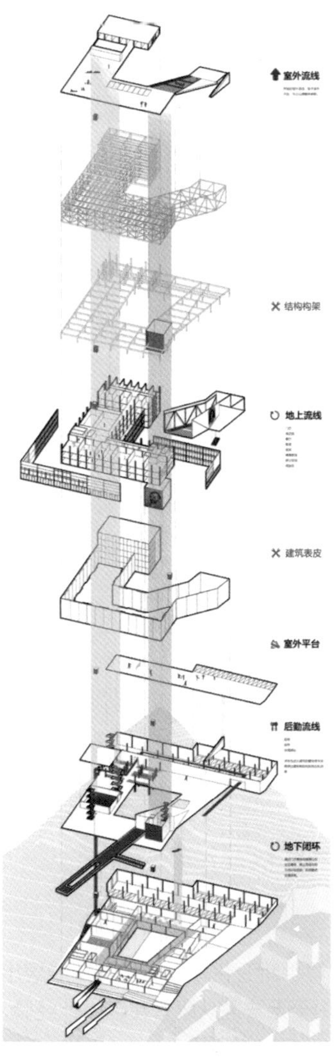

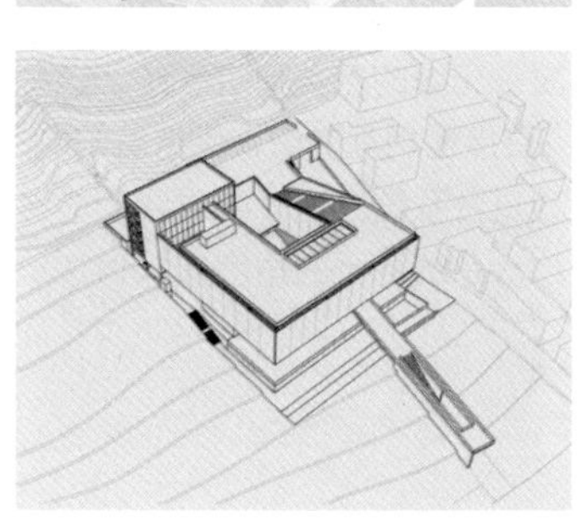

图 2-3　西溪艺舍－系统分析图

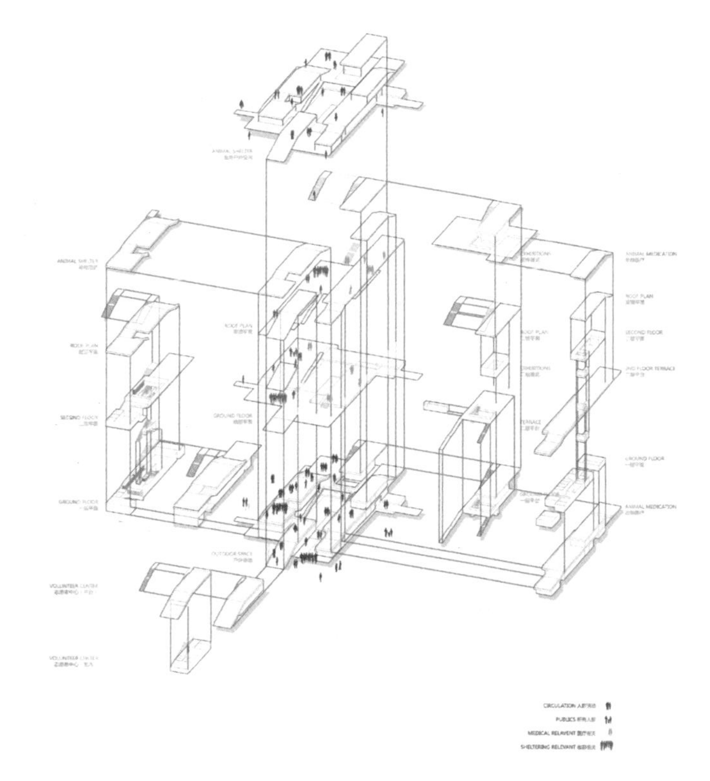

图 2-4　城市艺术和文化综合体－功能系统图

系统要素

建筑涉及自然、社会、文化、活动、审美、时间等因素，它由环境、行为、功能、空间、结构、形态等系统复合而成。该复合系统既涉及实体、虚体、体验等不同层面，也涉及策划、概念、方案、深化等多个阶段。它受到业主、规范等外部因素的影响，也受到技术、性能等内在条件的制约。建筑设计需统筹考虑各个方面。

本课题引导同学们辨析建筑所包含的多个系统要素，理解复杂系统中多要素之间的层级关系、链接规则以及制约机制，重视场地环境、人群行为、功能设置、空间组织、结构模式、形态造型等系统要素之间的协调统一 (图 2-3、图 2-4)。

图 2-5 城市艺术和文化综合体－工作模型

要素与整体

系统之间相互联系、相互作用，共同形成一个有机整体。此整体不是各部分的简单相加，而是各部分的有机复合。在特定的条件下，某些系统利用自身的优势可以优先获得发展机会，但当它发展到一定程度，与其他系统之间就会形成一定的张力，这就要求其他系统也适当地发展，从而与之相适应，达成一种系统性的平衡。在建筑的发展过程中，要注意各个系统的协调发展。

如何针对一个未知的命题，以系统性的方式建构起一个整体的建筑世界，是本课题的训练要点。本课题要求同学综合考虑各系统要素对建筑整体的影响，以系统要素之间的逻辑关系为主线，实现从无到有的整体性建筑建构 (图 2-5、图 2-6)。

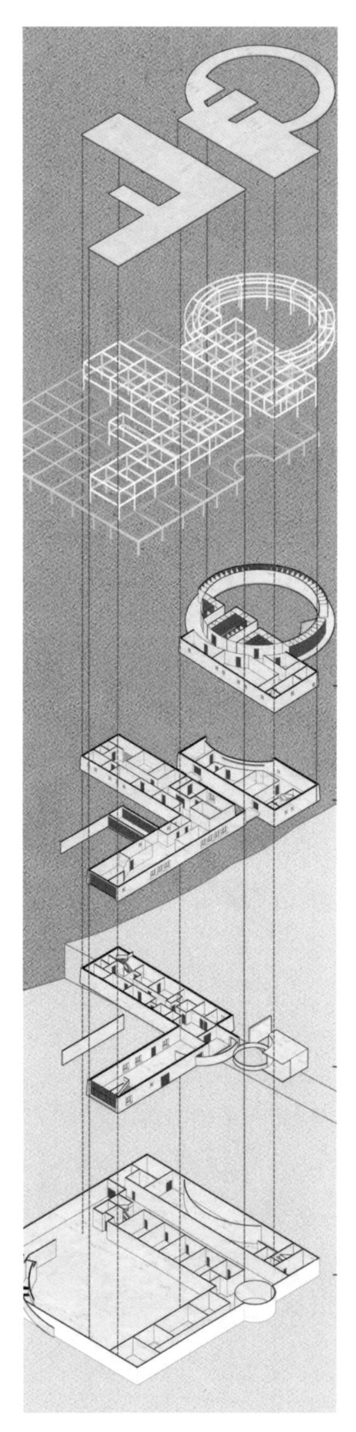

图 2-6 动物收容所－结构与空间系统分析

课题演进

图 2-7　动物收容所一剖透试图

课题设置强调复合系统的整体建构，引导学生关注建筑设计的系统属性，营建满足特定功能需求的建筑系统。在选题上既注重都市环境、自然环境等外部环境的影响，又强调人、动物等各种类型的使用者需求。在此基础上逐步叠加功能、空间、结构、形态等设计要求，引导学生逐步建立系统的建筑设计观 (图 2-7)。

选题包括：动物收容所、西溪艺舍、杭州书画院、城市艺术和文化综合体。

图 2-8　动物收容所—空间与环境角色

动物收容所

本课题以动物收容所为题，将动物作为建筑的主要使用者。在有限的已知条件下，以面向非人类使用的未知性建筑功能作为切入点。通过对使用者本体的观察和研究，设计与流浪动物的收容、诊疗、生活等行为需求相适应的建筑空间体系。

本课题采用开放式组织，以“恒定量 + 变量”为基本功能架构，一方面训练学生对某特殊功能问题 (恒定量) 的理解和处理，另一方面由学生自由添加自拟主题 (变量)。从关注“动物庇护”的社会问题入手，策划课题，自拟任务书，引导学生更广泛地关注建筑的功能多元性问题。对相关的社会问题、环境问题、空间问题、结构问题、材料问题等，创新性地提出富有个性的解答，以激发学生自主的功能环境关怀意识，并提升其创新思维素质和研究能力 (图 2-8)。

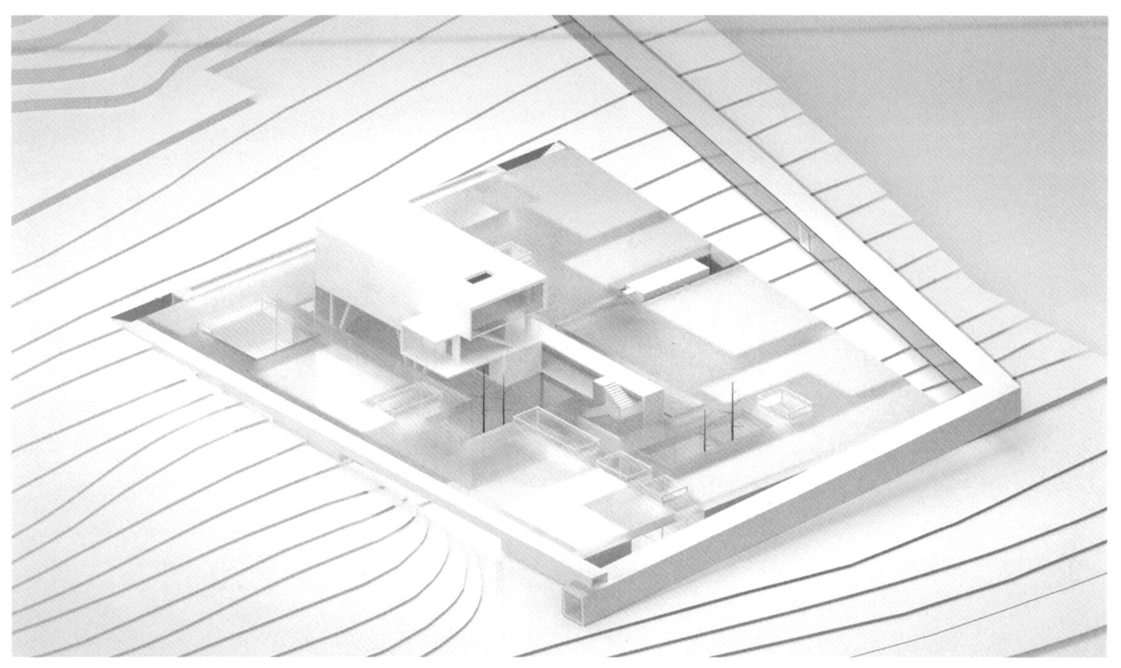

图 2-9 动物收容所—建筑与场地系统

本课题选址于老和山北侧山脚与城市环境相邻的地块。其北侧为城市道路、城市绿化带及居住社区，西侧为老和山登山入口及拟新建居住社区，南侧为老和山登山步行道，东侧为拟新建城市公园及知名景点“老和云起”入口。基地环境条件优越，人流较少。

总用地面积：8052 m^2。总建筑面积 3600m^2（地上、地下，允许误差 5%）：其中动物诊疗区域 900m^2，动物收容区域 600m^2，笼舍区（覆顶区域）900m^2，辅助用房区域 600m^2，其他 600m^2。建筑密度≤ 25%，绿地率≥ 50%，建筑限高 15 m（相对于原始基地标高）。机动车停车位 20 个，非机动车停车位 40 个（若停放地下，不计入建筑面积）。

设计需重视使用者行为与空间形态之间的相关性，重视建筑功能设置与空间组织之间的相关性，重视建筑形态、语言与结构的统一，充分考虑材料运用、节点构造等问题，重视建筑与场地环境之间的关系 (图 2-9、图 2-10)。

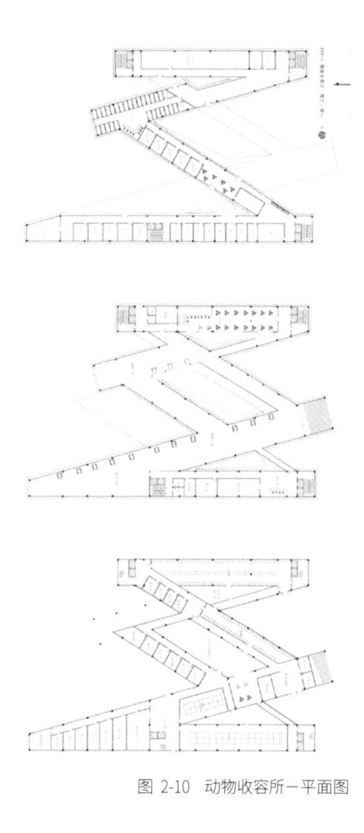

图 2-10 动物收容所—平面图

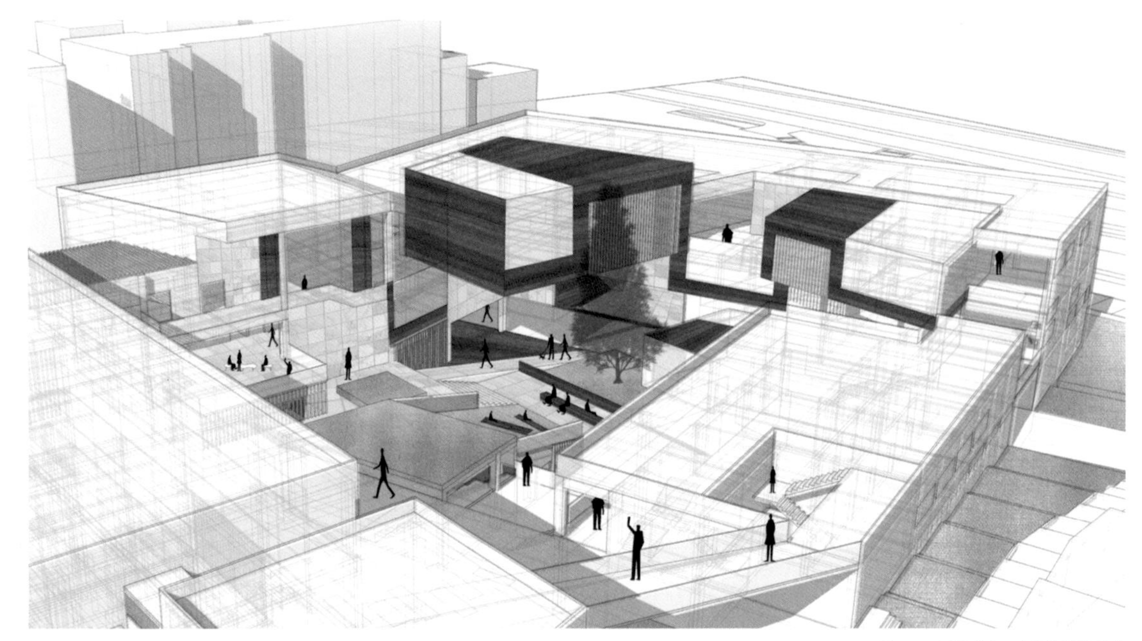

图 2-11　西溪艺舍—空间与环境系统

西溪艺舍

在当今社会向多元化、信息化方向迅速演进的背景下，建筑功能由单一的静态封闭状况向多层次、多要素复合的动态开放系统进行演变，对复合建筑功能的应对和挑战成为建筑设计与思考的重要环节。本课题以西溪艺舍为题，以特殊人群的特殊功能需求为切入点，营建满足艺术学校要求的建筑系统。

本课题要求学生结合场地调查与文献阅读，厘清与现状接轨的艺术学校的运作状况，包括但不限于学员、时段、学制、艺考等，讨论适应艺术学校运维的类型、模式、规模等，深入理解建筑运维与建筑功能的关联性。

明确艺术学校的基本功能需求，梳理功能结构，根据功能架构有针对性地提出适宜的空间组织结构，完成功能系统与空间系统的复合与转译。

结合场地环境，建构富于个性的建筑形态系统、语言系统，进行合理的结构选型，采用适宜的建筑技术处理空间界面、材料运用、节点构造等问题，实现建筑形态、空间、结构、环境的统一(图2-11)。

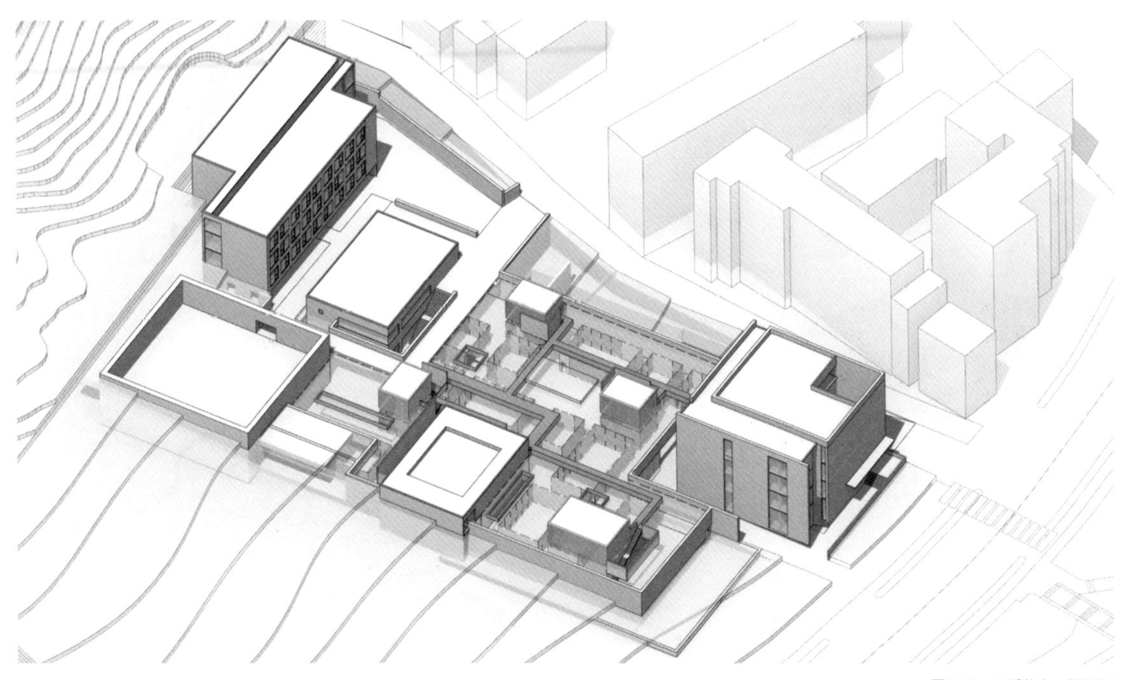

图 2-12　西溪艺舍一轴测图

本课题选址于老和山北侧山脚与城市环境相邻的地块。其北侧为城市道路、城市绿化带及居住社区，西侧为老和山登山入口及拟新建居住社区，南侧为老和山登山步行道，东侧为拟新建城市公园及知名景点“老和云起”入口。基地环境条件优越，人流较少。

总用地面积：11093 m^2。总建筑面积 8000 m^2（允许误差 5%）：其中画室（300 人）使用面积 1050 m^2，教室（300 人）使用面积 540 m^2，公共空间使用面积 800 m^2，办公使用面积 420 m^2，学生宿舍（150 人）使用面积 1400 m^2，餐饮使用面积 450 m^2，辅助用房使用面积 500 m^2，其余面积自定。建筑密度≤ 40%，绿地率≥ 30%，建筑限高 24 m（相对于原始基地标高）。机动车停车库 50 个车位，非机动车停车库 200 m^2（可结合建筑架空层设计；若停放地下，不计入建筑面积）(图 2-12、图 2-13)。

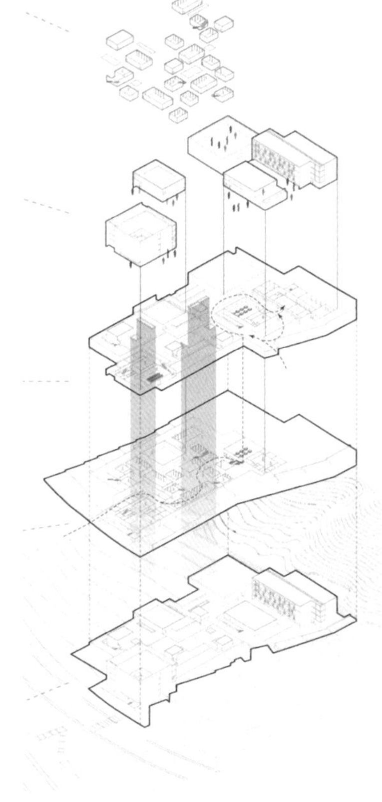

图 2-13　西溪艺舍一分解轴测图

图 2-14 杭州书画院一鸟瞰图

杭州书画院

在满足建筑基本功能和任务书设计要求的前提下，每个学生必须在作品中挖掘建筑与中国书画文化的内涵、形式的关联；探究建筑与生成环境、自然环境的关联；探究建筑与地方特色、环境特色的关联；探究建筑与生态、环保、节能的关联；探究博物馆建筑的陈列形式、采光利用和空间布局的综合方案；探究建筑设计的创新与个性的表达。

本课题主要内容是建筑单体（或群体）设计，涉及“杭州画院”与“西溪湿地”两方面的内容。学生首先以现场调研、资料收集的方式了解杭州书画和西溪湿地的相关信息。分析杭州书画文化的历史内涵与外延，结合当代发展对新的场所、内容的需求，在西溪湿地觅址建设杭州书画院，尝试续接书画文化精神、拓展功能内涵、存留当代精品，让书画文化继续成为杭州活跃的文化象征。

本课题新建书画院主要满足三大发展需求：第一是行政办公用房和艺术家工作室的扩建；第二增建拍卖中心，以服务不断扩大的民间收藏市场；第三增建书画博物馆，留存当代精品。建筑设计一方面以书画的文化内涵与当代发展需求作为设计内容的出发点，另一方面考虑与西溪湿地特有的环境要素相协调。要求既能体现书画的文化内涵，又能尊重环境，突出西溪湿地的特色 (图 2-14)。

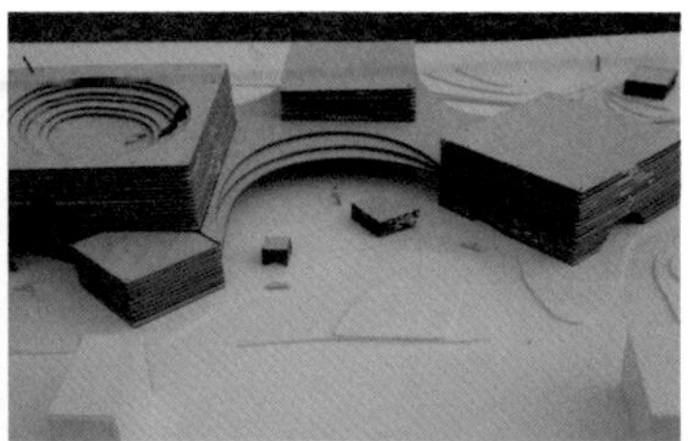

图 2-15　杭州书画院—工作模型

图 2-16　杭州书画院—形态逻辑

本课题项目用地位于杭州市西溪湿地东南角，西溪天堂地块内。基地南向为西溪博物馆，西侧为西溪湿地风景区，东侧和北侧均为旅游酒店。由基地西向的景观视线极佳。基地基本平坦，绝对标高 3.5 ～ 4.5m；西侧西溪湿地水系常年水位 1.8m，汛期最高水位 2.8m。基地内原有水塘在前期建设中已经遭到破坏，设计中可不作考虑。

设计需充分保护和尊重环境，从城市和自然两个角度整合基地与周边区块的关系，注意远近各视点的空间效果和建筑构成关系。利用现有道路系统完成机动车和步行系统组织。建筑空间组合应考虑适当体现其开放性和灵活性要求。在给出的基地面积约为 26000 m^2 的地块上进行建筑方案设计，总建筑面积约为 10000m^2（±5%），含地上及地下；建筑限高 22m(绝对标高)，建筑密度 <35%，绿地率 >30%(图 2-15、图 2-16)。

图 2-17 城市艺术和文化综合体—剖透视图

城市艺术和文化综合体

本课题要求同学们认识城市肌理的组织关系（各城市模块与结构单元的连接、互动、等级组织等），提炼成针对场地本身的立场和态度。通过抽象的分析和理解，拓展多种形式的表达手法，形成针对性强的个性观点。

对建筑原型进行挖掘与定义，包含原始意向的确立、现象背后结构的阐述和关注点的形成。可以从建筑语汇出发，例如映射、折叠、交互、错位、混合等；可以从几何原理、自然生成、预测系统、形变逻辑等方向思考；也可以来源于对场所精神、群体经验的感性思辨。

从建筑原型到整体构建进行演变，形成灵活的空间框架和复杂的相互关系。在空间逻辑和感性认知、有序和无序、稳定与可变、集约和夸张、静态和动态之间探讨多维度、多层次的系统策略。需要考虑复杂系统中的链接规则、相互制约机制以及层级关系，基本要素被重新组合，最终成为能够在视觉、几何、性能或功能上互相增强的平衡体系。

原型和系统的逻辑延续到场地，将基于课题的思辨性立场与空间设计相整合。根据对城市艺术文化综合体的个性化解读，思考展演形式同周边环境、城市肌理、人群行为的连接，定义出具体的功能系统，并考虑结构、表皮、生态性能等技术实现 (图 2-17)。

图 2-18　城市艺术和文化综合体—工作模型

图 2-19　城市艺术和文化综合体—场地影响因子分析

本课题选址于城市商圈、大学区和西湖历史板块之间，城市早期历史脉络和现代商业脉络相互碰撞，自然景观与人文景观并置，产生了尺度独特且与环境共生的城市空间与文化现象。

总用地面积约为 26000 m^2，总建筑面积约为 10500 m^2（±5%，含地上及地下），建筑限高 22m（相对于东侧道路标高），建筑密度 <35%，绿地率 >30%（水面及屋顶覆土≥ 1m 可折算为绿地面积）。

设计成果需包含对所有训练阶段的思辨性延续，包括场地观点、城市肌理态度、原型生成、系统控制及演变、基地配置、功能组织关系转演、使用行为激活等，以及基地和城市抽象分析图、原型和系统的过程分析图、建筑相关分析图及技术图纸 (图 2-18、图 2-19)。

课题要点

图 2-20　西溪艺舍—空间与形态系统

设计思维训练

本课题训练旨在提高同学们建筑设计的系统性思维，掌握设计的整体性架构，理解建筑的地域属性，并学会通过设计构筑空间的故事性。

设计的系统性思维

建筑设计思维能力的提升不但要求具备分析问题的能力，还要开展理性逻辑思维的训练，同时具有创造性和形象性等非逻辑性思维。本课程通过策划引入设计环节、自主设定设计任务书、多元研讨课程等具体教学环节的设定，多层次协同作用，将专业教育从单一的技术性操作训练转化为具有复杂性和系统性的思维能力培养（图 2-20、图 2-21）。

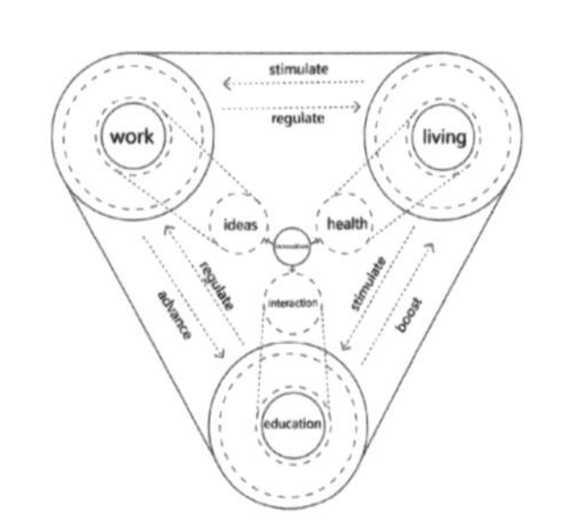

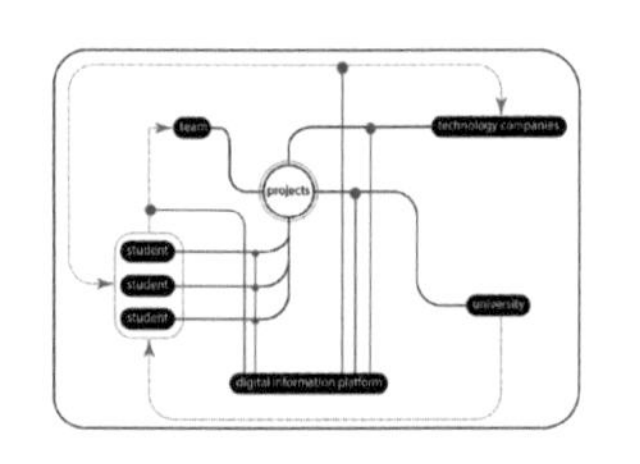

图 2-21　西溪艺舍—功能系统

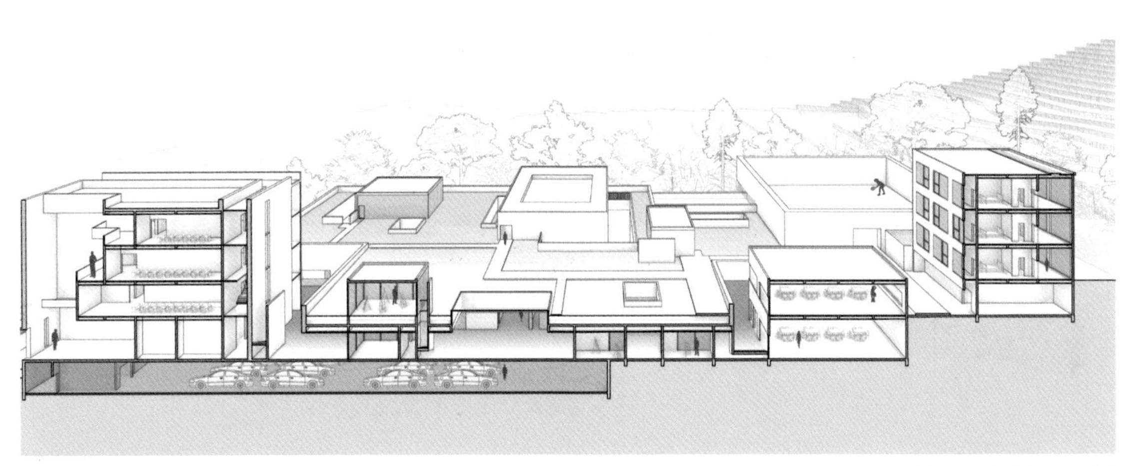

图 2-22　西溪艺舍—剖面系统

设计的整体性架构

建筑是一个多元要素的复合体，包括行为、功能、空间、形态、结构等多个系统。建筑设计需综合考虑各方面影响因素，充分发挥各学科技术特长，创造和运用新技术，并与外部环境、建筑构造、技术装备之间全面协同。本课程要求同学们理解并掌握建筑设计的整体性架构，在对建筑设计问题的分析、综合和评价基础上，掌握新的知识体系和思维方法，融合多学科技术，提高建筑整体设计的综合能力(图 2-22、图 2-23)。

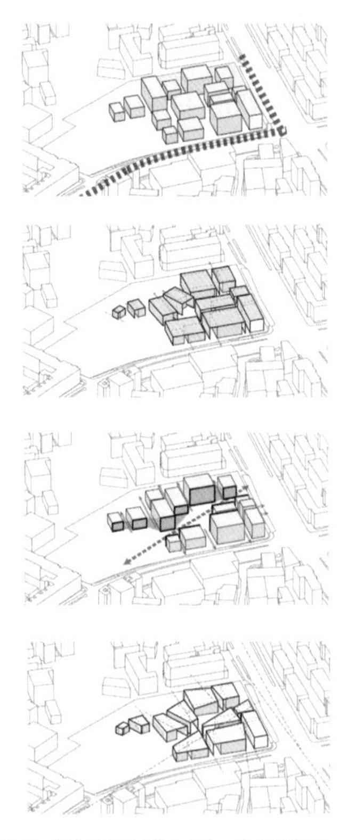

图 2-23　城市艺术和文化综合体—城市环境影响

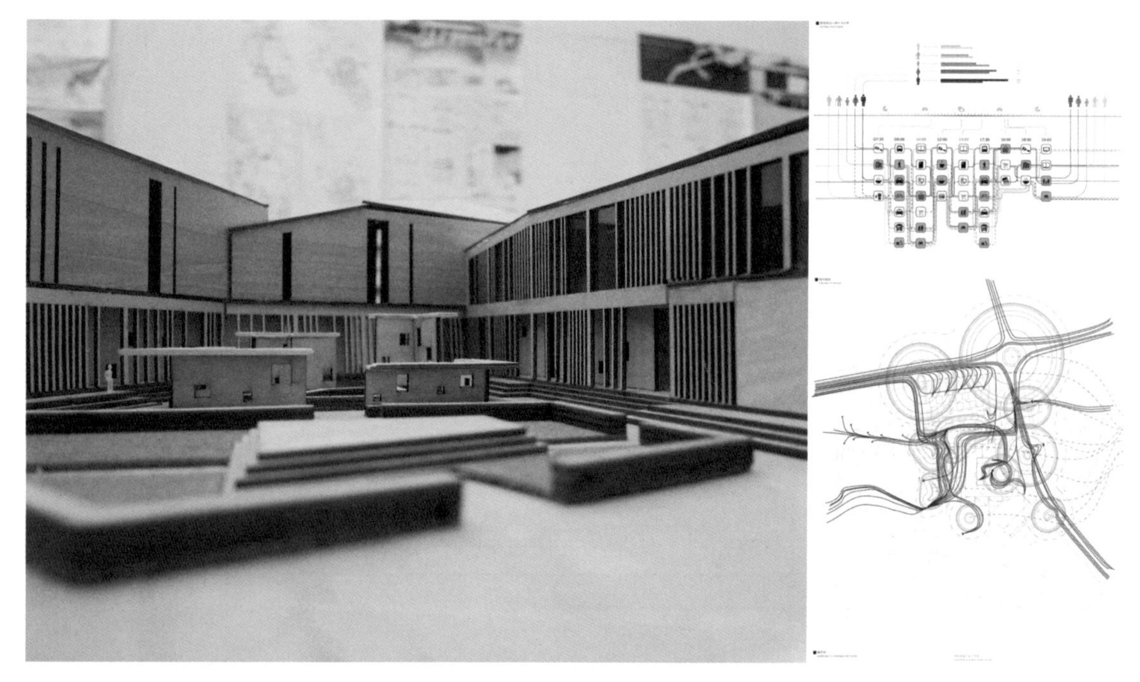

图 2-24 城市艺术和文化综合体—工作模型　图 2-25 城市艺术和文化综合体—工作草图

建筑的地域属性

建筑设计受到人文环境和自然环境的影响。人文环境主要为历史发展过程中经历的社会性质、风土人情、意识形态等方面的体现；自然环境则主要为区域气候条件、地质特征、经纬度、季节差异等方面。在设计之初，本课程要求同学们必须深入了解项目所在地的人文和自然环境两方面的知识，在建筑设计中将二者融会贯通，体现建筑的地域属性 (图 2-24、图 2-25)。

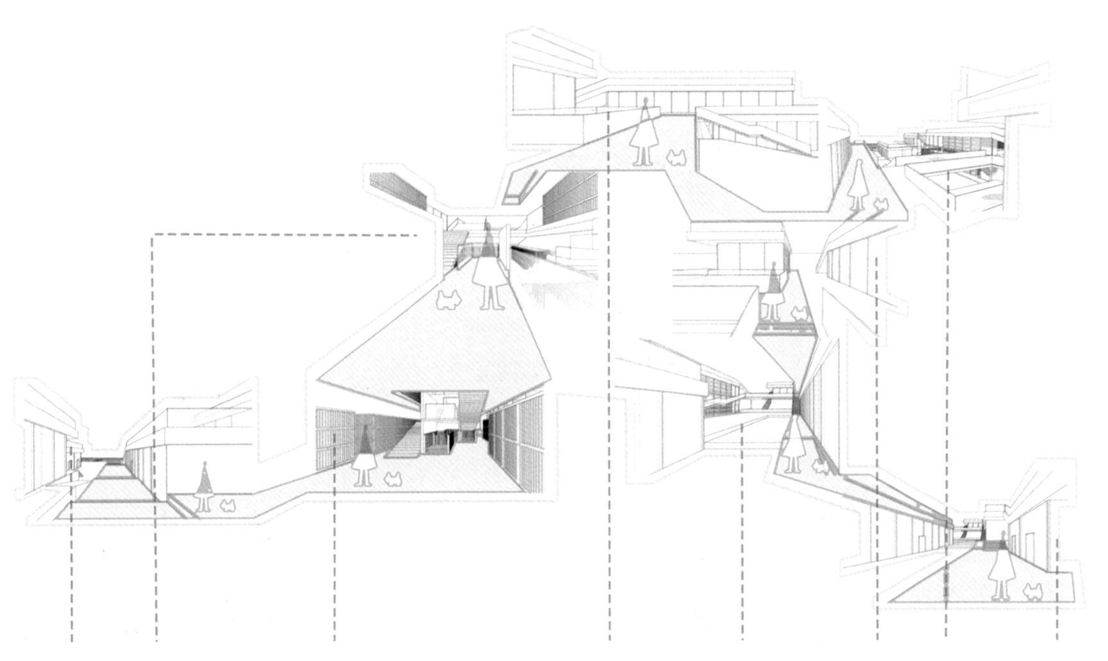

图 2-26　动物收容所—空间的故事性建构

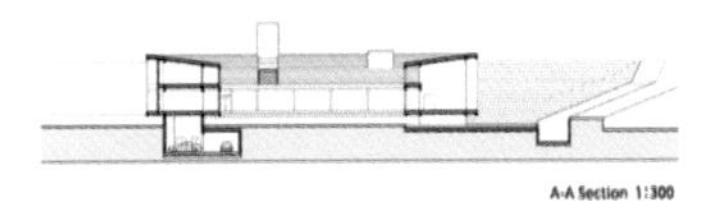

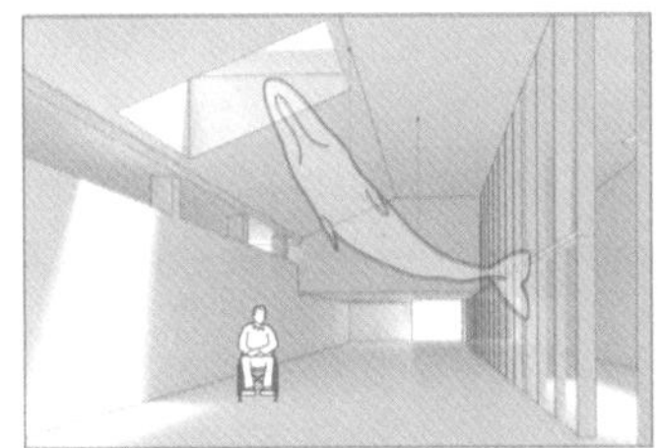

图 2-27　动物收容所—建筑场景

空间的故事性

建筑设计并不仅仅是设计有形的物质空间，还要通过空间场景的营造优化人的体验，促进人与环境的良性互动。空间体验既是主体内部心理活动的结果，也是外部空间环境刺激的反应。人与环境的关系除了感官与行为的全面参与，还包括心理、精神与意识层面的意义。本课程引导同学们从人的感官、行为、心理等体验出发理解空间环境，深入理解个体对于所处建筑关联域空间、场所、日常生活行为、地域文化、历史文脉等的独特感受，通过研究人在环境中的活动及反应，反馈指导建筑设计 (图 2-26、图 2-27)。

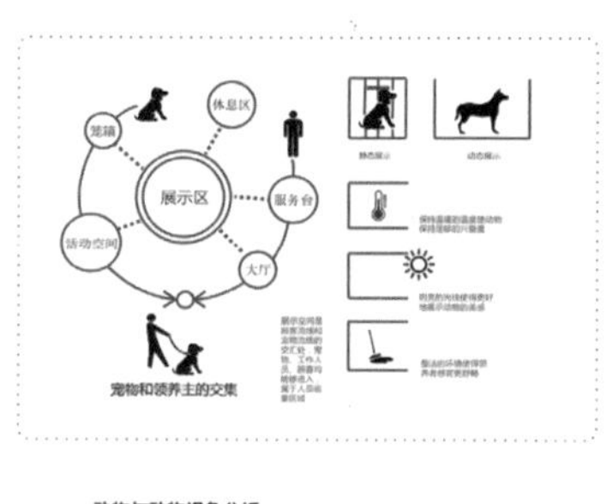

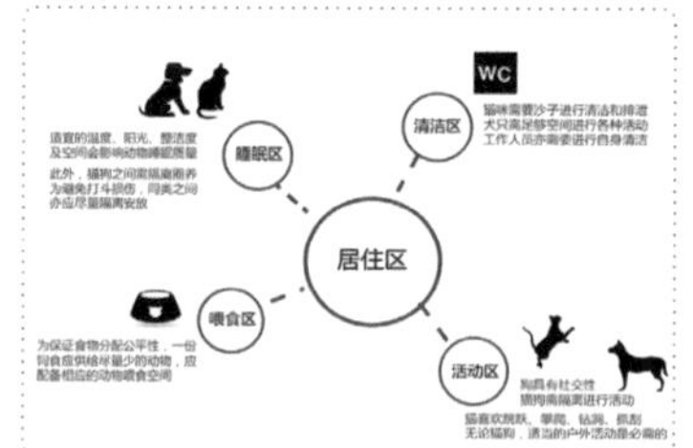

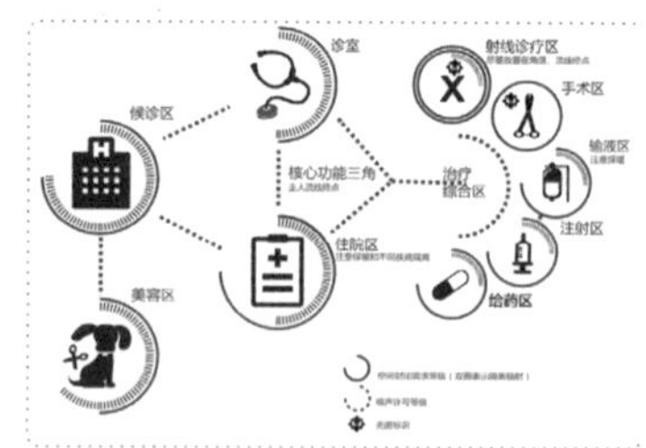

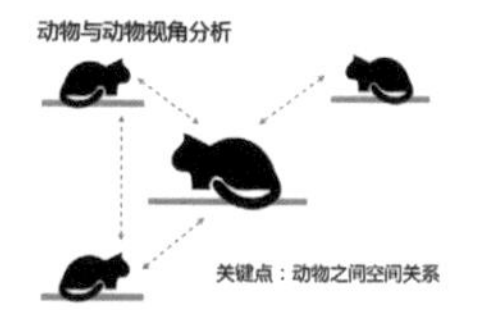

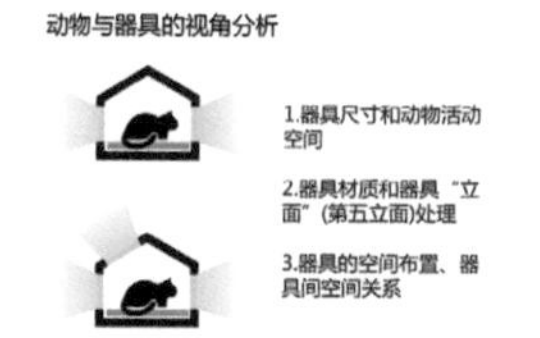

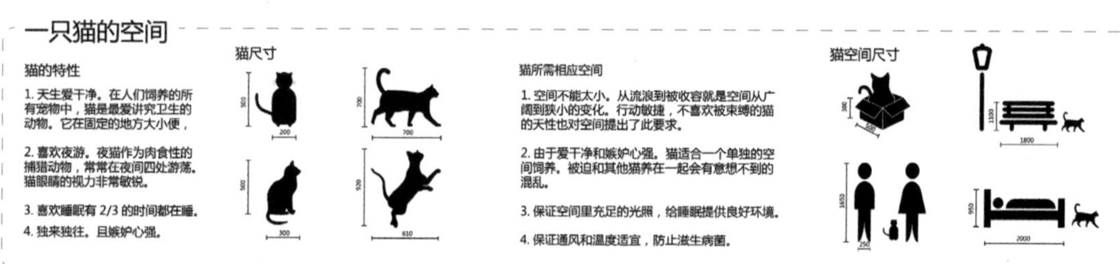

图 2-28　动物收容所一功能分析图

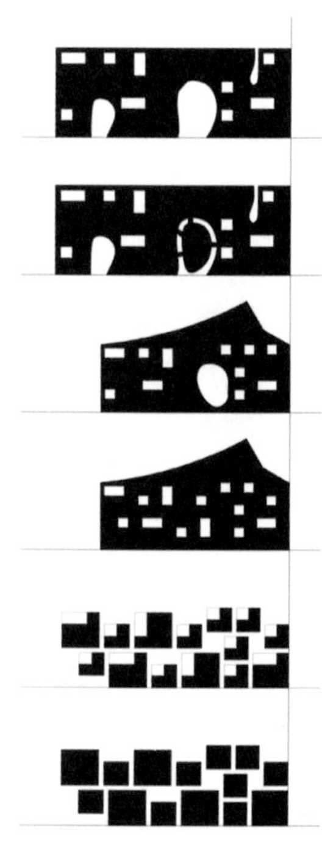

图 2-29　动物收容所一空间肌理分析

专业技能训练

专业技能训练既包括贯穿设计过程中的各个阶段的研究与分析，也包括设计过程及设计结果的呈现，还包括通过不同方式的教与学所获取的工作技能。

研究与分析

课题为了锻炼学生的系统性思维，突出场地因素和功能切入：以照片、视频、图解等方式进行场地调查，剖析环境；结合案例研究和田野调查，研究课题的基本特征、功能系统，并在此基础上进行功能系统的完善，包括但不限于功能列表、使用者对象分析等(图 2-28、图 2-29)。

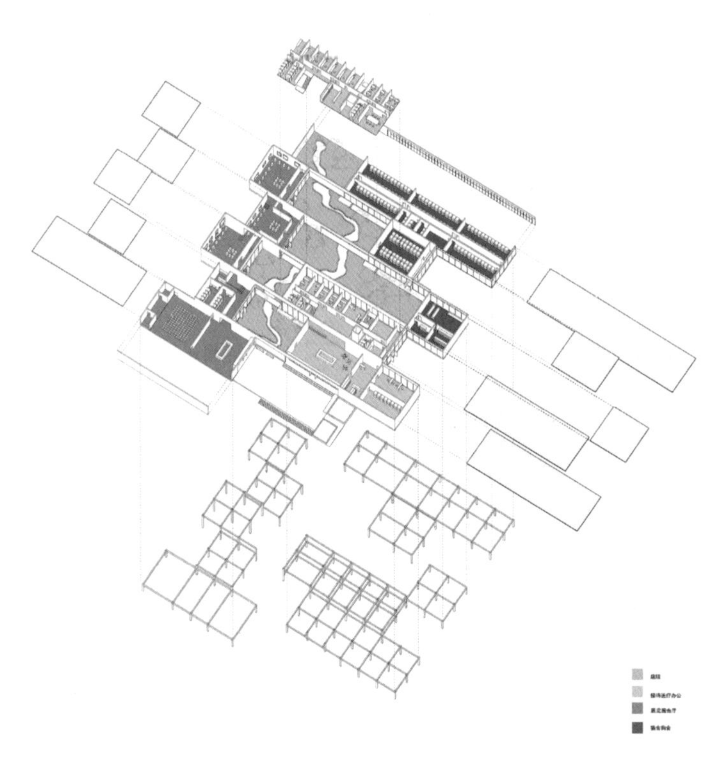

图 2-30　动物收容所—分解轴测图

山水意境

希望能利用基地优美的环境，借助框景的手法，创造充满野趣的新环境。

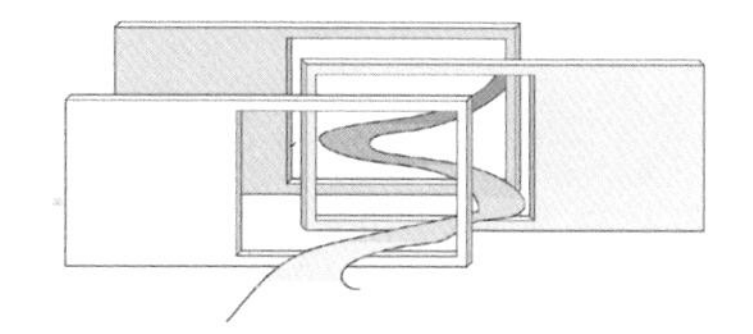

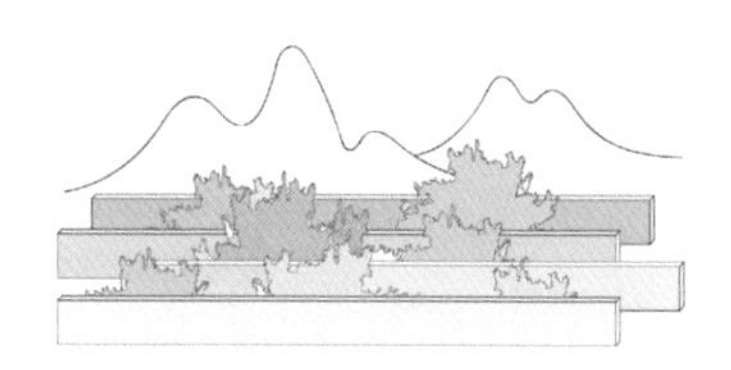

图 2-31　动物收容所—空间意象图

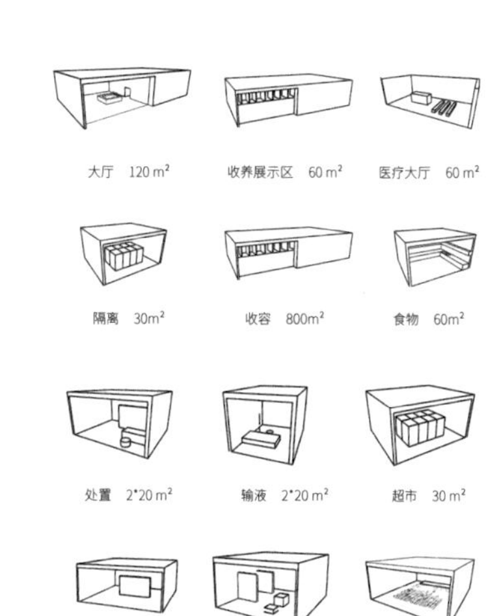

图 2-32　动物收容所—空间原型分析

设计与表达

课题前期，要求学生以 PPT 形式组内汇报田野调查、案例研究等成果，表现形式包括但不局限于图解、视频。最终设计与表达强调以下几个训练目标：分解轴测、场地模型、综合表现、公开答辩。最终图纸需要有表达行为、功能、空间、形态、结构、语言、环境等要素系统的分析图解以及整体、爆炸轴测图。模型要求完成 1 ：100 的正模以及包含基地情况的 1 ：500 模型。综合表现包括技术图纸、分析图以及设计过程文本 (图 2-30~ 图 2-32)。

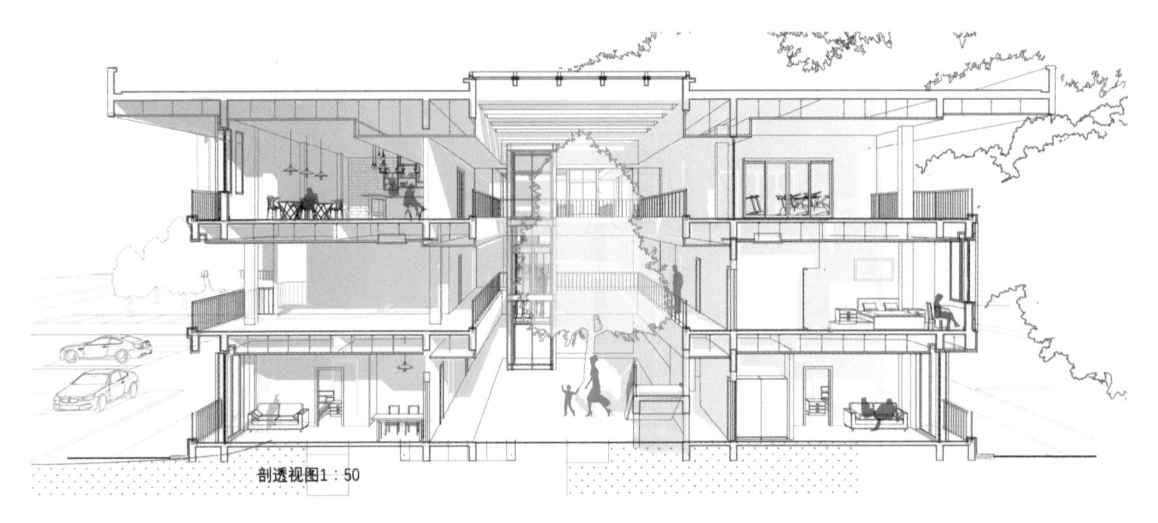

图 2-33　季节公寓—空间与尺度

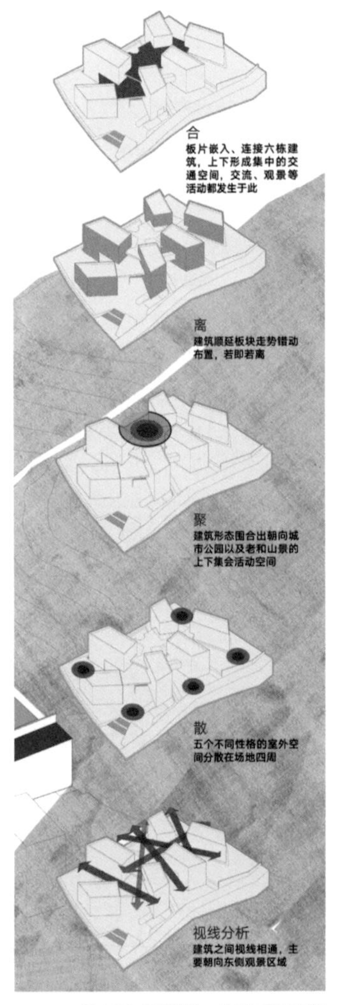

图 2-34　西溪艺舍—空间与形态系统

工作方式

课题前期主要以个人形式进行，最大限度训练学生的系统性设计思维及能力，让学生体验相对完整的设计思维过程。中期开始，选择可以深化方案进行双人合作，结合实践导师指导，提高学生设计深度，同时锻炼小组合作能力，提升建筑设计能力 (图 2-33、图 2-34)。

课题过程

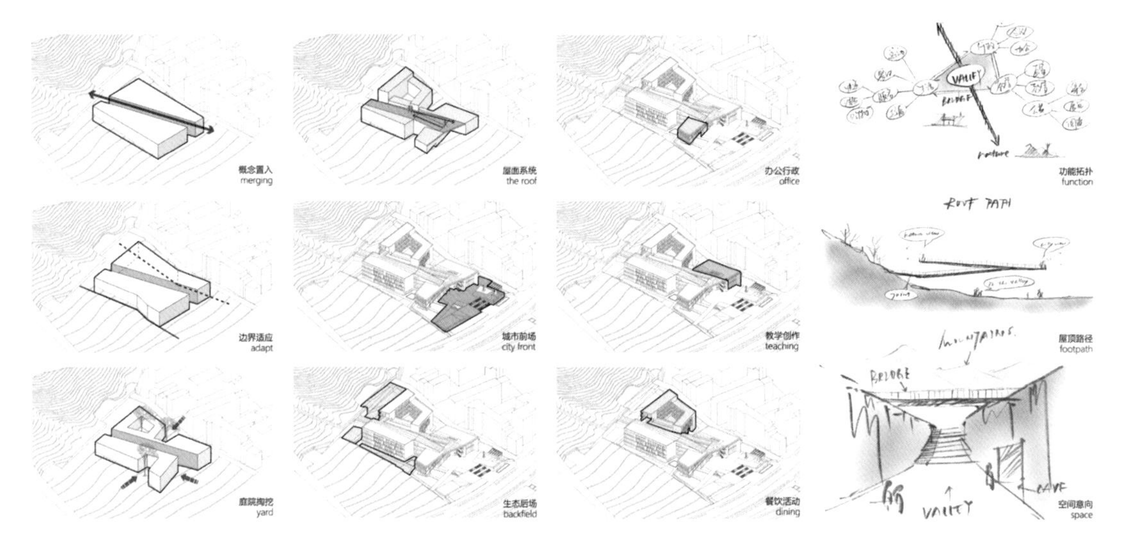

图 2-35　西溪艺舍—分析草图

课题过程包括调查研究、逻辑建构、技术支撑、图解设计等四个并行的分支，这四个分支均贯穿设计的整个过程，但是在设计的不同阶段各有侧重 (图 2-35)。

调查研究：通过实地调查与案例研究，深入理解设计对象的特征与需求，寻找可能的设计切入点。

逻辑建构：识别建筑所包含的多个系统要素；根据对不同系统要素的理解，寻找各个系统的适宜性设计策略；充分考虑各个系统之间的相关性，对各个系统的设计策略进行修正，完成对建筑设计的整体性建构。

技术支撑：通过讲座、参观以及专业课程同步交叉等方式，学习结构、材料、设备等相关技术知识，掌握设计实现的技术手段。

图解设计：在建筑设计的不同阶段，选择不同类型的图式工具进行辅助设计分析，对设计过程和成果进行有效表达。

课程设置（8 周）

课题时长	课堂内容	课后内容
	1. 讲座一：课题介绍 2. 分组并进行组内任务分解	1. 自行赴基地考察调研 2. 案例研究：进行与课题相关命题的案例研究，以图解方式进行建筑认识和分析，着重对行为、功能、空间、形态、语言、结构、环境等系统要素进行抽象概括 3. 阅读文献
0.5 周	阅读报告	1. 继续进行田野调查、案例研究 2. 制作 PPT 汇报结果
0.5 周	1. 讲座二：设计的图式思考语言 2.PPT 汇报：田野调查、案例研究	1. 对象策划：研究建筑使用对象基本特征、功能系统 2. 功能列表：对原任务书中的功能进行完善，绘制功能系统示意图 3. 制作 PPT 汇报成果
0.5 周	PPT 汇报：对象策划、功能列表	1. 制作基地草模（1 ∶ 1000 以及 1 ∶ 500） 2. 研究功能列表中的功能场景、空间尺度 3. 制作 PPT 汇报成果
0.5 周	1.PPT 汇报：功能场景、空间尺度 2. 课堂讨论：功能组织策略	1. 功能系统与空间系统、形态系统、环境系统的符合关系研究 2. 制作 1 ∶ 1000、1 ∶ 500 草模
0.5 周	1. 讲座三：基于系统思维的整体性设计 2. 课堂讨论：功能系统与空间系统、形态系统、环境系统的复合建构	1. 功能系统与空间系统、形态系统、环境系统的符合关系研究 2. 制作 1 ∶ 1000、1 ∶ 500 草模
0.5 周	1. 课堂讨论：功能系统与空间系统、形态系统、环境系统的复合建构 2. 选择一个可以深化的方向	2 人合作完成 1. 深化设计：系统分析图解 2. 制作 1 ∶ 500 草模
0.5 周	课堂讨论： 1. 系统分析图解 2. 总平面设计、平面设计、空间设计	制作总平面图、平面图、剖面图
0.5 周	1. 讲座四：总图与场地 2. 课堂讨论：平面图、剖面图	1. 修改平面图、剖面图 2. 制作工作草模
0.5 周	课堂讨论： 形态系统：形式语言	绘制阶段成果正图
0.5 周	课堂讨论： 营造系统：结构、材料	1. 深化平面图、立面图、剖面图 2. 深化结构设计
0.5 周	1. 讲座五：营造与设备 2. 版式讨论	1. 设计深化 2. 绘制正图
0.5 周	定稿图，绘制正图	绘制正图
1 周	完成正图，成果模型制作	制作成果模型
1 周	1. 提交模型；提交过程文本 2. 评图	

作业示例

动物收容所

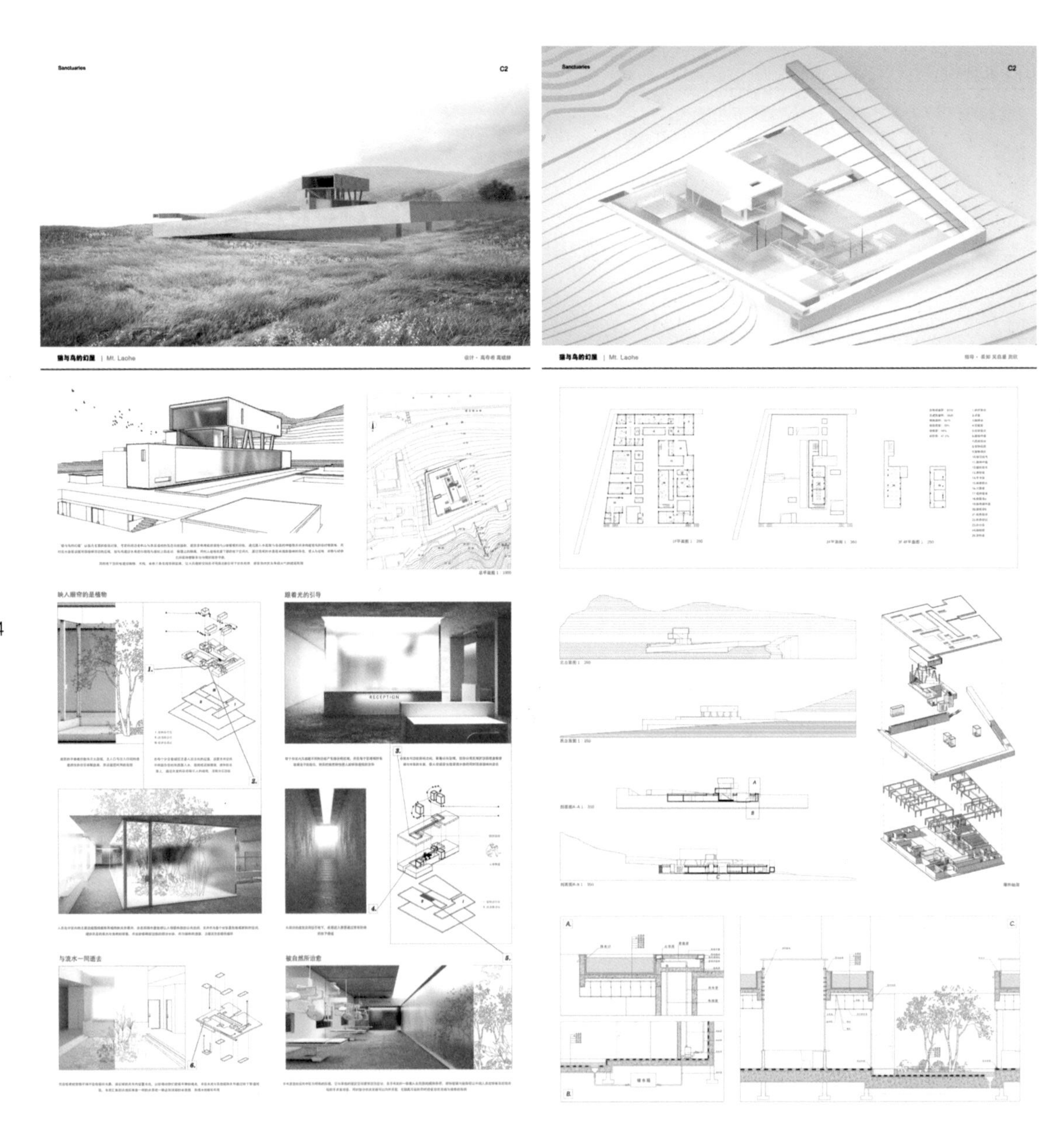

2017 级 高斌赫 高存希

2017 级 黄佳乐 张依婷

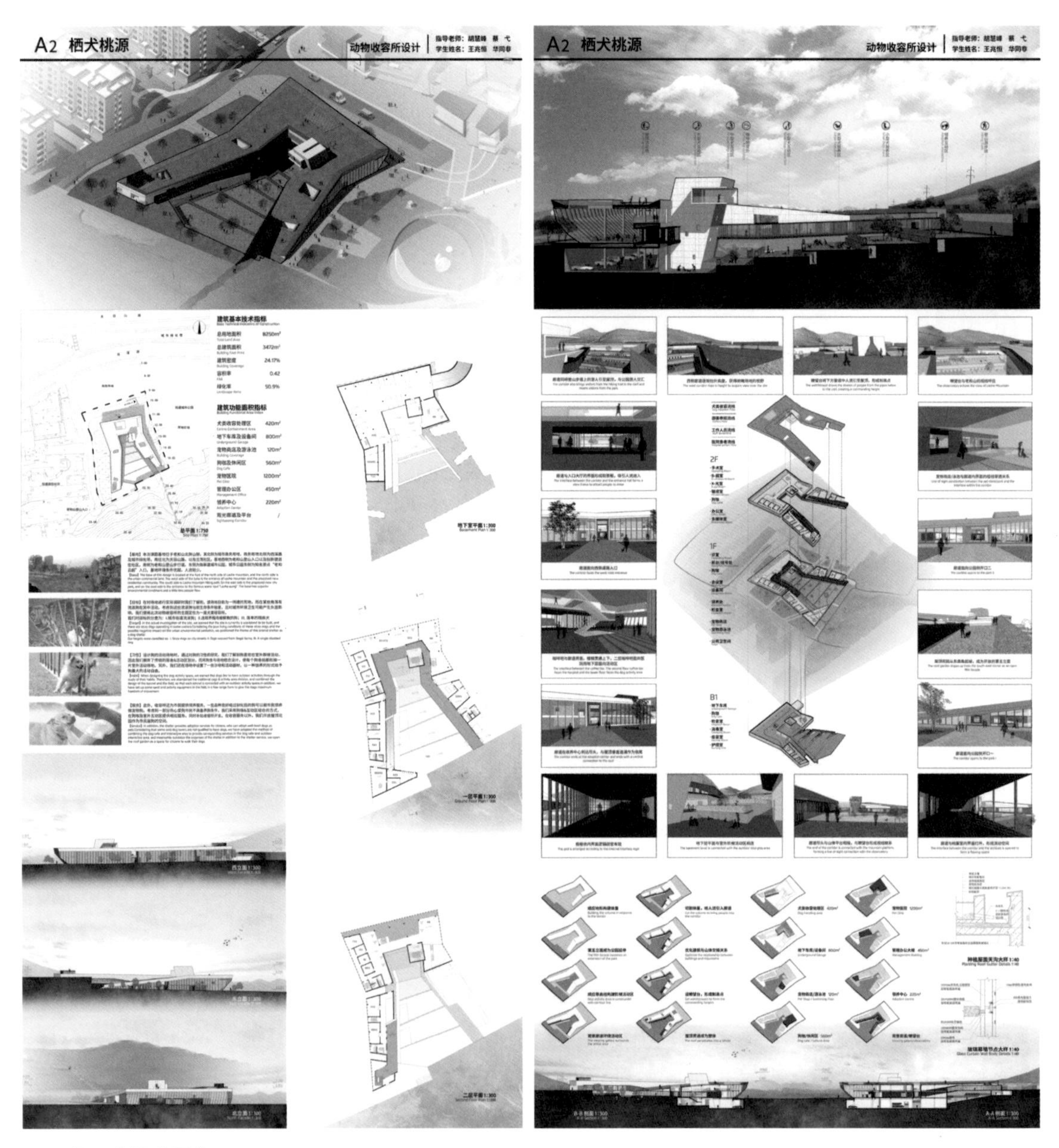

2017 级 王兆恒 华同非

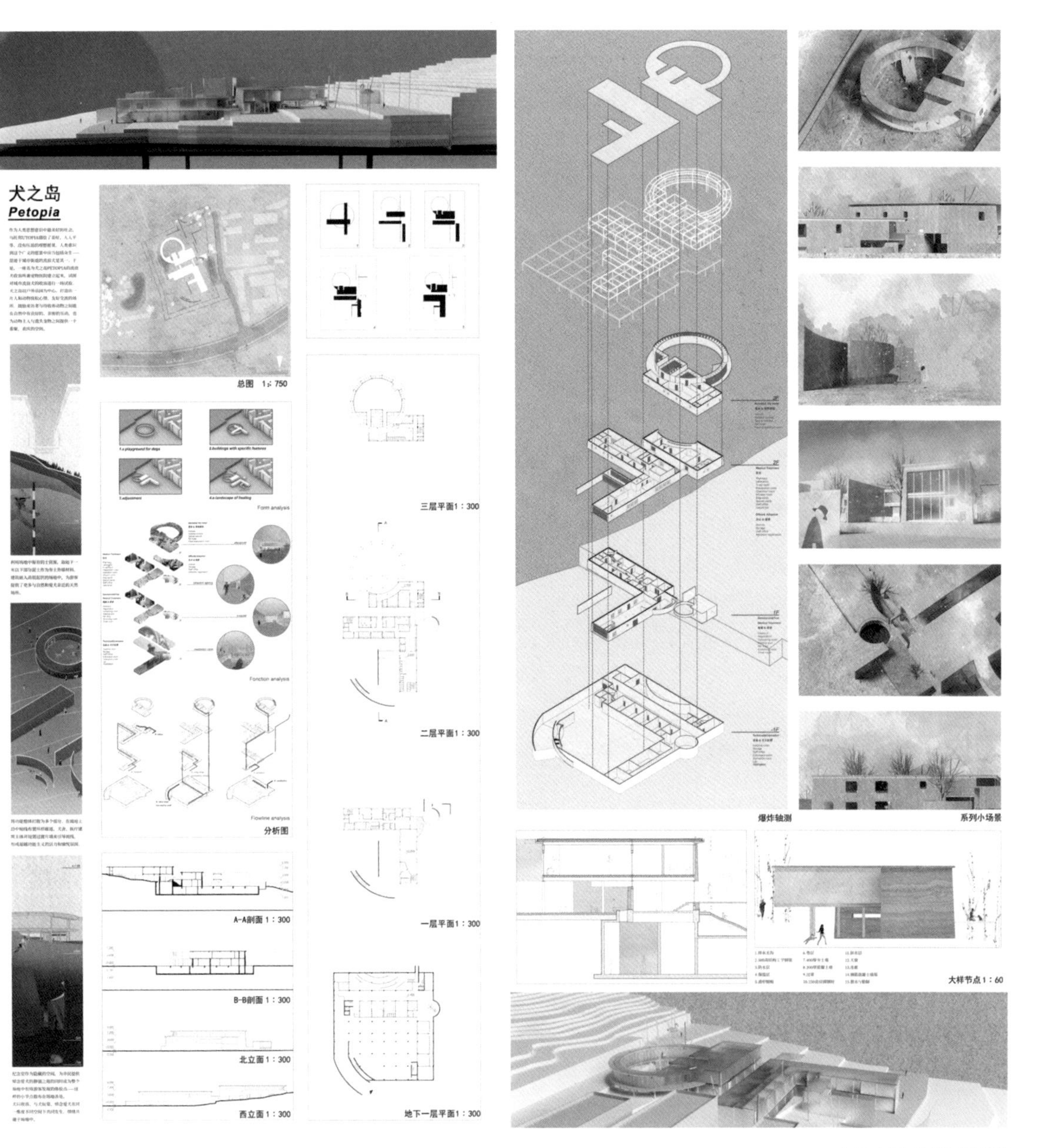
犬之岛
Petopia
总图 1：750
三层平面1：300
二层平面1：300
一层平面1：300
地下一层平面1：300
分析图
A-A剖面 1：300
B-B剖面 1：300
北立面 1：300
西立面 1：300
爆炸轴测
系列小场景
大样节点 1：60

2017 级 徐晔 丁任琪

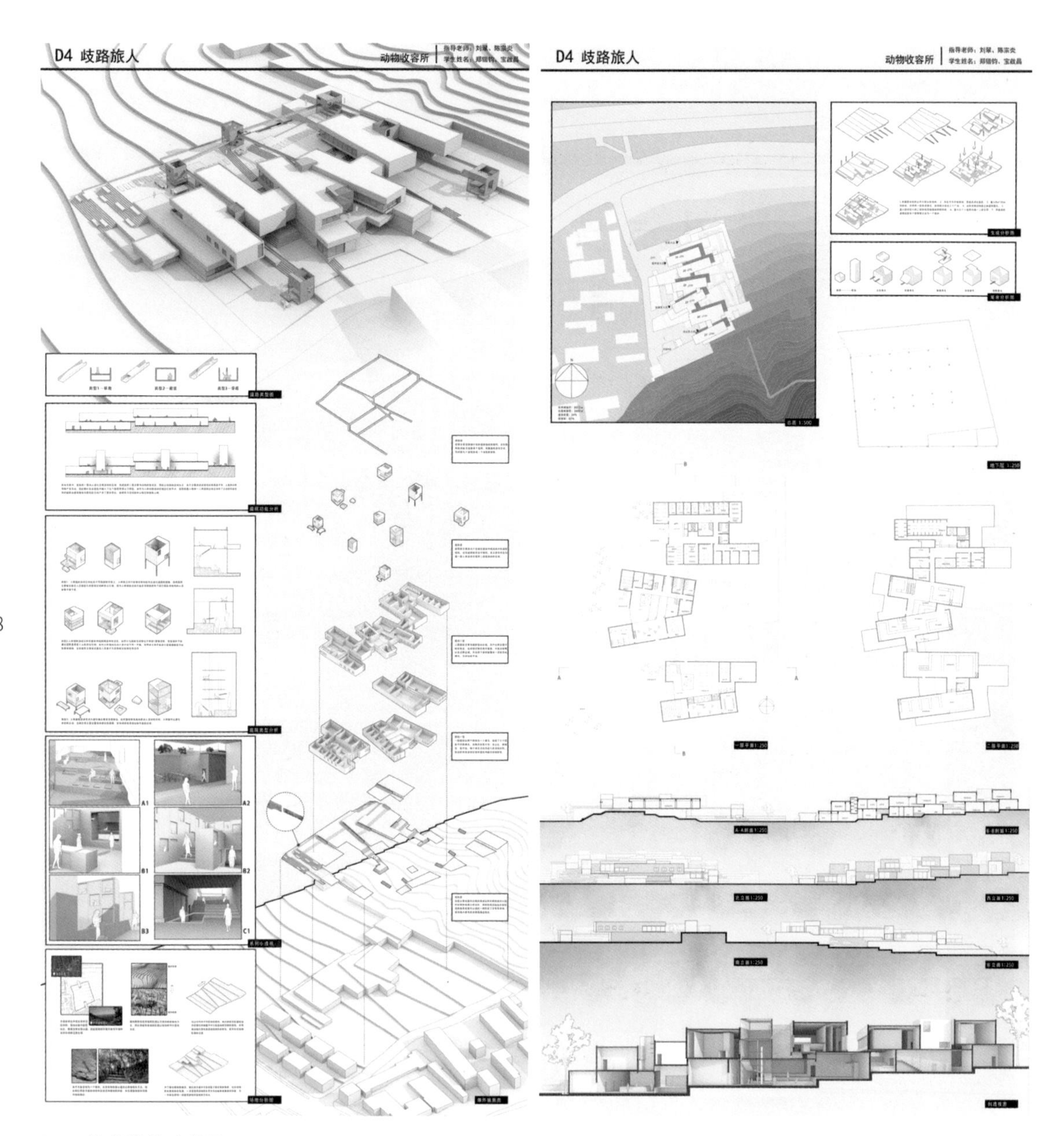

2017 级 郑锴钧 宝啟昌

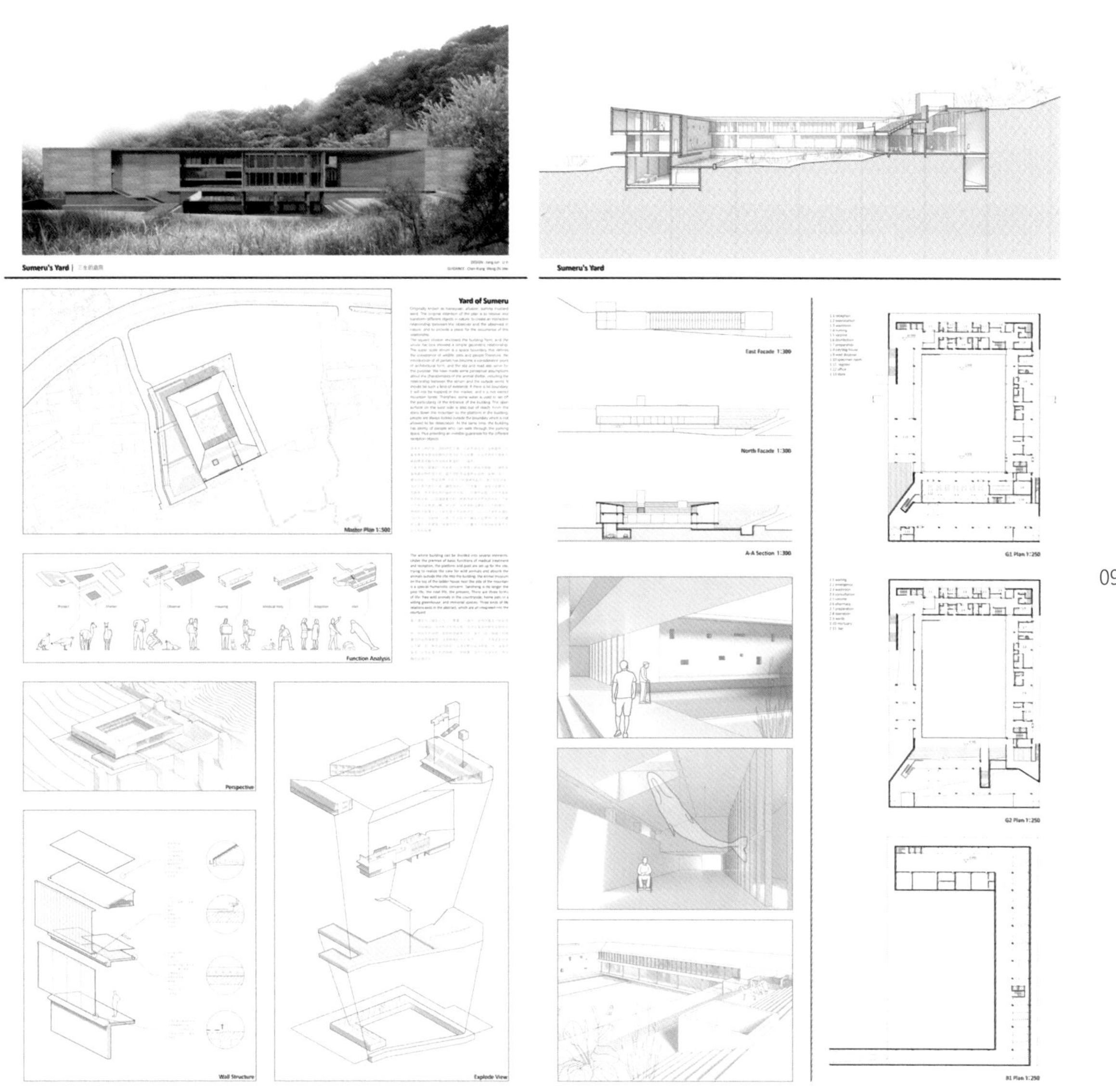
Sumeru's Yard
Yard of Sumeru
Master Plan 1:500
Function Analysis
Perspective
Wall Structure
Explode View
East Facade 1:300
North Facade 1:300
A-A Section 1:300
G1 Plan 1:250
G2 Plan 1:250
B1 Plan 1:250

2017级 江钧 李宜

西溪艺舍

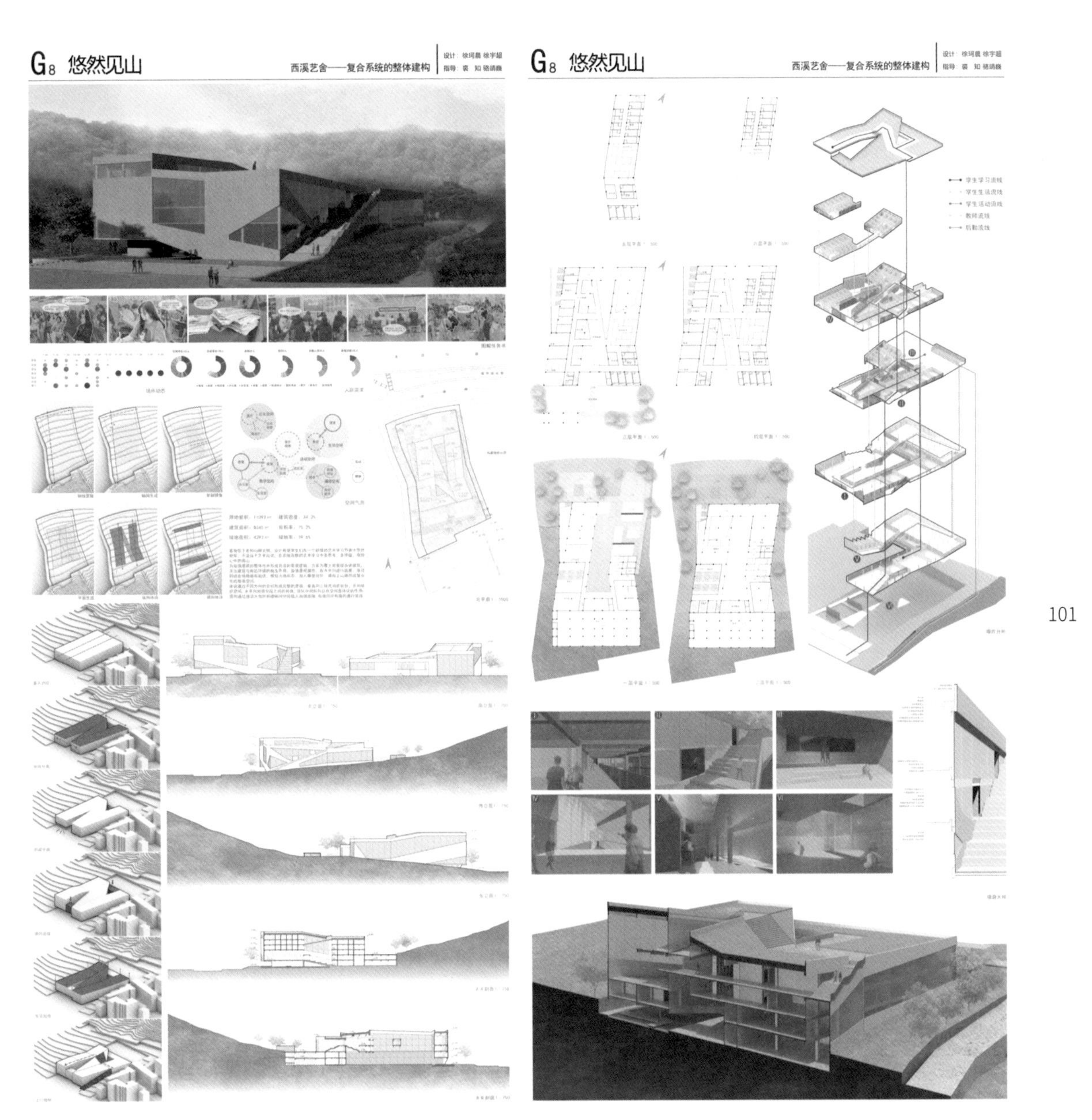

2018 级 徐珂晨 徐宇超

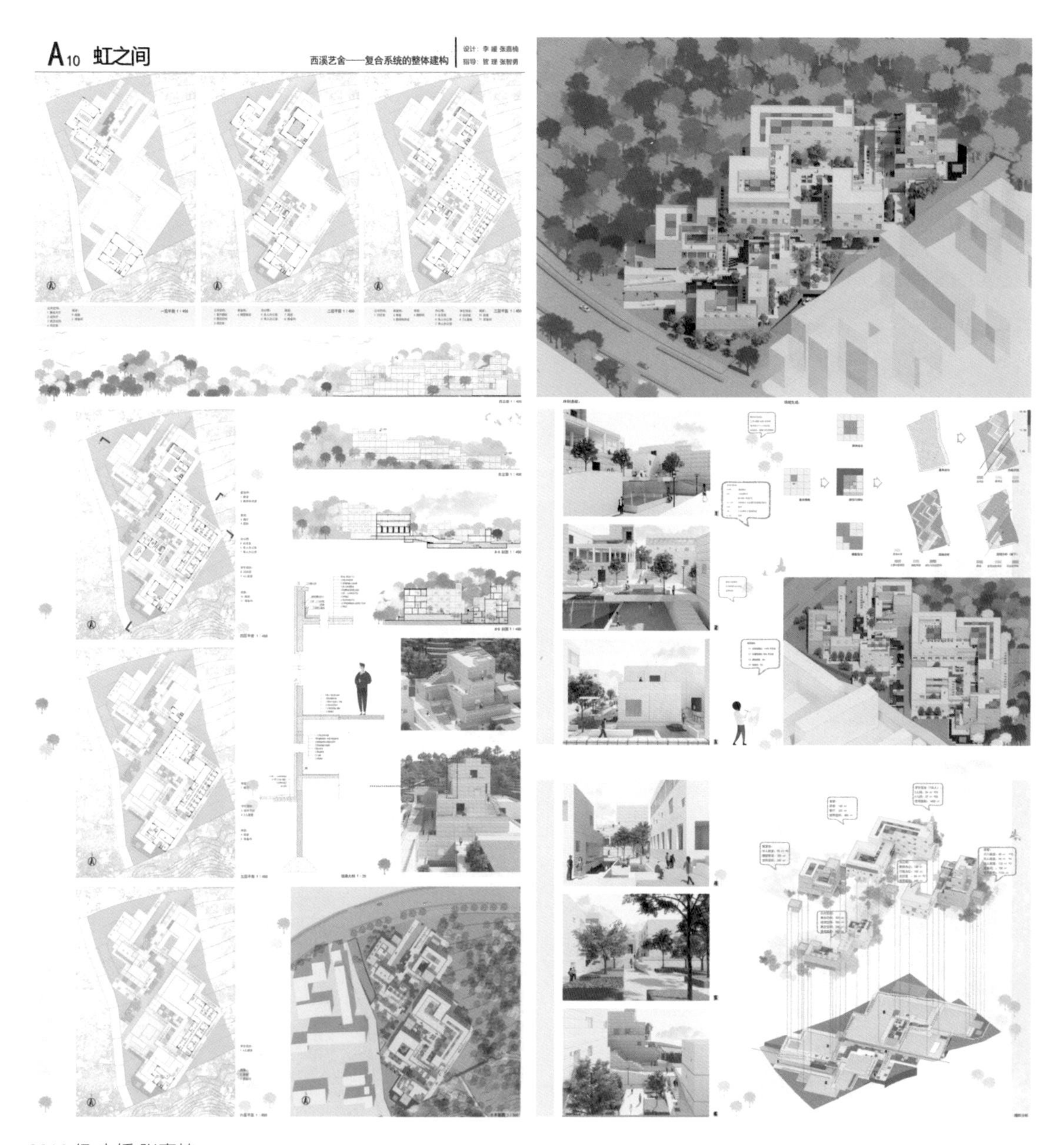

2018 级 李媛 张嘉楠

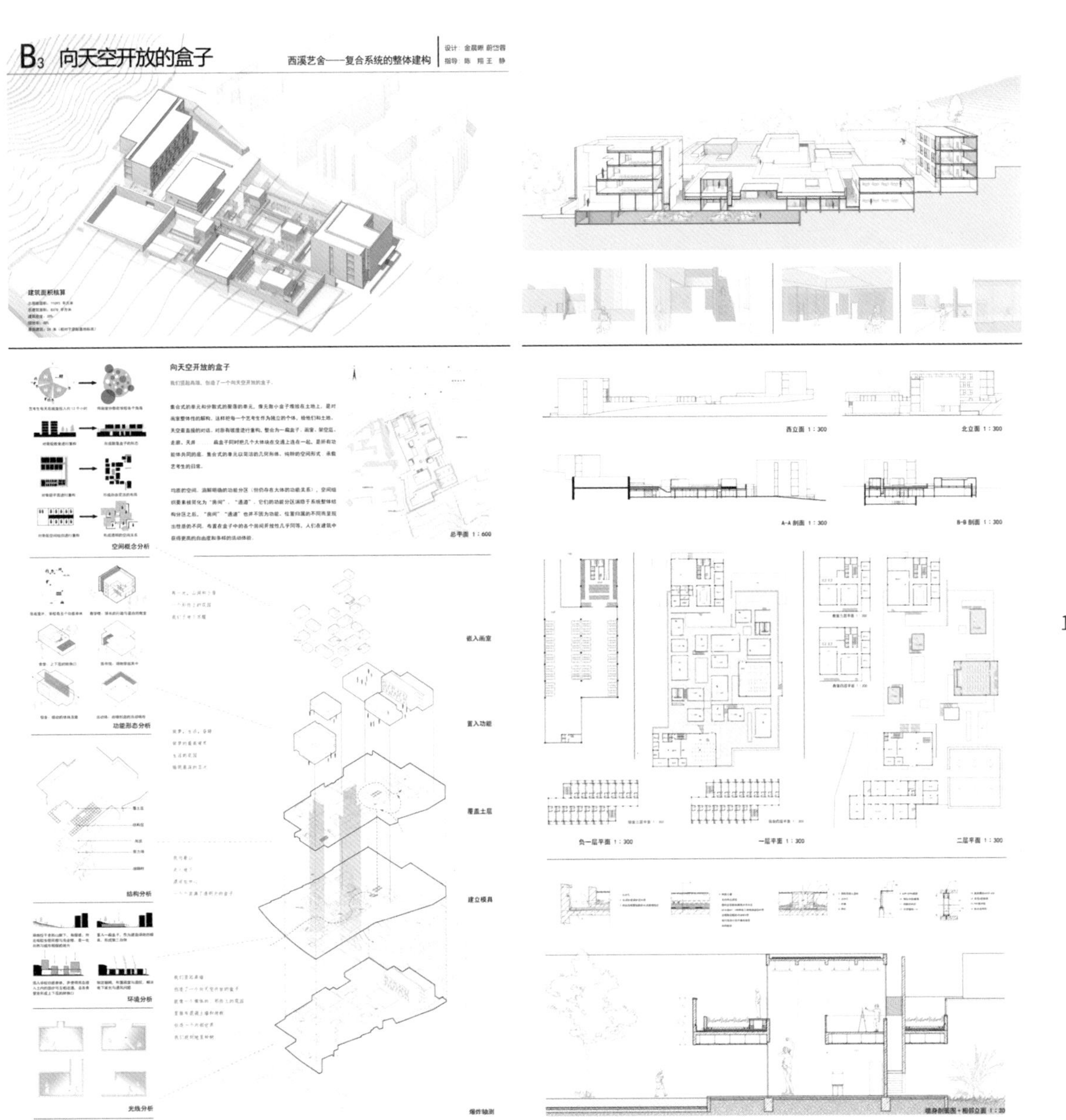

2018 级 金晨晰 蔚岱蓉

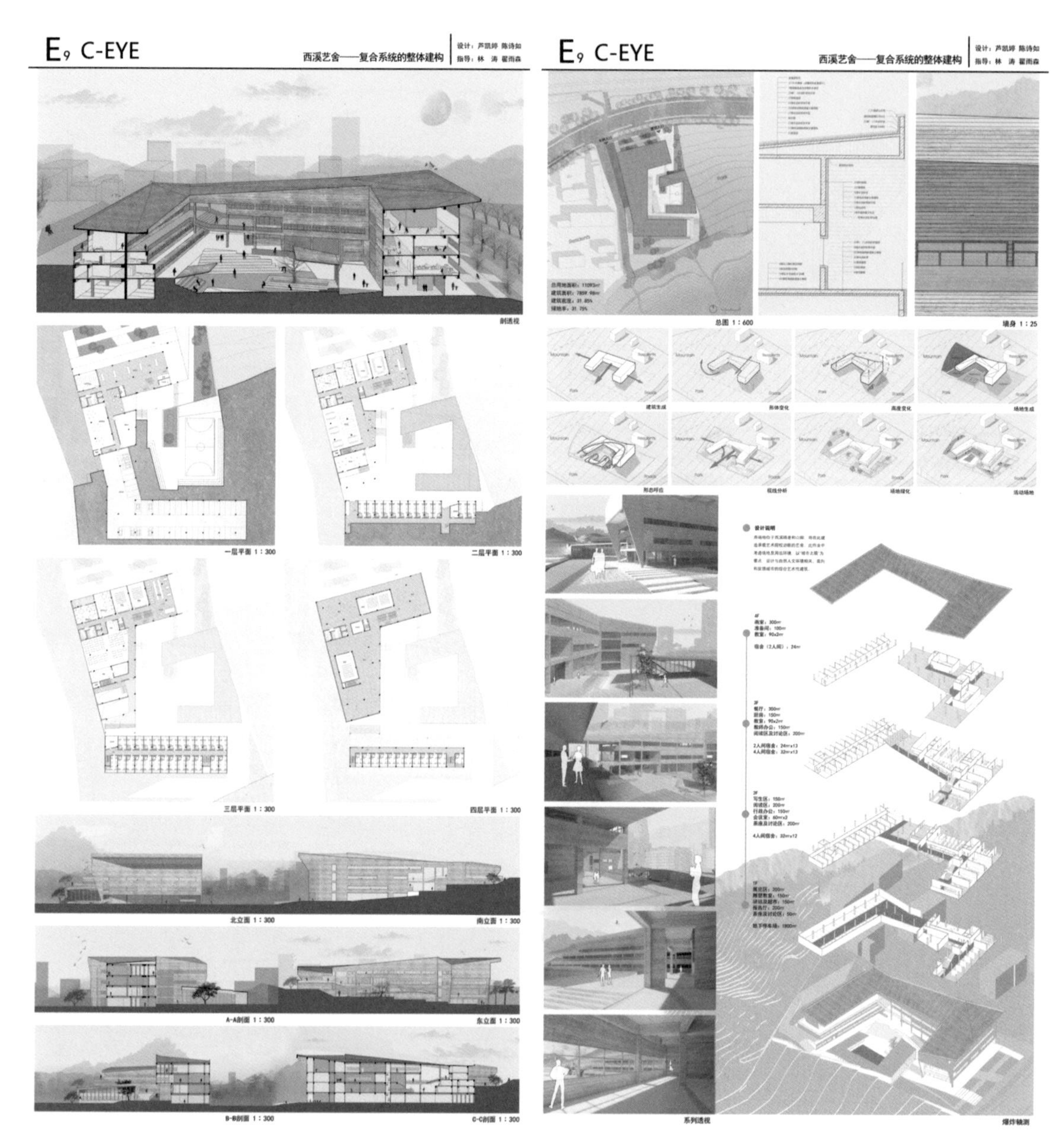

2018 级 芦凯婷 陈诗如

杭州书画院

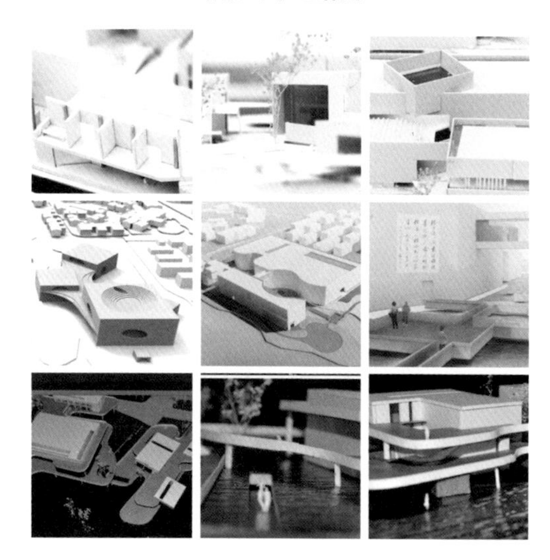

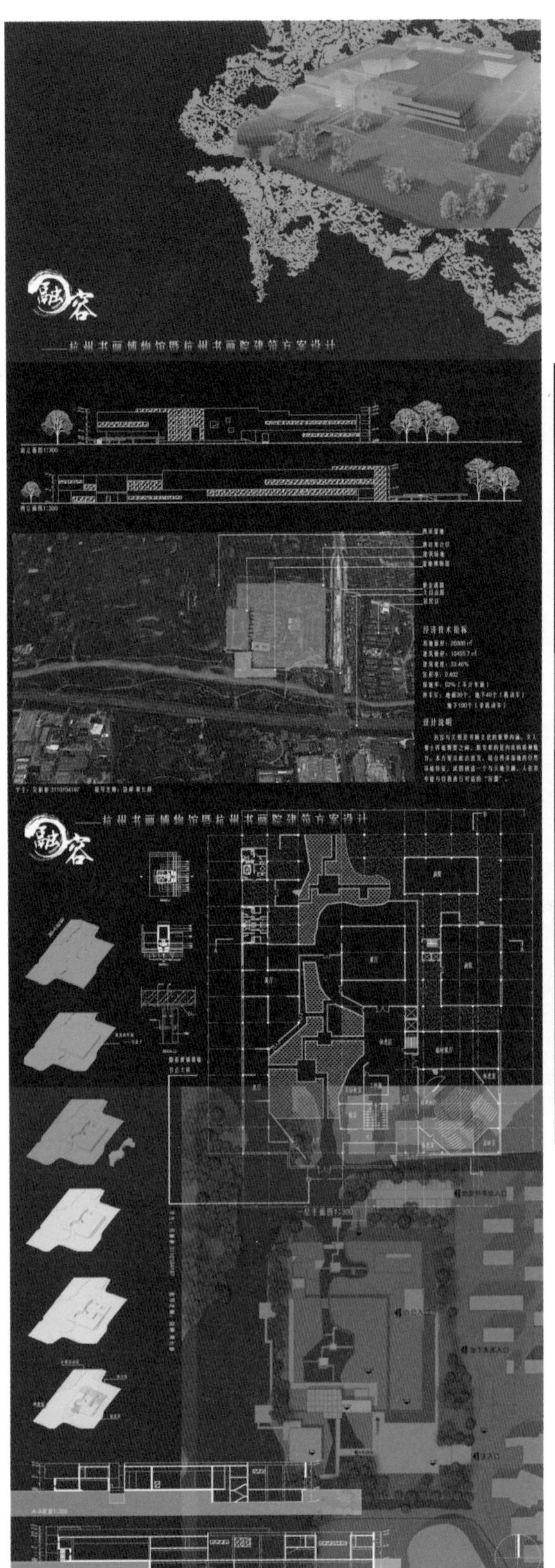

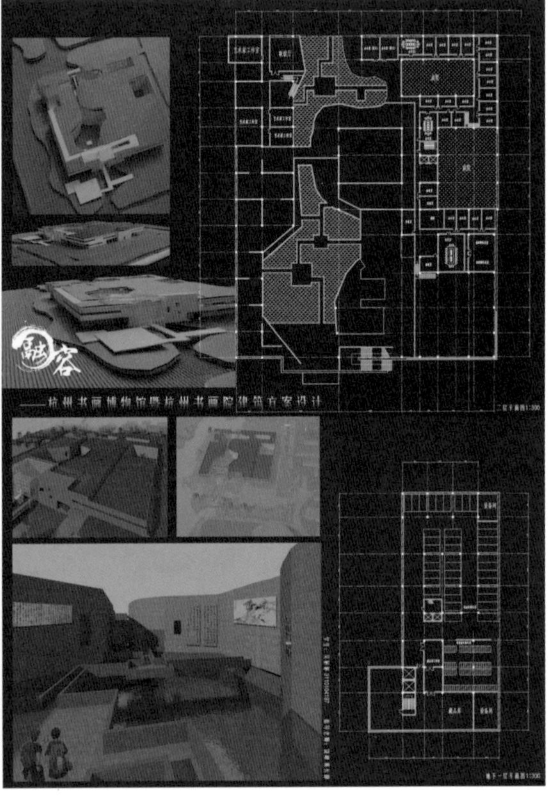

2009 级 吴彬彬

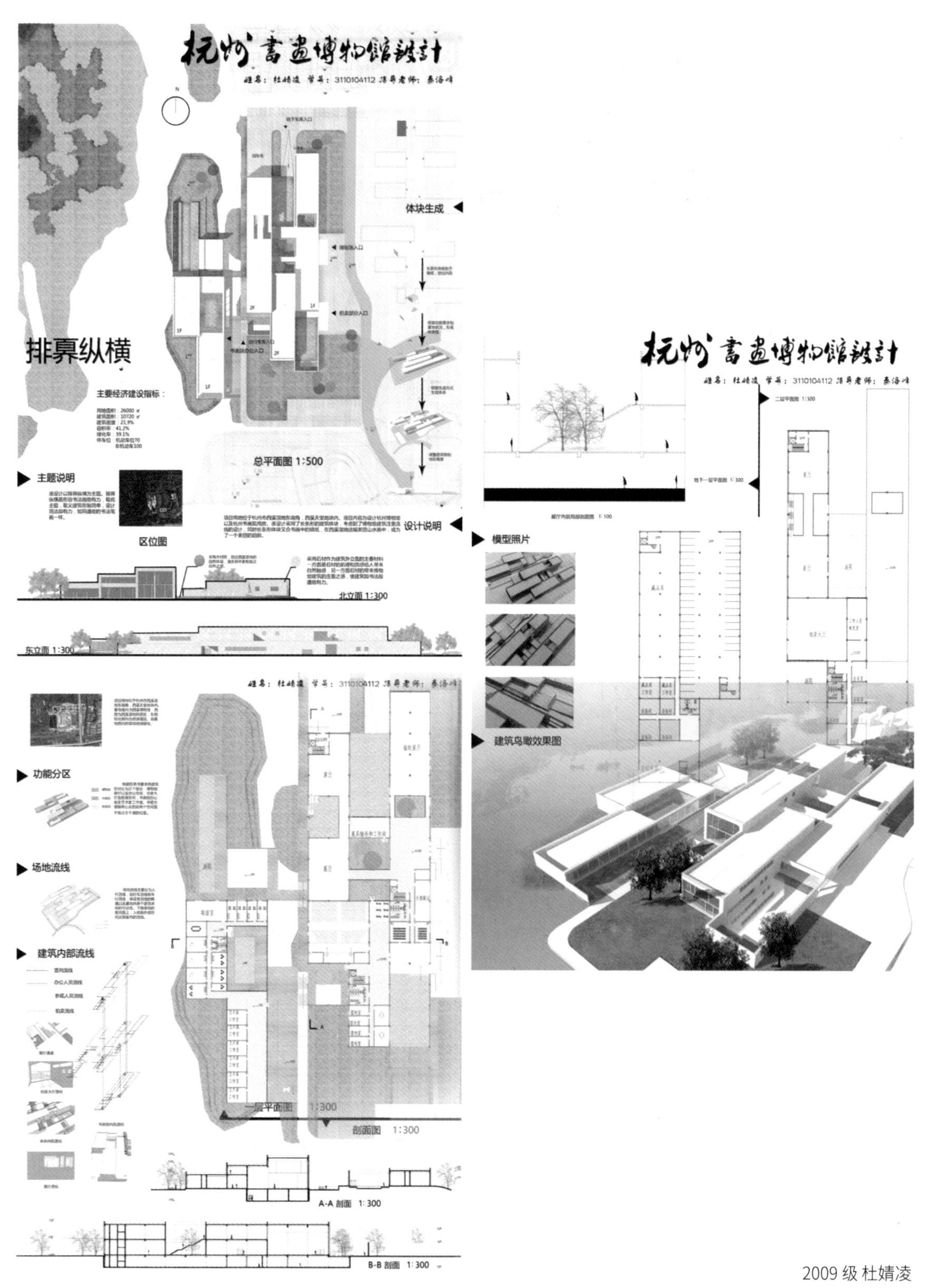

杭州書畫博物館設計
排bing纵横
主要经济建设指标：
主题说明
区位图
总平面图 1:500
体块生成
设计说明
北立面 1:300
东立面 1:300
功能分区
场地流线
建筑内部流线
一层平面图 1:300
剖面图 1:300
A-A 剖面 1:300
B-B 剖面 1:300
模型照片
建筑鸟瞰效果图

2009 级 杜婧凌

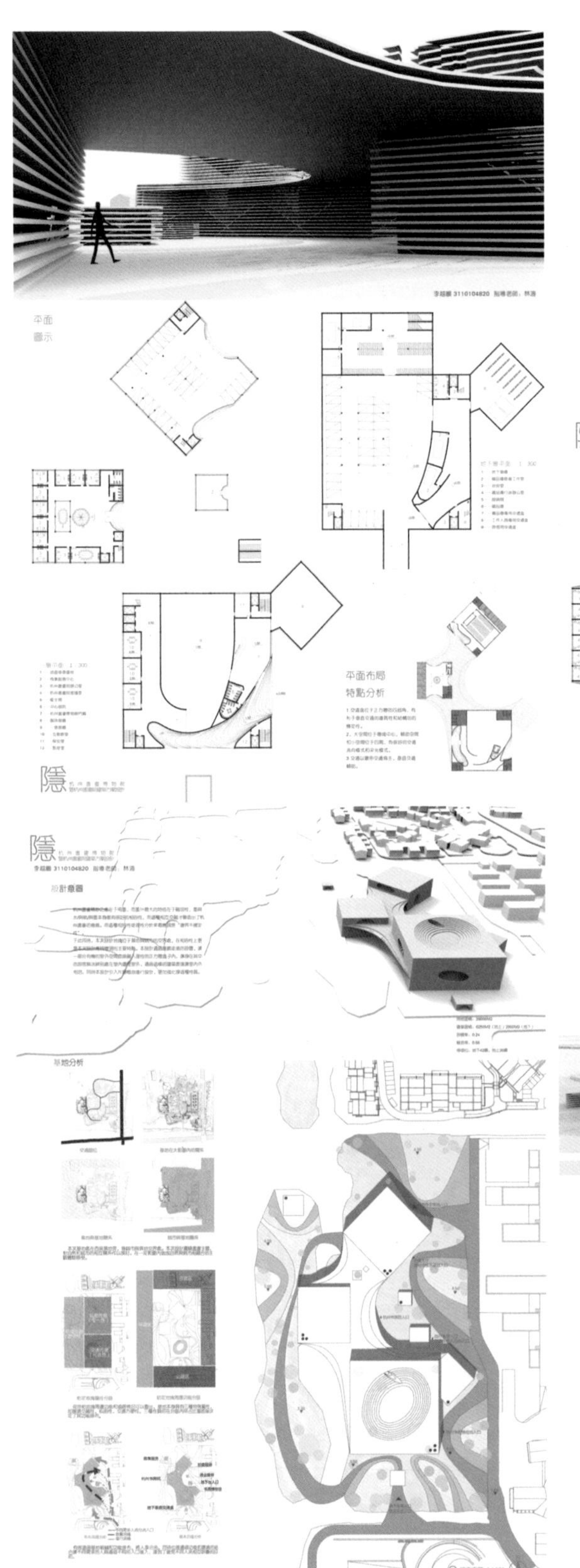

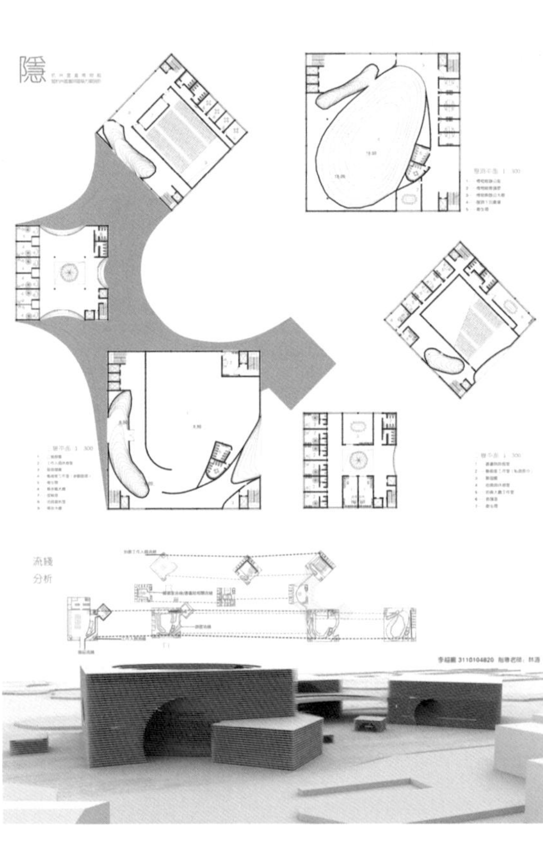

2009 级 李越鹏

城市艺术和文化综合体

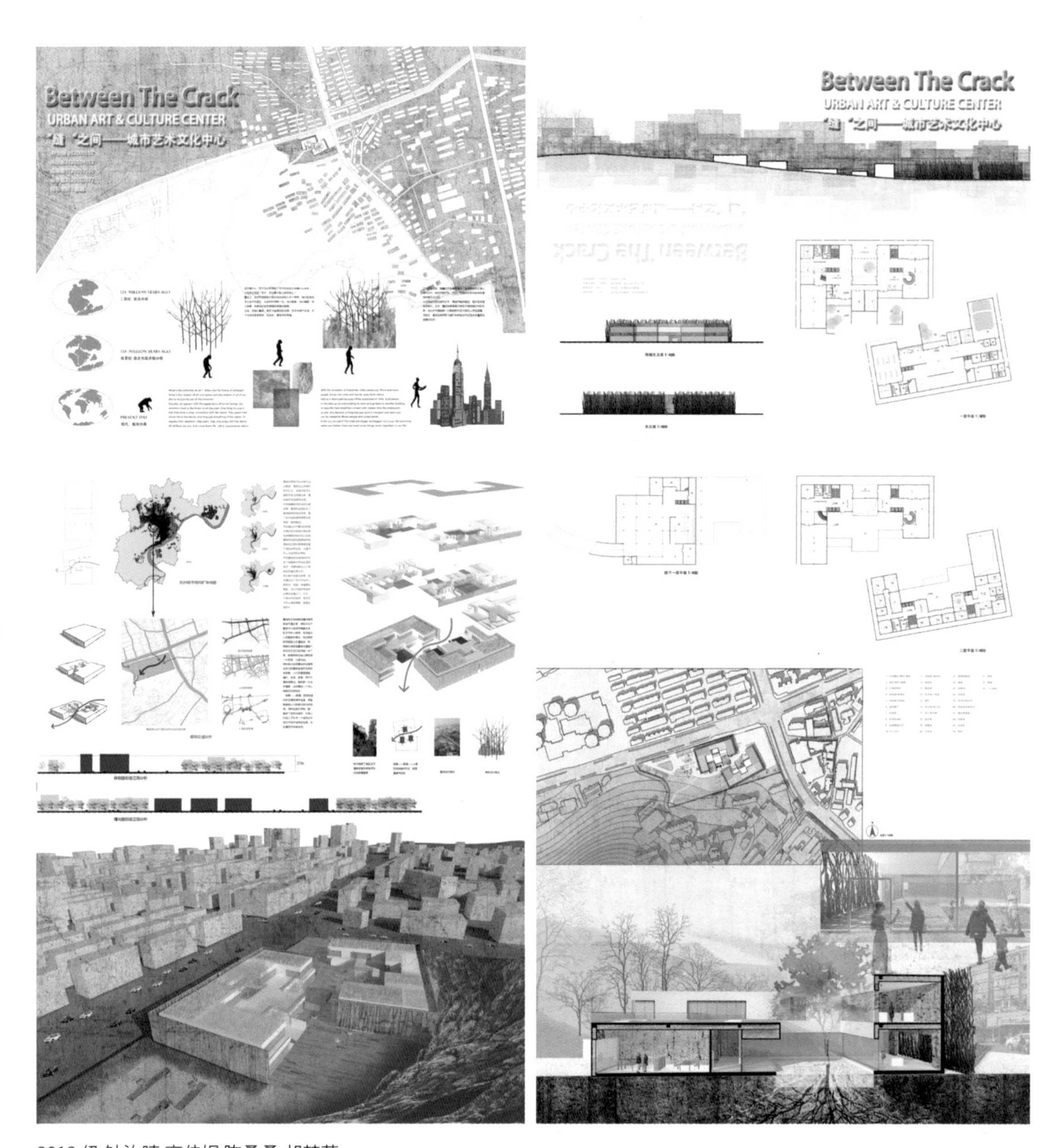

2012 级 钟汝晴 高佳妮 陈桑桑 胡梦萦

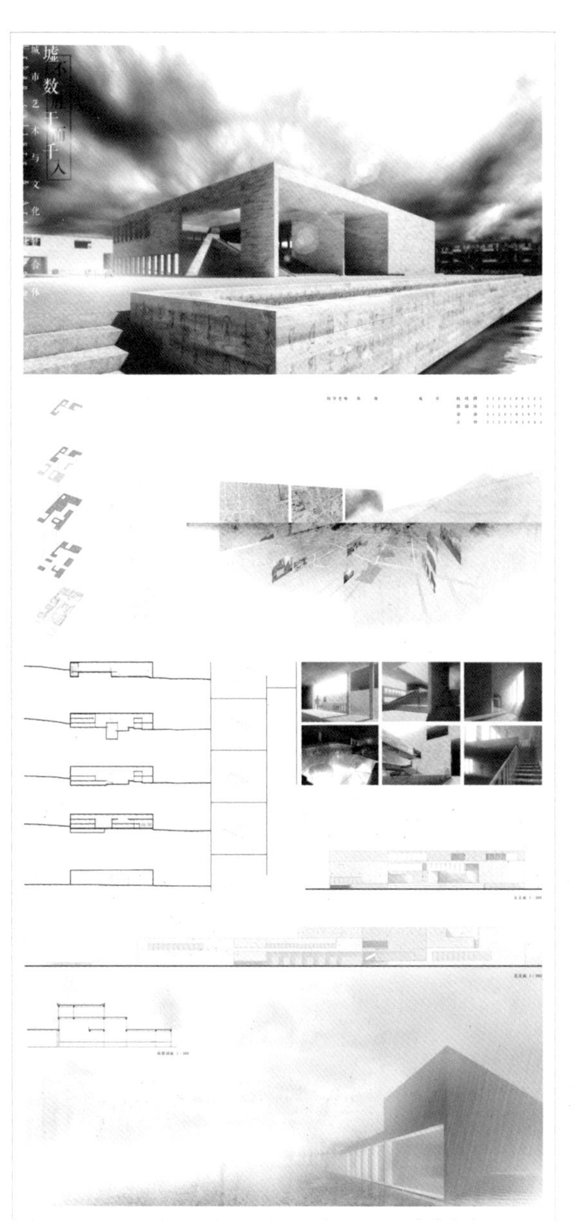

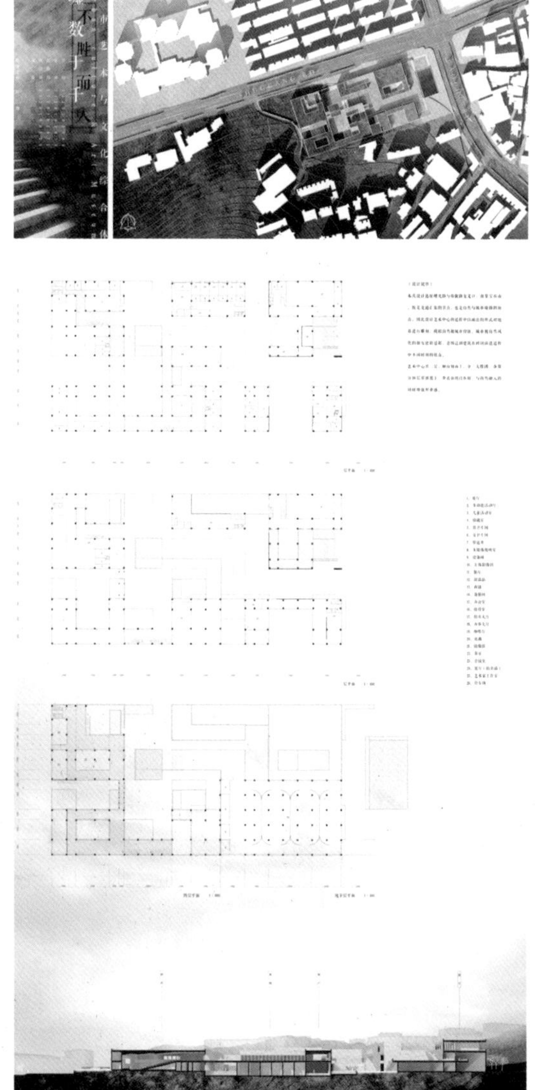

2012 级 狄晓倜 郭璐炜 徐沛 汪晗

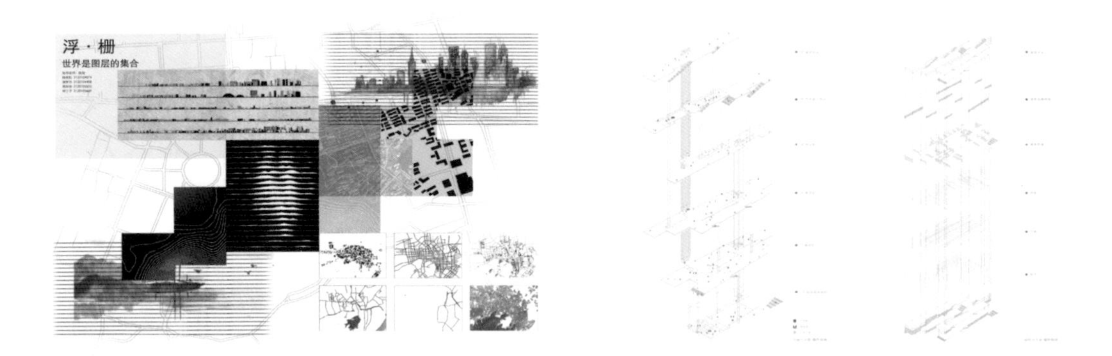

2012 级 姚依虹 诸梦杰 周昕怡 胡丁予

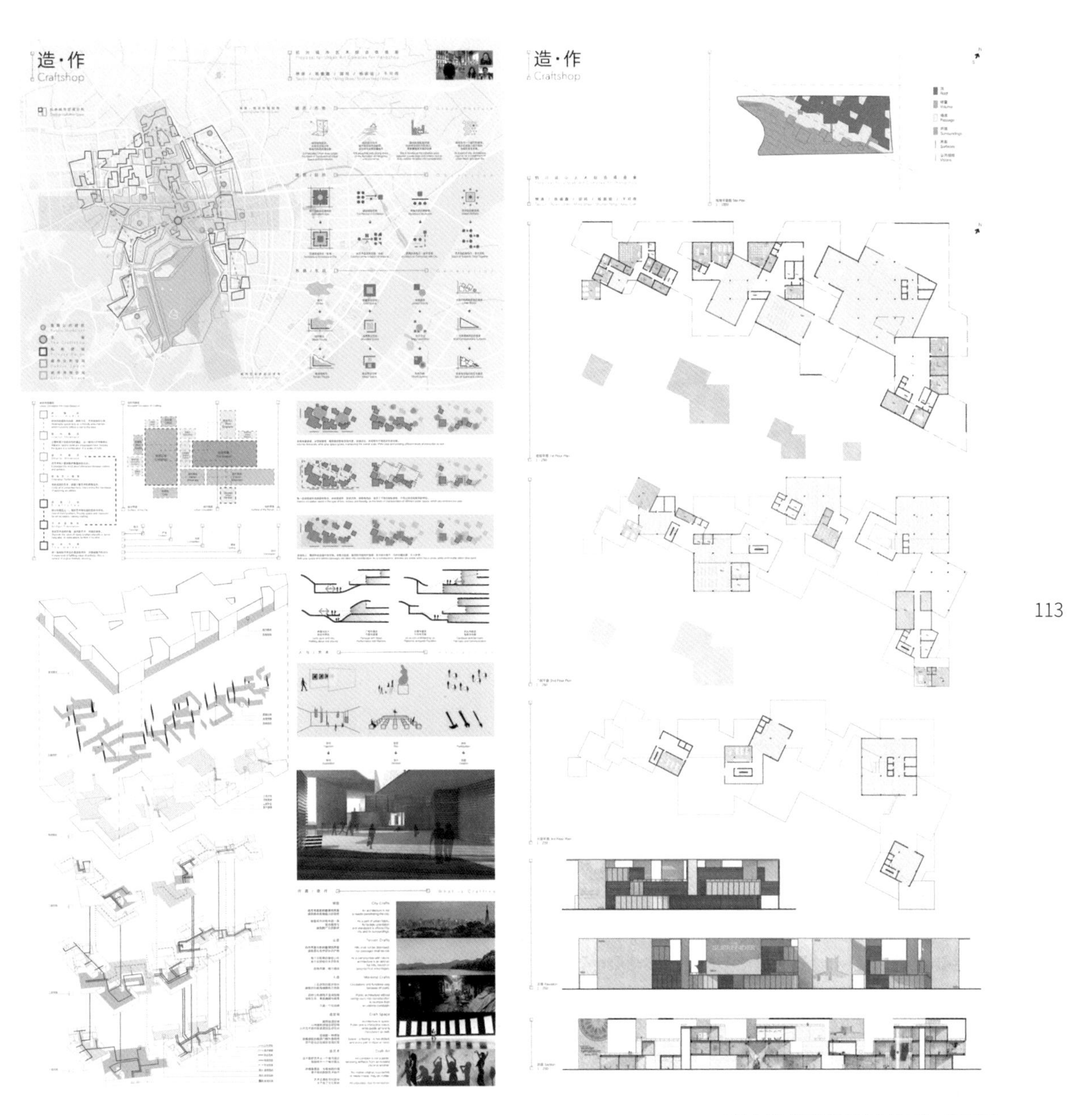

2012 级 陈睿鑫 邵鸣 杨淑涵 干可雨

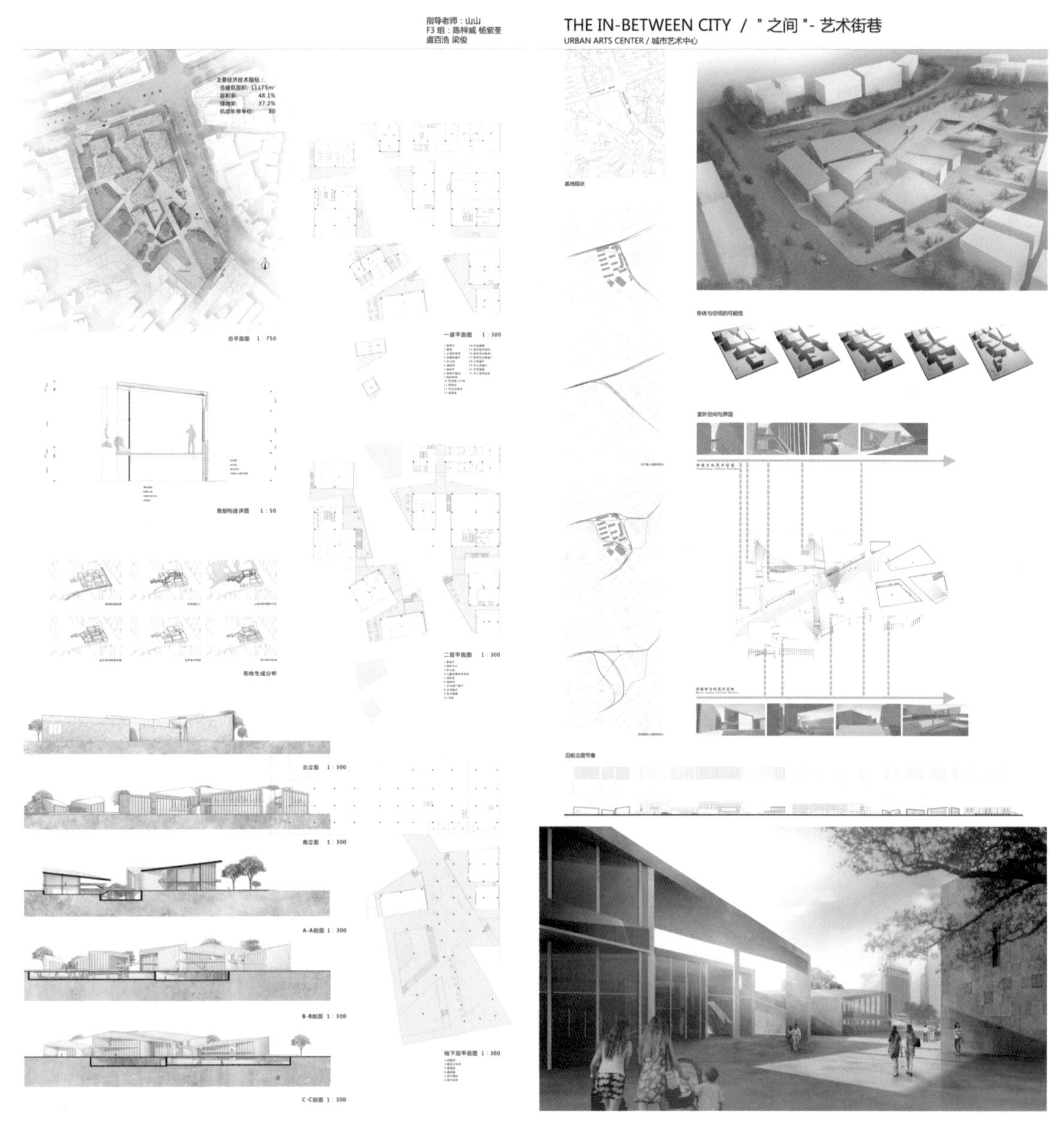

2012 级 陈梓威 杨紫荃 盧百浩 梁俊

模型示例

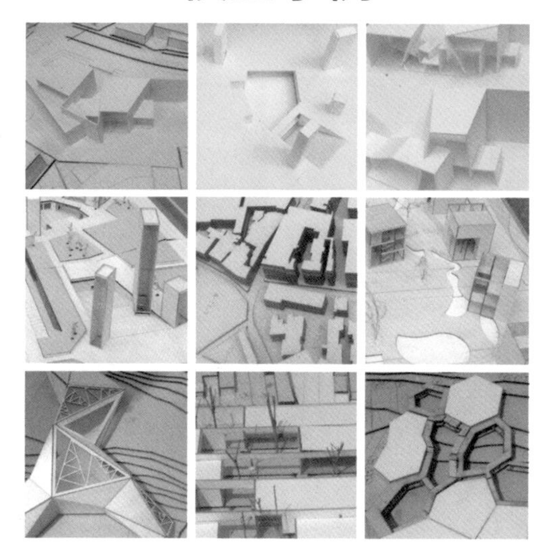

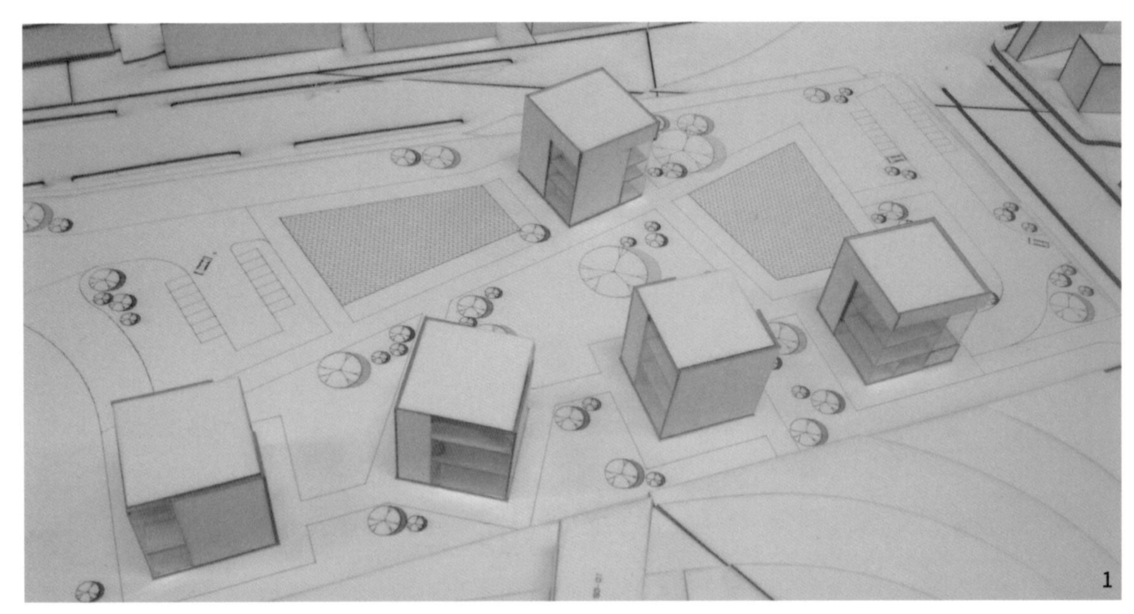

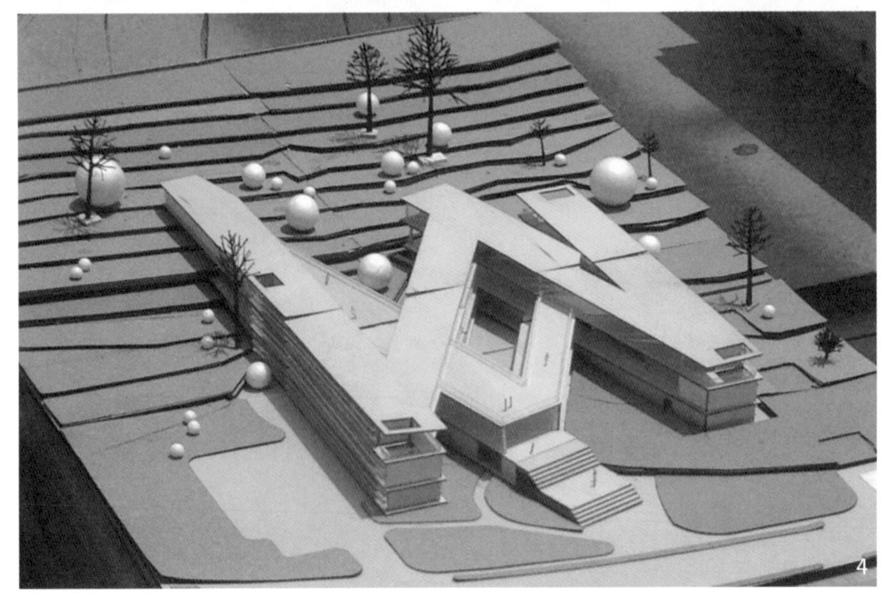

模型作者：

2012 级 谢腾魁 王小齐 杨珂钰

2018 级 李志伟

2018 级 徐若滢

2013 级 王朕 龙敏孜 李沿 赵颖瑜

1

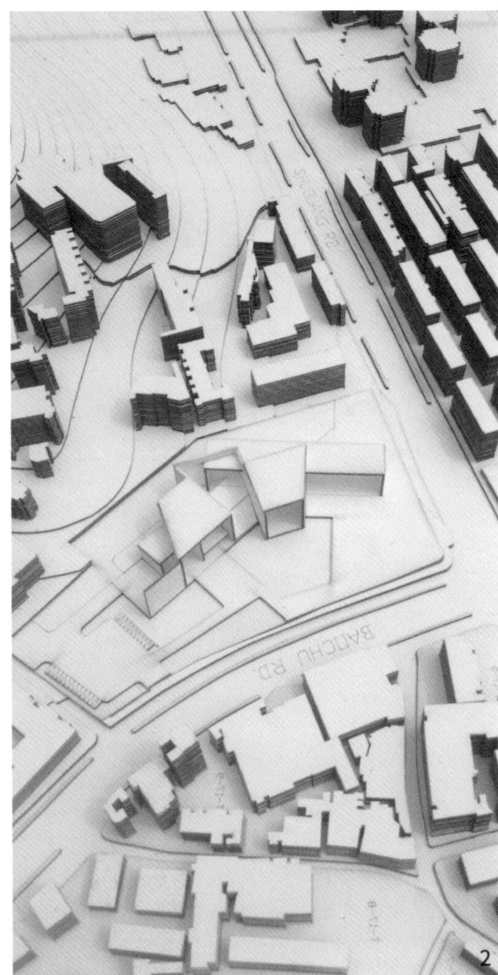

2

3

模型作者：

2018 级 洪辰

2012 级 马鈊尔 罗琪 申正

2018 级 刘佳琪

1

2

3

4

模型作者：

2018 级 潘翼舒

2018 级 林依泉

2012 级 陈瀑 姜梦然 胡凌 林肯

2014 级 张思远 谭建良 曾思铭

1

2

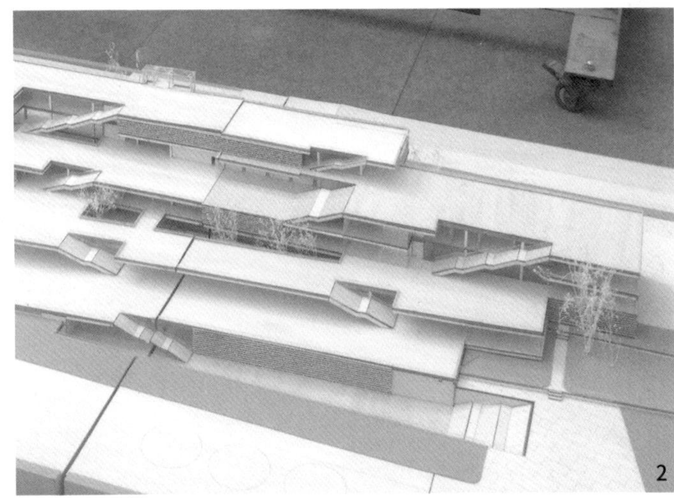

2

3

模型作者：

2012 级 狄晓倜 郭璐炜 徐沛 汪晗

2012 级 姚依虹 诸梦杰 周昕怡 胡丁予

2012 级 陈睿鑫 邵鸣 杨淑涵 干可雨

课题Ⅲ　开放性设计：未建筑

UNBUILD

图 3-1 “未建筑”—庇护所场景图

通过开放性设计课题设置，激发学生自主性思考及创新性思维，强调设计师的主体意识在建筑设计过程中的作用。课题预设一个发散性主题，引导学生通过阅读及思考，完成最小制约、最大开放下的自主性探索；通过问题建构及基于问题设定推导解决路径的步骤操作，训练基于理性驱动的设计性思维；通过主题海报及概括性设计表达，训练学生对设计主旨及内涵的提炼和归纳 (图 3-1)。

训练目标

1. 训练基于问题研究推导解决策略的设计性思维；
2. 训练最小制约下的目标最大化的自主性探索；
3. 训练空间系统的故事性建构；
4. 训练设计概念的概括提炼和开放性表达。

课题背景

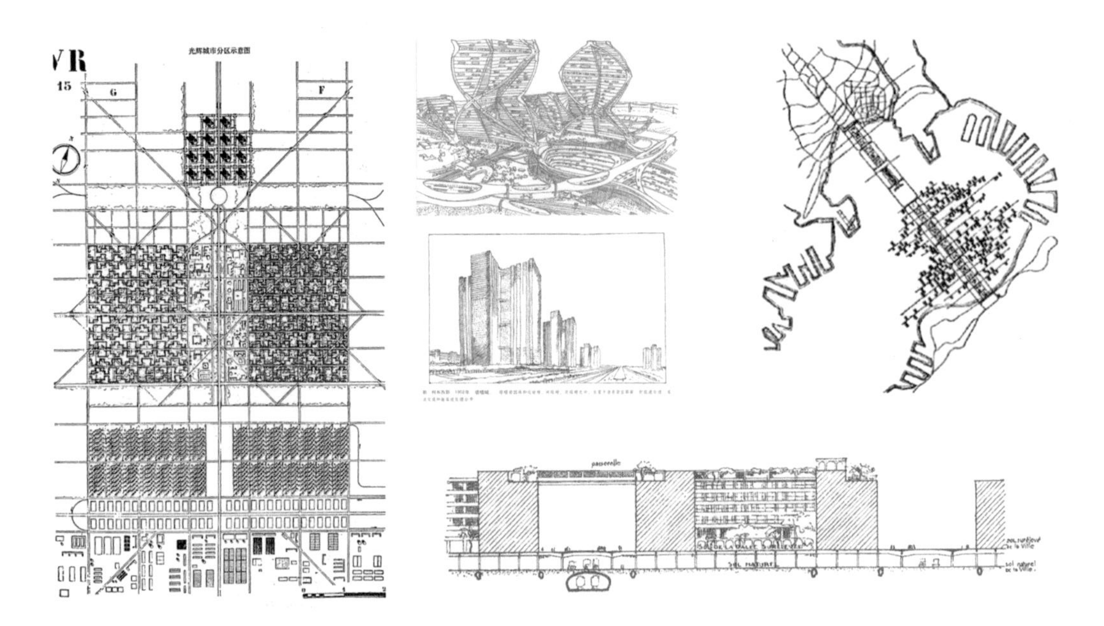

图 3-2《光辉城市》插图

20 世纪初，西方工业化所带来的城市迅速扩张引发了巨大的社会问题：人口的高度聚集，贫民窟的蔓延，恶劣的城市环境……现代建筑大师勒 • 柯布西耶有感于城市的罪恶，同时发现钢筋混凝土的巨大潜力，在 1920 年提出了塔楼城市的提案，大胆地构想人类未来的生活方式。这一提案在他 1935 年所发表的《光辉城市》一书中有了更全面的发展和阐述。虽然这一理想从未完全实现，并在 1960 年代后期受到诸多批判，但无人可以否认其对后世的深刻影响，如今我们都或多或少生活在这一影响中 (图 3-2)。

第二次世界大战后日本新陈代谢派建筑师十分活跃，丹下健三曾提出过以“东京计划”为名的海上城市提案；黑川纪章也曾提出染色体项目提案以及一系列细胞理论的构想。

这些未能建设或关于未来建筑的提案是建筑师主动参与社会发展思考的生动案例。在某种意义上正是因其非实现性使其呈现出具有更纯粹的思想，更具前瞻性的特质。

黑川纪章在《新陈代谢访谈录》中曾说：“在我看来，建筑师应该必须是一个思想家，他的使命不仅是实现他的作品，同时也应提供城市未来和社会未来的愿景。”[1] 这句话不仅道出了建筑师职业的社会责任，也提醒我们在建筑教育中应该不断引导学生关注人类社会、经济、科技、文化各方面的发展，培养学生敏锐发现社会问题，并以开放的态度深入思考的能力。

1. 日本计划：库哈斯·新陈代谢访谈录 2，TASCHEN，492 页

未建筑的概念

“未建成”这一概念由矶崎新于 2001 年在东京个人建筑展上首次提出，并在同时出版的《未建成 / 反建筑史》一书中深入阐述。他宣称“未建成”是 20 世纪物质世界的一部分，如果没有未建成，就谈不了 20 世纪的建筑史。因为随着杂志、展览、照片、影像等信息媒介的飞速发展，建筑构思、城市构想随着一张张优秀的效果图瞬间传达到世界的每个角落，这让未建成建筑对建筑学有了直接的影响。

“未建筑”一方面指向对人类社会未来的思考，指向对未知世界的探索，另一方面也指向不以现实世界的建造为目的，而是专注于可能性的理论探索和前瞻性思考 (图 3-3)。

01 生成

鼓风机对压缩气囊迅速充气，释放气膜与预置家具

02 变形

气膜抗挤压，可任意变形

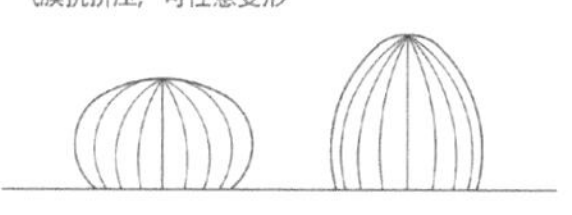

03 支撑

单层气膜依靠内外气压差支撑，双层气膜依靠气枕结构自支撑

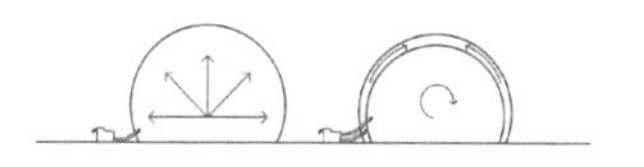

04 保温

双层气膜具有保温作用。实线：热气流——虚线：冷气流

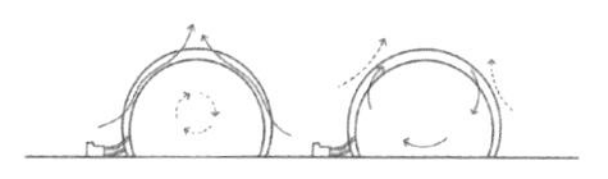

05 太阳能

利用太阳能为气膜、鼓风机供电

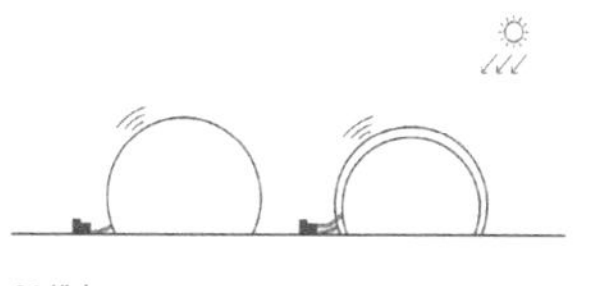

06 排水

场地中预置地下水管，气膜内放置三类水箱

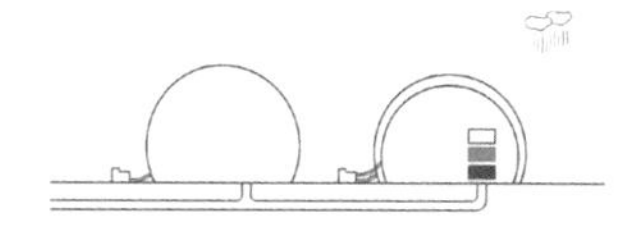

图 3-3 “未建筑”—庇护所概念生成

选题的自主性

选题提出某一问题或某一主题，提供基地或自选基地，以最少的约束条件，充分发挥学生的发散性思维，自主地提出自己感兴趣的问题，在选题上试图给学生最大的自由度，以激发学生的创作热情。

条件的探寻

开放性设计虽然只进行了最少的约束，但并不意味着没有约束，每个同学可针对自己选择研究的方向，再去寻找具体问题的约束边界在哪里，即引导学生通过研究寻找设计边界。

在课题的前期，鼓励学生进行一定的文献检索和阅读，通过针对选题的研究，完成诸如选择合适的基地，确定建设的规模，设定建筑需应对的物质环境条件，寻找相关的成熟的技术或可能的技术路线，寻找适宜的材料、可能的建造方式，设想建筑或设施如何被使用，如何进行管理，甚至如何发展进化。在此基础上，自定义针对各自主题的约束条件。

设计逻辑的自洽

课题要求从选题到最终的结果，整个设计过程应可以形成一条完整的逻辑链，最终的形式是由问题出发，经过一系列的逻辑关系演绎、生成，因而具有很强的说服力和表现力。

课题演进

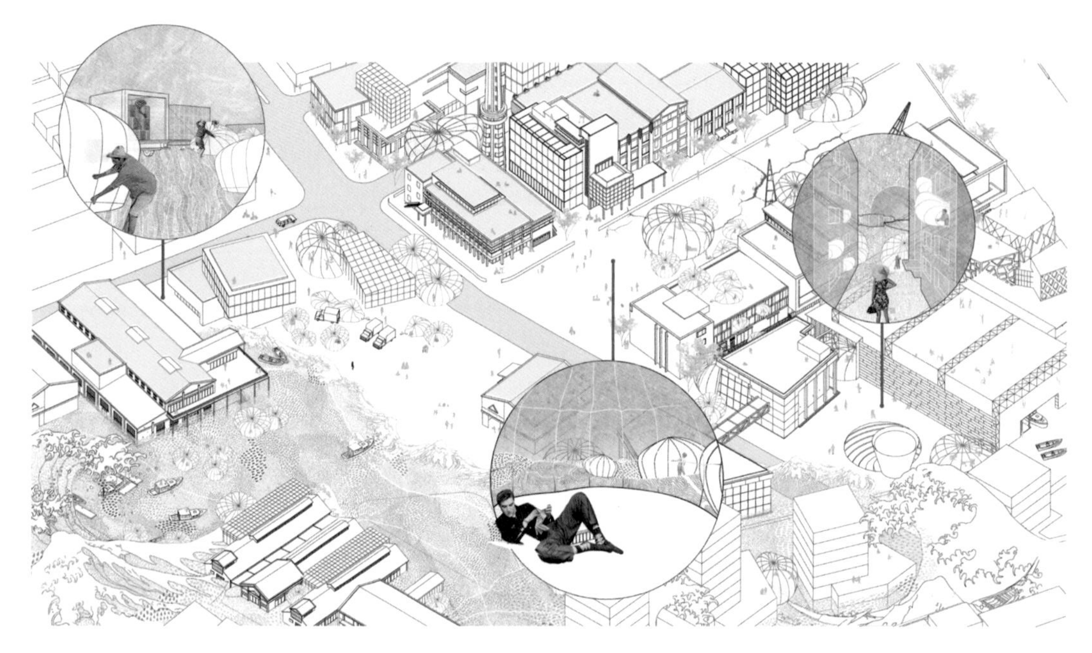

图 3-4 “未建筑”—庇护所概念表达

开放性设计的主旨是给学生创造一个机会去思考问题，尤其是人类社会发展中出现的热点问题，最大限度地发挥学生的能动性，使学生主动发现问题，针对特殊问题进行自主研究，寻找设计的边界条件，并以积极的姿态建立建筑学与外界系统之间有张力的关系。

选题可以是围绕某个主题词，如“中继站”，也可以是针对某一具体社会问题，如 2020 年初的突发疫情。根据主题的不同，可给定基地，或由学生自主选择基地。

课题设计的关键是将约束条件设置为最小，给学生留出足够的想象空间。当学生选定了自己的发展方向，则要求学生通过自主研究，设定自己的约束条件，在此条件下展开具有独特性的设计。

最后，通过适宜的形式语言和形式结构，处理“自内而外”生成的空间与界面、材料与构造等问题，提升建筑设计素养和建筑思维深度 (图 3-4)。

图 3-5 "未建筑"—庇护所背景分析

庇护所

突发疫情引出的建筑学思考

2020 年春，一场突如其来的疫情袭击了全球，病毒以无情的方式重新定义了一种空间——独处——为无法收治又无法回家的人提供一处包含基本救助、相互隔离的庇护所。这一课题提出了在特殊时期对"人"的收容问题的思考，要求通过文献及案例研读，理解"独处""收容与庇护"的社会意义及人道意义。

建构基本的思想维度和问题视角。从建筑学的角度讨论"独处"的策略及技术细节，完成一份具有合理逻辑和推广价值的示范性提案。

题目要求设计可容纳 400 人的隔离庇护设施，提供了一处位于城市边缘的基地，总用地面积 7000m^2，可以选用但不限于此基地。鼓励学生思考："独处"的方式及空间极限，平时功能与应急功能的转换模式，为紧急的形式提供快速营造的方式，为满足大量需求的可推广性考量等现实问题 (图 3-5)。

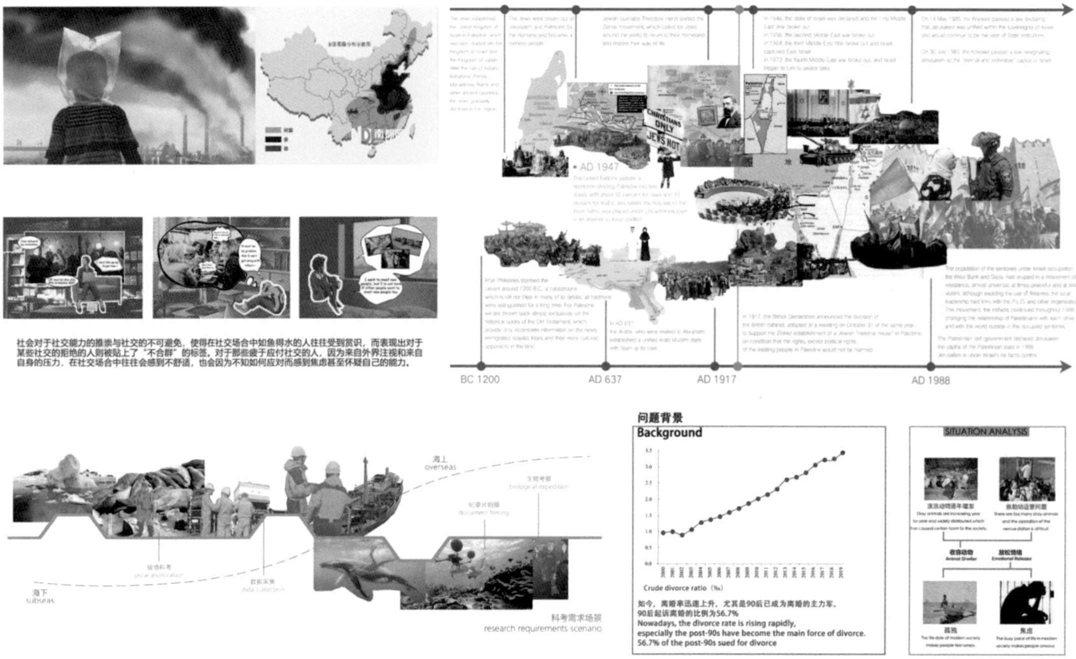

图 3-6 “未建筑”—中继站背景分析

中继站

为不确定的未来建构一个确定的支点

人类社会正在以前所未有的速度发展，生物技术、人机接口、人工智能、外太空探索……让人类干预自然和自身的能力空前提高，但同时也面临着前所未有的威胁和问题：地区发展的不平衡、气候变化、能源枯竭、环境破坏、生物多样性的减少、信仰危机、种族歧视、网络安全、全球性的传染病……在这样一个充满不确定的世界，面对可能出现的机遇和风险，建筑师能做些什么？

中继站，原指在运输线中途设立的补给、转运站——它是通向未来目的地的一个中间过渡点。以“中继站”为题，思考在急剧转变的当下，给人类的群体或个体，在到达不可知的未来之前，营造一个可以停留的、预期的、安全的所在，为不确定的未来建构一个确定的支点。选题向任何满足中继站定义的功能系统开放。唯一的约束是需建构一个空间系统——包括设定可信的外部环境和实现本体技术逻辑的自洽 (图 3-6)。

课题要点

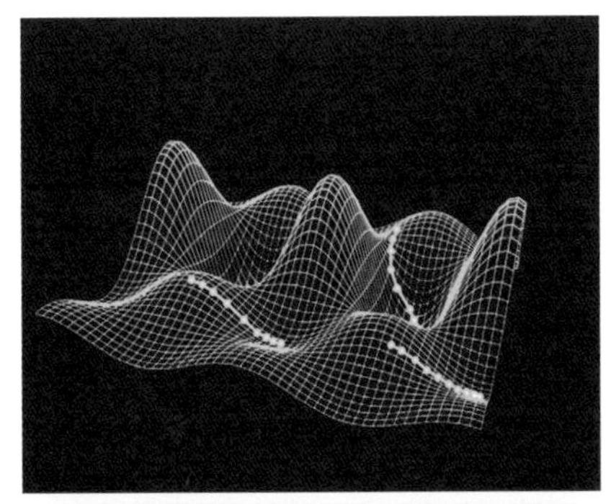

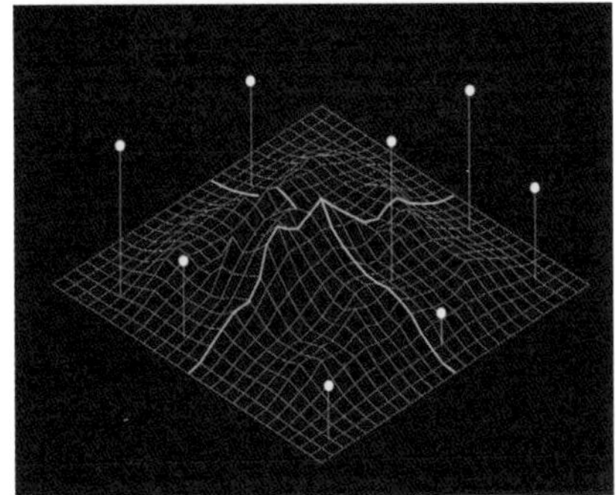

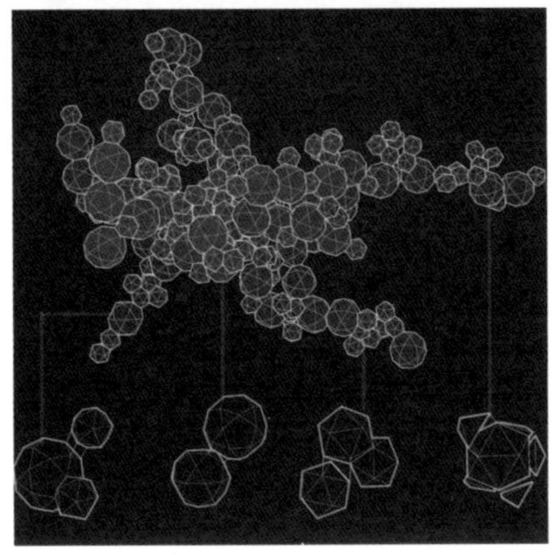

图 3-7 “未建筑”—中继站形态逻辑

设计思维训练

这一课题的设计思维训练注重开放性思考和自主性研究，鼓励学生个性化的创作 (图 3-7)。

对问题的敏感性

建筑师应对环境保持高度的敏感，有一双善于发现问题的眼睛。只有发现普通人发现不了的问题，才能准确地找到设计的切入点。课题将约束条件设置到最小的目的，就是鼓励学生进行开放性思考。通过观察和思考，自主发现问题，自主设立目标，从而培养发散性思维能力，激发学习兴趣，实现最小约束条件下的目标最大化。

开放与限制的边界

开放性设计将约束条件减到最少，甚至有时只有主题词的限制，但并不意味着设计本身是在无约束条件下进行，事实上要求学生根据各自确定的主题，通过文献阅读和专题研究，进行自主性思考，主动寻找设计的边界条件，自主设定相应的约束，进而在自主设定的约束条件下进行设计，培养基于外界信息反馈的问题建构意识。

问题导向的理性思维

课题强调基于问题设定推导解决路径的理性设计思维。从问题出发，分析应对问题及其约束条件的多种可能性，对解决问题的逐步推导令设计概念逐渐清晰，空间和形态的出现也有了其背后完整的逻辑，最终达到功能、空间、形态、结构等系统的充分整合。这种理性驱动的设计思维方法训练贯穿课题始终。

前瞻性思考

无论是柯布西耶的光辉城市，还是黑川纪章的“螺旋结构”，都是对建筑与城市发展以及人类生活的前瞻性思考。它们并未被实际建造，然而蕴含其中的思想对建筑和城市发展产生了巨大的影响。因而设计本身也是一种思考，具有思想性。课题更大的目的或者说更高的追求是让学生认识到建筑师的这一职业使命。

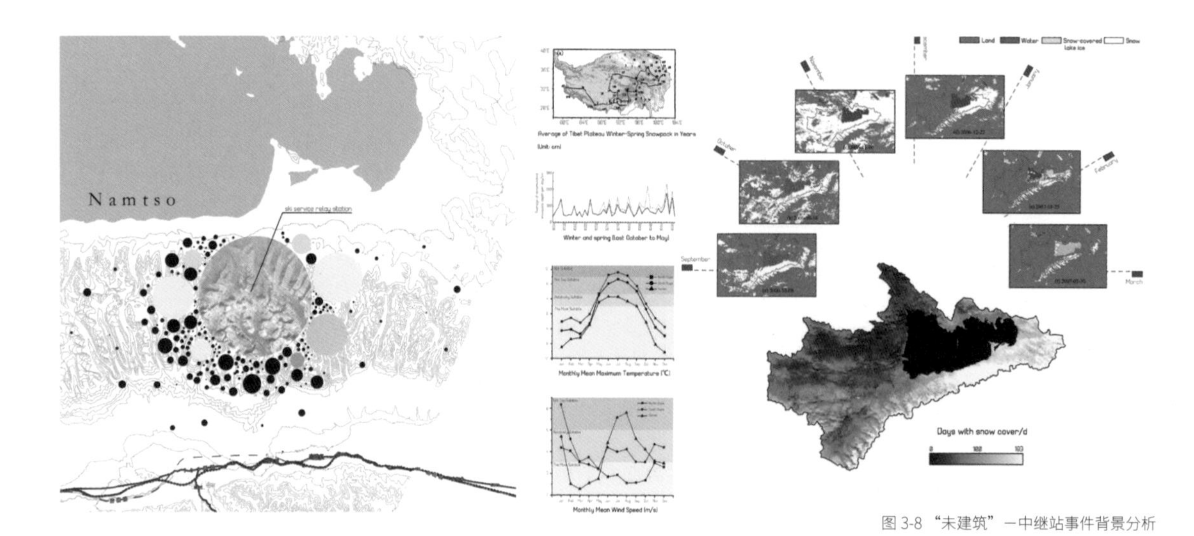

图 3-8 “未建筑”—中继站事件背景分析

专业技能训练

课题注重对分析能力、概念的提炼和表达能力的训练，鼓励学生的创新精神。

研究与分析

每一个设计项目都有其独特性，因而研究新问题的能力对建筑师来说十分重要。由于课题的开放性，使得每组同学都多少面对着不同的未知领域。课题要求同学通过阅读文献，查找资料，对相关问题进行研究。利用关联启迪、综述与评论、思维导图等方式，在文献研读过程中，发现解决问题的机会 (图 3-8)。

图 3-9 “未建筑”—中继站概念海报

设计与表达

课题要求以提案的形式呈现设计概念，除了常规的设计表达，还要求学生利用海报展示充分的视觉冲击力，来达到宣传设计提案的目的。平面海报设计是本课题在设计表达上的一个特殊要求，目的是唤起学生展现自我的欲望，培养提炼设计概念和概括性设计表达的能力，训练对图像、色彩、文字、排版等平面设计要素的把控能力 (图 3-9、图 3-10)。

图 3-10 “未建筑”—中继站概念海报

工作方式

采用两人合作的工作方式，通过头脑风暴式的讨论和相互间的思维碰撞，激发出设计者的设计潜能。

课题过程

设计过程组织

阅读与分享

课题的第一周围绕义献阅读展开，要求学生根据各自确定的主题，寻找相关的专业文献，进行阅读和研究。文献的范围往往会超出建筑学领域，但又与设计密切相关，学生需要对所研究的资料进行分析和提炼，并制作 PPT，在课堂上与同学分享并进行小组讨论。

观念与载体

课题的第二周，是设计思想发展的重要时期。以两人合作的方式，探讨如何将通过前一周的研究所形成的设计观念，赋予合适的载体进行表达。在这一阶段，设计的概念与原理、空间的功能与形态、实现设计意图的技术手段的可能性，都需要不断地进行探索和研究，并迅速将概念转化为具体的形式，以草图、模型等手段呈现，供进一步的深化。

媒介与传递

课题的第三周，讨论如何以海报作为媒介，传递设计思想和设计观念。要尽量避免以纯粹的效果图方式设计海报，鼓励抓住重点，强化主题的构思，并关注文字的意义和形式。以两人合作的方式行进。

课程设置（4 周）

时长	课堂内容	课后内容
	布置课题	文献阅读，案例研究
0.5 周	以 PPT 形式阅读分享、题解讨论	选题内容及背景环境研究
0.5 周	确定选题，讨论背景环境及对设计的影响	研究设计的概念与原理
0.5 周	讨论设计的概念与原理	研究空间的功能与形态
0.5 周	讨论空间的功能与形态	深化相关图纸、海报的研究
0.5 周	讨论设计的细节	制作海报、绘制草图
0.5 周	讨论海报及排版	定稿
0.5 周	深化图纸	深化图纸
0.5 周	展览及答辩	

作业选例

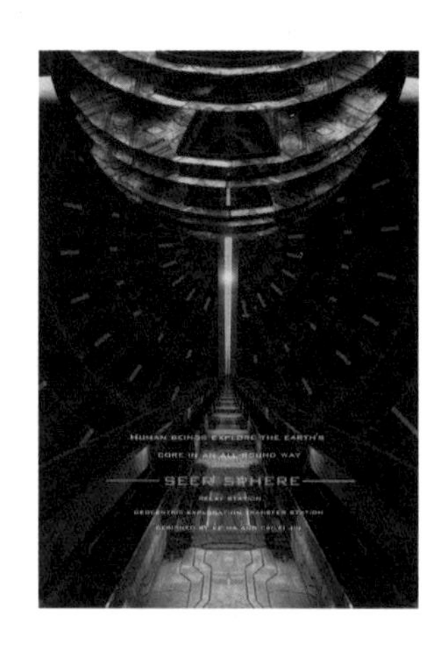
Human beings explore the earth's
core in an all-round way
SEER SPHERE

2017 级

丁任琪
徐　晔

作业介绍：

作业从研究一个气膜单元出发，为人们应对地震、水灾、疫情等自然灾害设计了一款产品。气膜具有快速充气成型的特性，可以在需要时迅速释放大量空间，气膜内预置的充气家具可以满足基本生活需要。气膜的抗挤压性、可漂浮性、可隔离病菌和透明性，以及它柔软的形式、灵活的空间大小，使得这一提案具有很强的适应性。

当灾难来临时，每个家庭都可以释放出大小不一、功能多样的气膜，如同城市中的一粒粒细胞，在各个角落生长，最终实现提案“拥抱细胞”的设想。

2017级 虞凡 应婕

作业介绍：

作业关注了在新冠疫情全球爆发的背景下，被隔离者因忧虑自身健康和担心被社会排斥而产生的巨大心理痛苦，提出一种幻想式的未来建筑，承载着游乐园和疫情庇护所两种可平疫转换的功能，希望以轻松童趣的氛围和丰富的游乐活动安抚被隔离者的不良情绪。通过引入可移动的居住单元，在建立社群环境的同时保证独立的隔离需求，创造宜人的庇护体验。

公共区域包括水处理厂、食品生产农场、员工住宅和风力发电站；隔离区包括医疗废弃物处理区、绿化观景台、移动住宅等。均采用环形布局，两个相互独立的核心筒控制医患分流，防止交叉感染。游乐设施在疫情模式下可作为垂直交通的补充，进行物资输送。

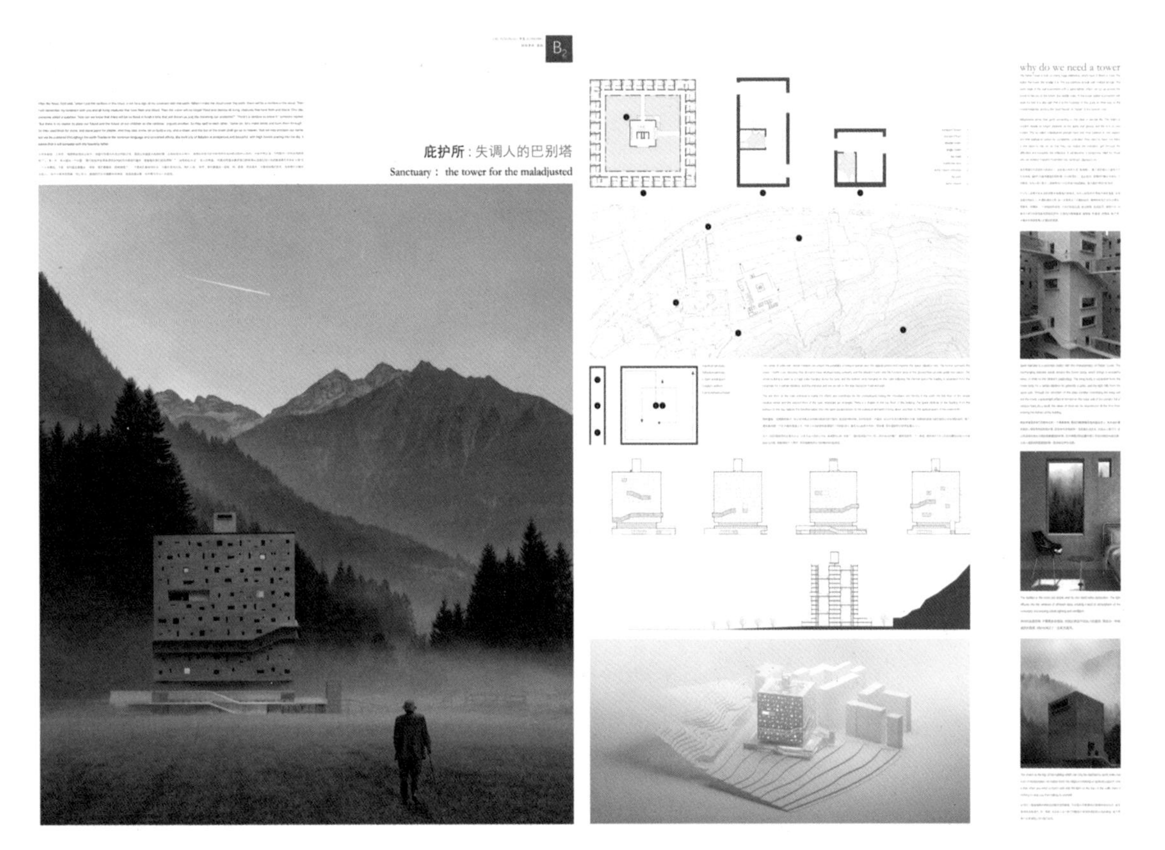

2017 级江钧 李宜

作业介绍：

作业借用《圣经》中有关大洪水和巴别塔的故事，来隐喻所设计的庇护所是为所谓的失调人群，即某一方面失去了平衡状态的人提供一个场所，以实现过渡，渡过难关。因而建筑的形式和空间意向也多有暗示，尤其是层叠收缩的形式、旋转而上的楼梯、庭院中间的交通塔和位于塔顶的精神性空间。

建筑自下而上的空间实现了从开放的社会性功能到独居的个人需求，再到抽离了物质生活的精神空间的转变。造型简洁有力，颇有仪式感，它将成为被隔离者、被困者、失意者、迷茫者、流离失所者等苦难的人们得到暂时慰藉和庇护的场所。

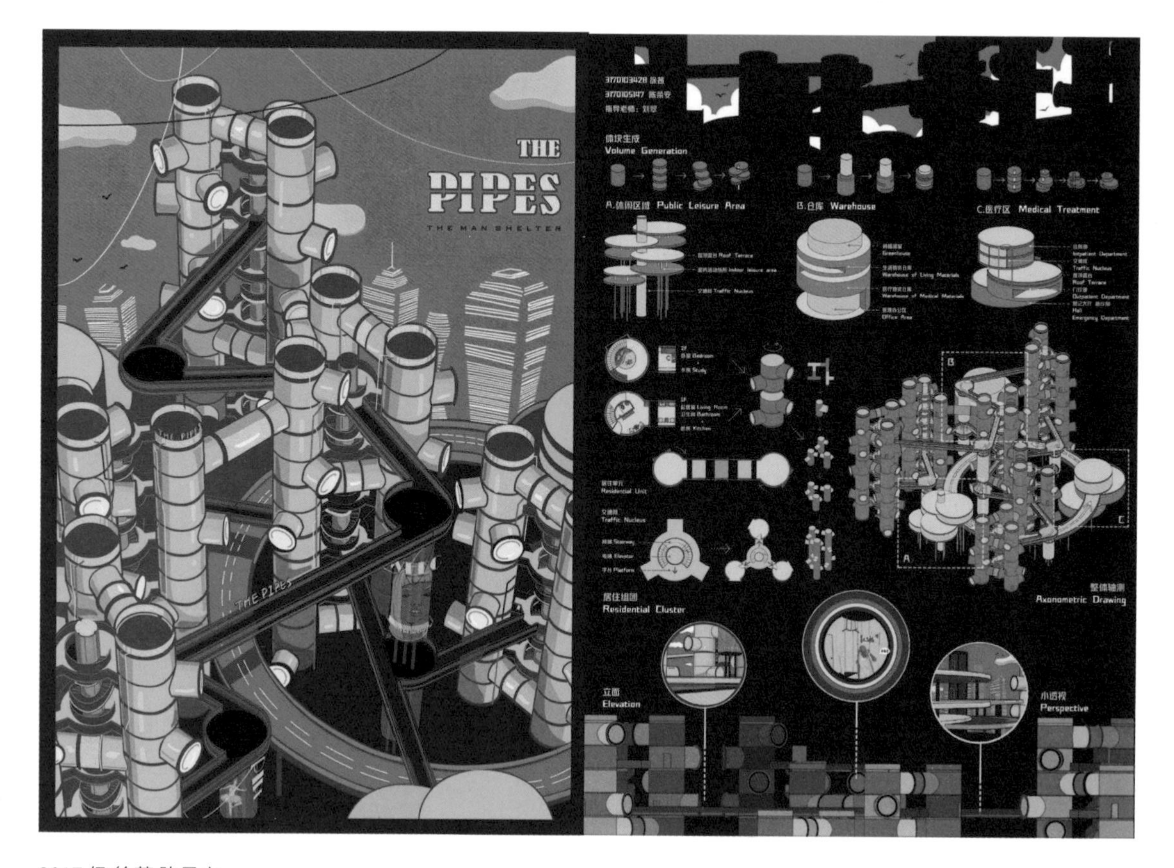

134

2017 级 徐茜 陈柔安

作业介绍：

作业使用“管道”的意象，创造了一个平疫两用的庇护所。“管道”具有方向性，有可旋转、复制的特点，既可通过拼接形成连贯空间，作为日常公共服务设施，也可在疫情时期分为单体，成为独处空间，保证居住者的隔离。它能向多个方向延伸，无限生长，迅速增加庇护所的可收容人数。这些特质都与理想庇护所的需求相符，可以实现空间尺度的大小转化，开放和私密的心理诉求转变，也为私人定制提供了可能。

隔离时，居住者成为完全“被服务”的对象，不同于自由活动时的“找服务”状态，作业将服务系统作为一整套系统进行设计，以实现长期完善的庇护所生活 。

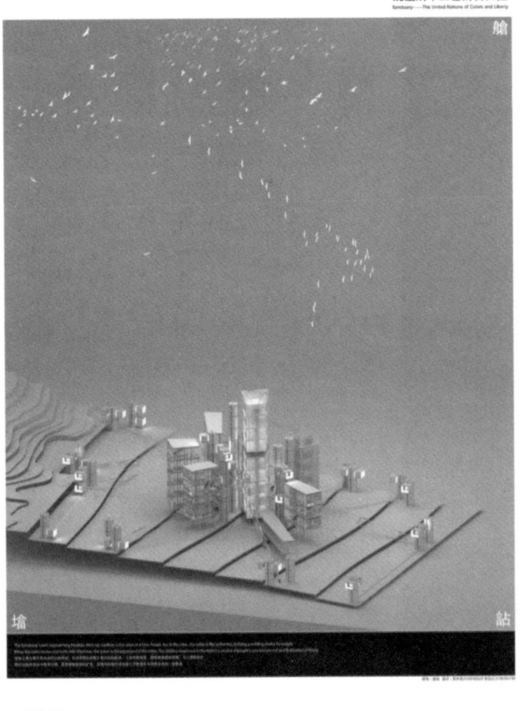

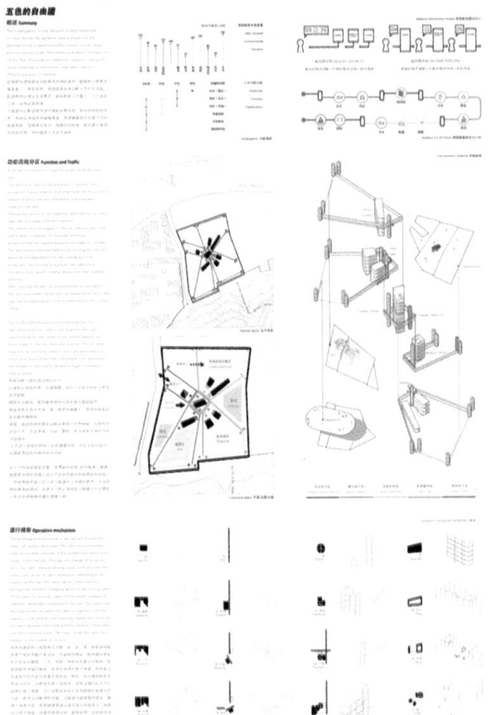

2017 级

朱怡江
高存希

作业介绍：

作业对新冠大流行期间的隔离问题进行了思考：人如何实现在被封闭的状态下享受自由的权利？并提出了一套由舱、轨、站、塔所组成的系统，以“行动的舱体”为媒介，实现人在场地内的相对自由。人居住在舱体内，舱体就像防护服，不但庇护人的身体，而且可以通过家具形态变化，在睡眠、工作、休憩三种生活状态之间切换。当舱体在轨道上移动，与功能塔对接时，便实现了功能的扩充，可能仅仅是物质的交换，也可能进入美食、运动等活动场所，实现一定的自由。同时通过实时健康评级，对舱体的移动进行控制，保障安全。

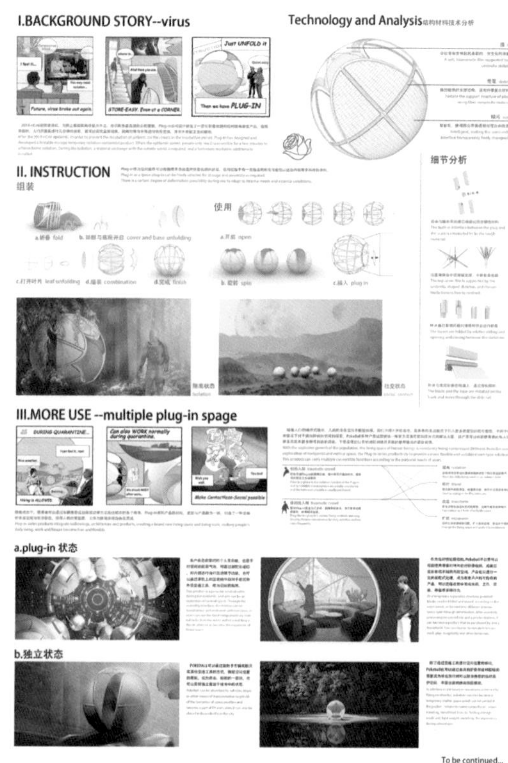

2017 级 郭依瑶 曹可

作业介绍：

作业针对疫情初期隔离观察点不足、潜伏期患者流浪街头的现象，设计了一款可折叠收纳的临时隔离居住产品。设想使用纤维复合材料骨架、仿生化的薄膜、可自由改变透明性的智能化鳞片等高科技材料，通过折叠、滑移、插接等方式实现产品的手动开合。

这款产品之所以称为 plug-in，因其不仅是疫情时期的个人生存舱，可独立使用，也可以通过装配式接口与其他舱体对接，或通过固定卡件吸附于建筑或交通工具外，成为日常生活空间的拓展气泡，在其中完成休闲、工作、玩耍、待客等多种行为，从而成为可以随身携带的临时庇护所。

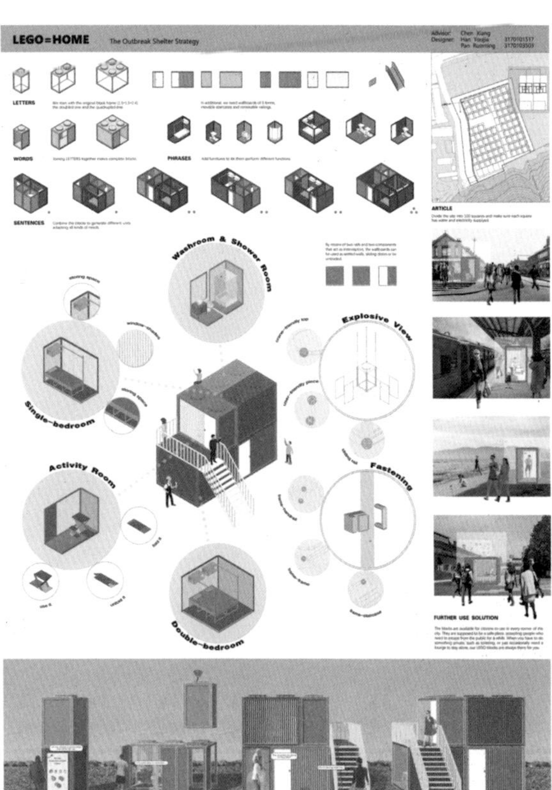

2017级 韩侑家 潘若茗

作业介绍：

作业设想一种装置能像LEGO积木一样，在各个层面都具有通用属性，从各个零件到装配方式，形成不同的层级，直至实际应用，都可以遵循简单的既定规则，并在规则之下产生无穷的结果。设计中保留了LEGO积木的经典形状，将其设计成模数化的单体构件与坐标式的组织方式，使其能够适应紧急情况下大量产生、快速建造的需求。

在灾难过后，这些灵活的装置能够被运送到城市的各个角落，继续发光发热，在平凡生活的场景里作为公共场所中必要的独处空间出现，尽可能随时、随地满足多样化的庇护需求。

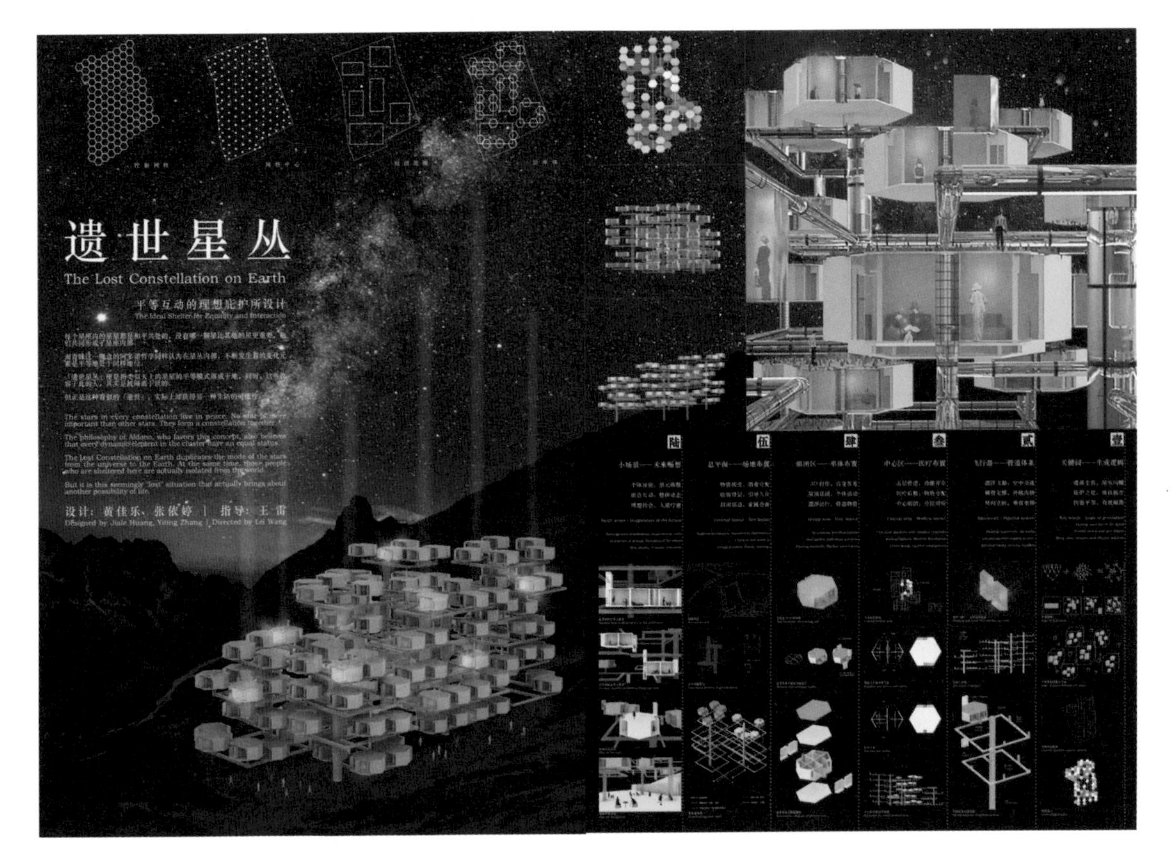

2017 级 黄佳乐 张依婷

作业介绍：

作业受到哲学家阿多诺“星丛”概念的启发，以六边形生成的体块作为基本单体，单体内部为每个隔离患者提供了适宜的个人空间，单体顶部则作为花园增加休闲与互动的机会。同时，利用分层、管道、舱体等方式完善了各单元之间的平等联系，使得人们在建筑中既能保证有效隔离，又能保持一定的人际交往。设计构想了未来图景下，疫情中的个体-单元-组合-整体关系，描绘了一种有效、人道的隔离治疗方案，一种灵活、和谐的互动图景。

这些隔离于此的人，看似被尘世遗忘，实际上却获得了另一种生活的可能性。这既回应了疫情防控的物质需求，也照顾了人们的精神需要。

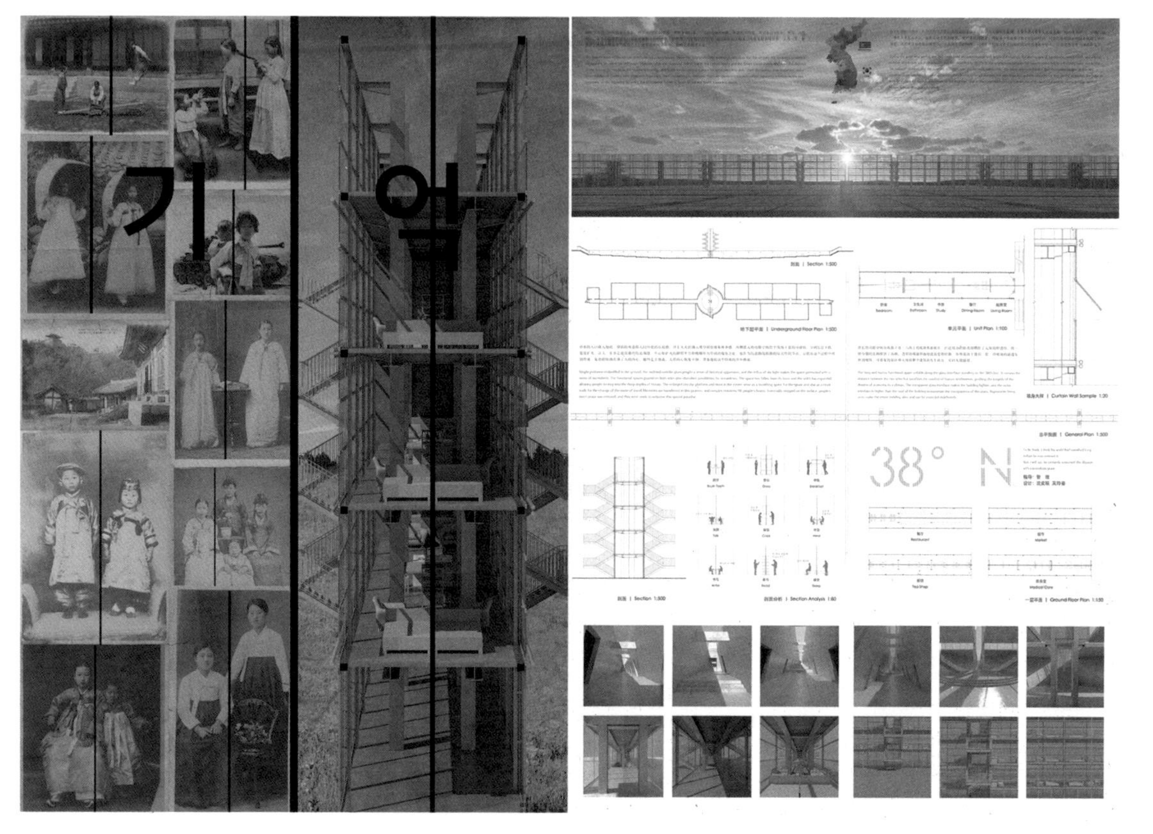

2018 级 沈奕辰 吴玲姿

作业介绍：

位于北纬 38°的三八线是朝鲜和韩国的分界线。战争造成大量家庭骨肉分离，两国离散亲属以百万人计。在两国关系缓和的时期，红十字会曾举办过多次离散家属见面会，然而关系再度恶化后，再见亲人变得更加遥遥无期。

作业以此为背景，提出沿三八线两侧建设一个狭长的功能空间，为离散家属提供一个可以暂时“共同”生活的场所。隔着中间的玻璃墙，他们可以在三八线两侧，一起喝茶、吃饭，一起洗漱、睡觉。这一物质上隔绝的空间，建立了视觉上的联系和心理上的交流，并且可以沿着三八线不断延伸，并不断扩展其功能。

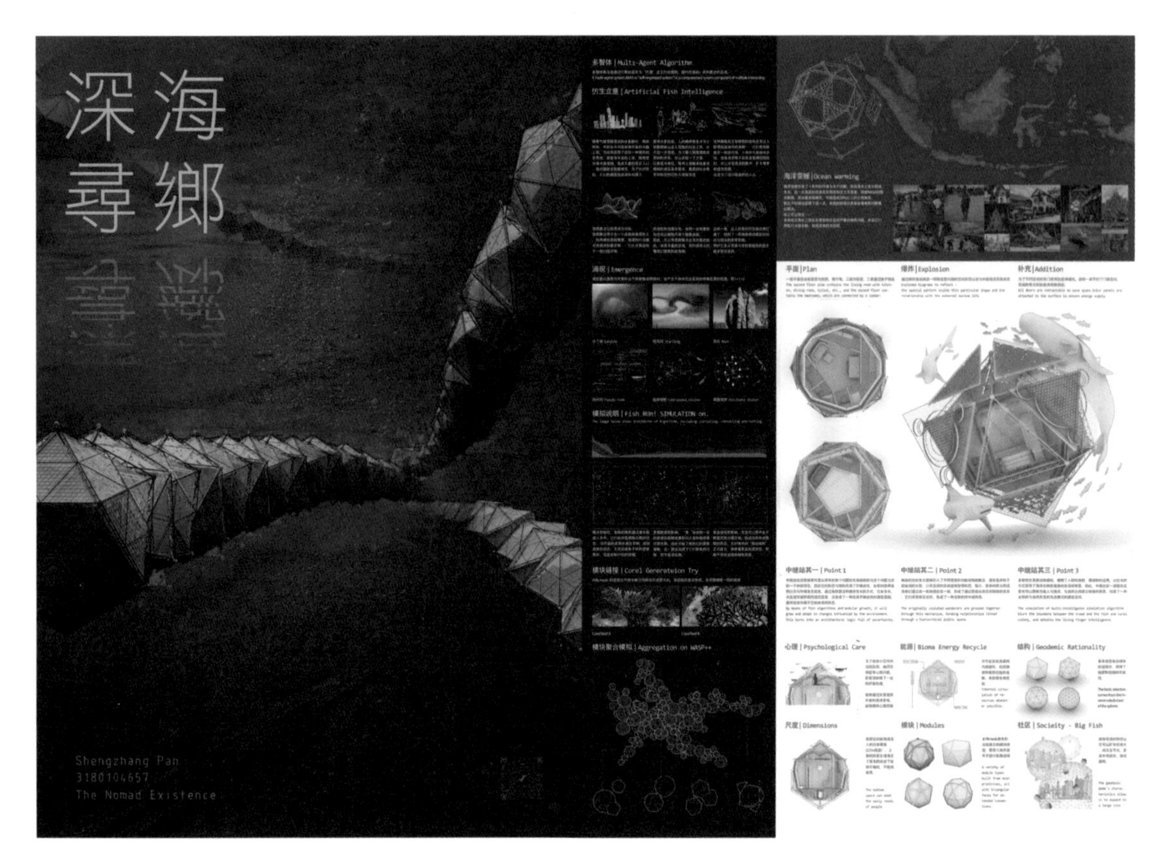

2018 级 潘胜璋

作业介绍：

全球气候变暖带来了一系列的环境和社会危机，包括极端天气、海平面上升和由此产生的难民问题。作者的出发点是，为将来失去陆地的人们设计一个海中移动建筑群，他们可以潜入海底，如同一支深海流浪团，在重新找到栖息地之前，有一个确定的安身之所并维持一定的社会性功能。

作业从功能、尺度、结构、能源、心理等角度探讨了模块化的单元空间，以及不同大小空间模块连接的结构可行性，并利用鱼群算法模拟了难民的聚集和再组织过程，设想了一种可灵活聚集和分散的“移动城邦”。

2018 级

陆　浩
华　颖

作业介绍：

作业选择了位于委内瑞拉首都加拉加斯市中心的一幢烂尾楼，对其进行改造设计。 这栋 45 层高的建筑本应成为城市地标 , 却因开发商的突然离世而搁浅，后被大量缺少住房的当地居民占据，并不断地自发改善其内部设施，政府欲对其搬迁却遇阻无果。

作业从探讨非正式定居的意义开始，通过功能置换的方式，保留已形成的居住功能，植入适当的公共功能空间，改善建筑自身和它与城市的关系，使其成为建筑内部居民从封闭小社会转向开放大社会的一个中继站，也成为从非正式定居到正式定居的中继站。

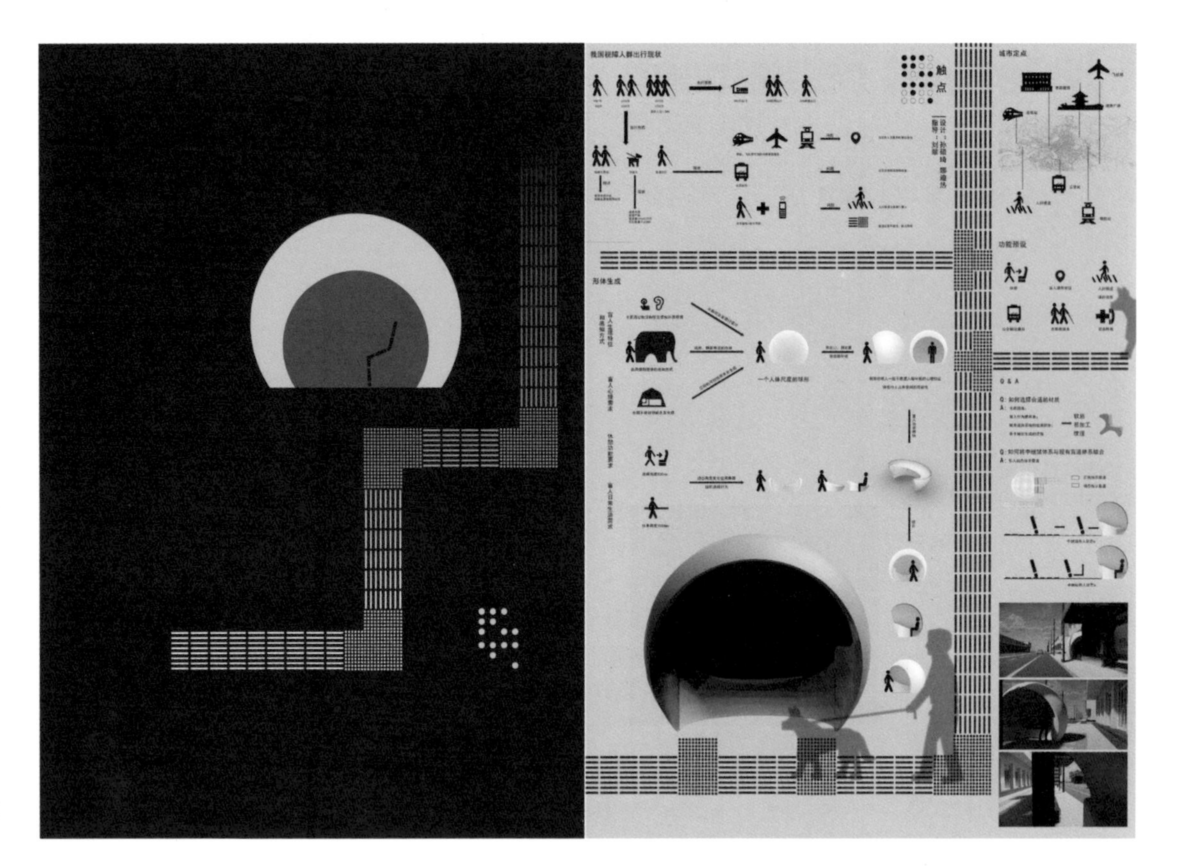

2018 级 孙硕琦 娜迪热

作业介绍：

作业视角独特，通过调查视觉障碍者在城市中的生活现状，发现其中存在的问题。从这一问题出发，提出了为盲人设计一个中继站的构想。这一设施可以分布于城市中有需要的地方，与盲道的布置结合，为盲人提供短暂的庇护，供其休憩，并可植入多种辅助服务功能。

作业探讨了盲人的生理特征、行为感知方式、生活和心理需求，并基于触觉的逻辑展开设计。

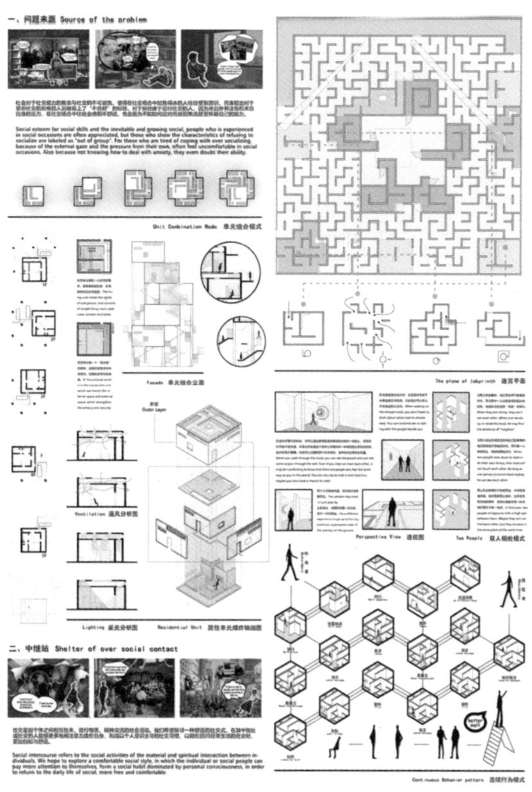

2018 级 尹靖文 厉铭明

作业介绍：

作业关注到人们的内心世界，为那些对于来自外界的注视和自身压力感到焦虑，疲于应付甚至陷入自我怀疑的人设计了一个过渡社交避难所，使他们在回归日常社交之前，能够以更大的自主权来选择独处或交往。

设计从迷宫的形式和路径得到启发，将独居单元与迷宫般的外环境结合在一起，探讨了不同层级的生活交往空间的可能形态，设想了从独处、独行，到远望、感知、相遇、同行、逃离、留言、交谈、聚集等一系列有趣的场景，以期在其中的人们能够形成以个人意识主导的社交习惯，可以更自如舒适地回归社会。

2018 级 姚双越 刘逾千

作业介绍：

生命起源于海洋，随着自然环境的恶化，海平面不断上升；未来，生命可能将再次回到海洋。海上未来社区将是人类由陆地过渡到海洋的一个中继站。

作业以数学中的牛顿数问题为切入点，三维空间中牛顿数是12。社区设计为球体，大球内部存在 13 个单体球，其中外侧的 12 个球体为居住、科研等功能，中心的核心球体用于提供发电等支撑服务。由于大球只有三分之一高度部分浮出水面，势必影响长期生活于海平面以下人群的心理。单体球沿轨道的运动解决了这个问题，12 个外层球体中的任何两个都可以通过连续运动来交换位置，同时没有任何一个外层球体失去与中心球体的接触，使得处于大球不同部位的单体球都可以在某一时段得到相应的自然光照。

DIVE

潜 望

候鸟与"候鸟"的中继站

设计：董笑恬 侯明欣 指导：陈翔

候鸟栖息的西溪湿地，候鸟族的放松之地；探索人与鸟的距离，"可望而不可即"，人的活动场所将隐入水下，通过水下长廊步入中心；一个个伸出水面的观察口会成为候鸟族新的眼睛来欣赏湿地

Xixi wetland where migratory birds inhabit is a relaxing place for people. By exploring the distance between people and birds ,the best is "seeing out of reach" People's arena will be hidden underwater and they could enter the center through the underwater promenade.The observation ports sticking out of the water will become the new eyes of migratory birds to appreciate the wetlands

潜 望 候鸟与"候鸟"的中继站

设计：董笑恬 侯明欣
指导：陈翔

2018 级

董笑恬
侯明欣

作业介绍：

西溪湿地是候鸟迁徙途中的重要停留场所，可以说是候鸟的中继站。多种珍稀鸟类在此地越冬或繁殖，也吸引了众多的鸟类爱好者来此观察、研究。

作业利用潜望镜原理，设计了一个水下观鸟展厅，作为"候鸟族"的中继站。在满足观鸟需求的同时，尽可能地保护了地面自然景观，并减少对鸟类生存环境的破坏，探索人与鸟的距离，人与自然的关系，塑造一种"可望而不可即"的状态，并为"候鸟族"们提供了一种全新的观察视角和观鸟体验。

课题Ⅳ　探究性设计：问题与对策

PROBLEMS and COUNTERMEASURES

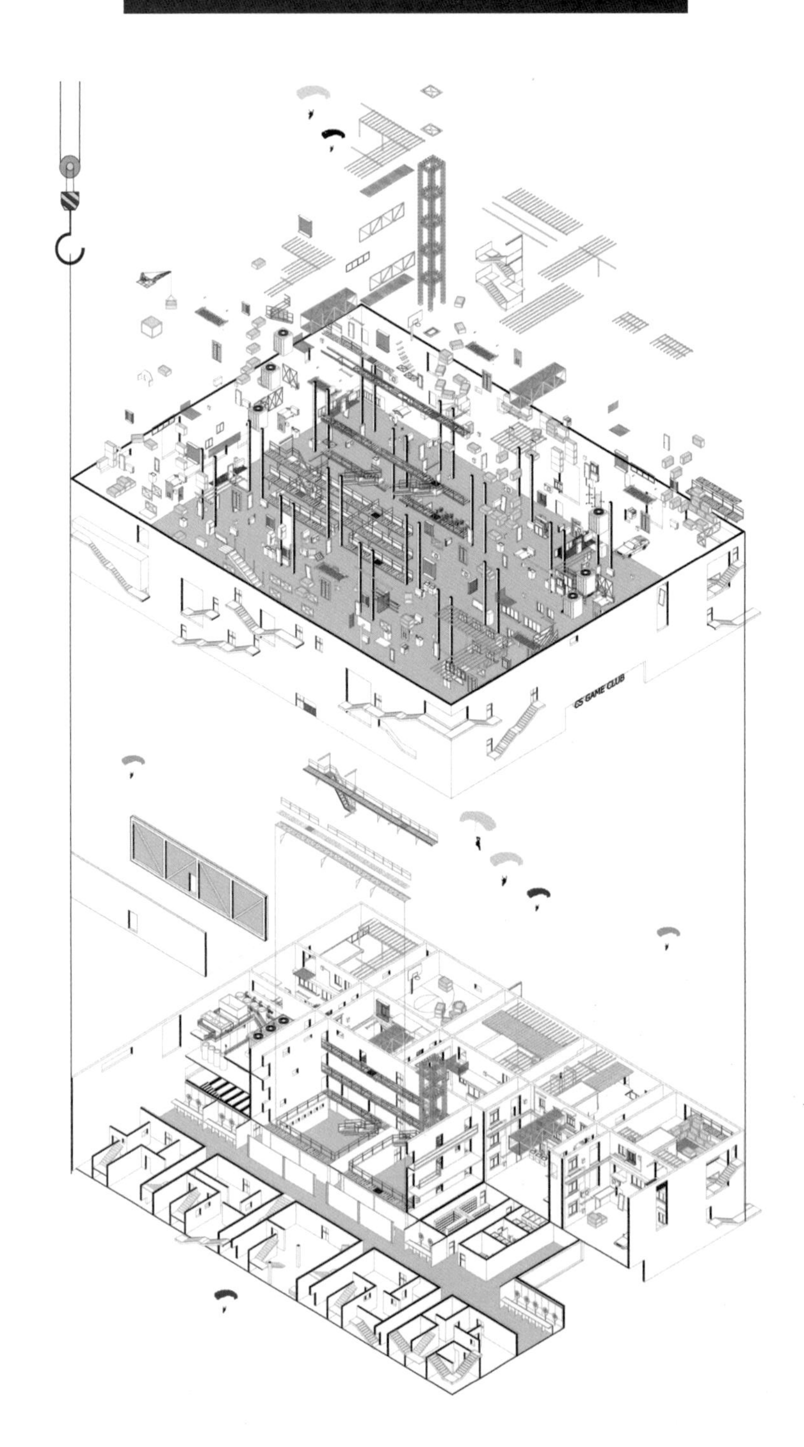

图 4-1　杨家牌楼的有机更新－亦城亦乡

探究性设计课题，以村中城为载体，通过对城中村这一特殊对象的观察、访谈、整理、归纳，提出城中村面临的问题，以策划案的方式提出对策建议，拟定任务书，完成相应设计。课题通过了解建筑设计问题的源起和建筑设计任务所要实现的目标，训练学生的问题导向意识；通过了解社区、人群、决策机制对建筑设计的影响，理解建筑设计的任务在于改善使用者空间环境质量并实现其价值的最大化，理解适宜性设计的意义。课题过程包括问题研究、项目策划、微规划、建筑设计、概念竞标与团队合作等操作环节，训练学生与实战对接的综合性能力 (图 4-1)。

训练目标

1. 强化对于社会、城市建筑“软硬件”问题的认识；
2. 训练通过问题研究提出解决策略的能力；
3. 图解分析在分析现有问题、功能定位、方案生成过程中的熟练运用和表达；
4. 关注功能计划和方案设计中空间和社会结构之间的对应关系；
5. 在认知与研究、策划与评估、设计与表达各环节，思考城市层面、社区层面、建筑层面、建筑内部层面各问题的回应。

课题背景

图 4-2 益乐新村的二元二次方求解－城中村现状

城中村现象

随着近年来高速的城市化发展，我国城市出现了诸多典型的特殊现象。城中村是城市周边村落被快速的城市扩张“吞噬消化”后的产物，呈现小网格异质化的形态和密度肌理，与大网格城市形态肌理形成强烈对比。同时，城中村特有的社会特性，如多元社会、地域文脉、经济模式、管理方式均存在村的特征，与周边城市环境存在明显差异。此外，在大部分的城中村中，随着城市人口的大量涌入、居住模式的集约化、互联网消费方式的普及，城中村内部呈现出某种与城市同步“进化”的都市性，而当城中村内出现某种带来活力的空间机制后，也在逆向影响整个城中村片区。这种发生于城中村用地范围，其空间呈现出与周边城市同步进化的现象即“村中城”现象。

然而由于城中村的物质空间与社会人文两方面都存在城村博弈，这种“城中村”与“村中城”交融模式下的空间进化路径仍存在问题。① 硬件物质空间的城村博弈：城市层面存在“非规划式规划”特征，即处于城市大规划红线范围内的片区呈现“无规划”状态；社区层面由于缺少与城市居住需求相适应的公共服务配套设施，需要植入具有功能适宜性的公共建筑；建筑层面存在“自生长”特征，即以 3-4 层低层住宅为主，村民已进行了自主加建。② 软件社会人文的城村博弈：租户群体构成了城中村的显性社会，作为实际居住者，他们更需求安全宽敞的户内空间、丰富的公共空间与公共设施；房东群体则构成了城中村的隐性社会，他们由于诉求更多的可出租空间而频繁出现更改户型结构，占用公共空间等行为；同时由于村集体仍然是“城中村”管理与更新的行为主体，城市社区模式的管理制度、空间更新方式难以适应城中村的空间“进化”需求。这些城村博弈使城中村在与周边城市同步进化的过程中呈现出低品质的特征，造成了村中城现象出现的同时伴随着诸多社会的混乱与失序。因此，对于村中城现象，应当关注城市网格与建筑生成的硬件方面，同时也应关注社会问题和人文特性的软件方面，通过挖掘村中城现象存在的问题，提出有针对性的空间更新策略。

本课题引导学生在这种“非规划式规划”“非建筑式建筑”以及“建筑自生长”的建构和形态特性的背景下，关注“城中村”与城市的相互关系，思考城市群落生态与城市及建筑的关系，通过某种带来活力的空间机制的促生，形成反格式化的城中村空间发展模式，探索利于优化社群关系、人居状态的可持续建成环境的更新的可能性 (图 4-2、图 4-3)。

图 4-3　现状分析

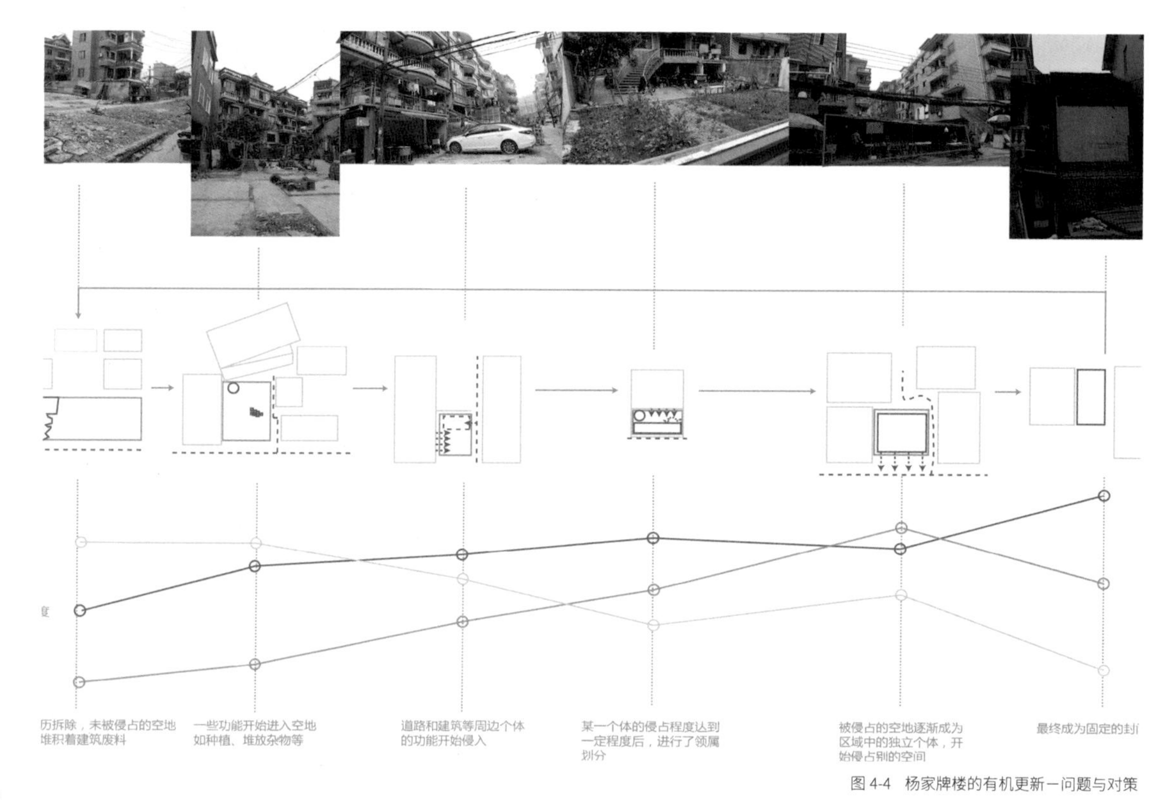

图 4-4　杨家牌楼的有机更新—问题与对策

基于问题的对策

随着世界范围内的技术发展和文化交融，传统的以空间为主建筑设计教学方法不再适应社会发展的需要，以美国为主的西方国家的建筑设计教学逐步形成从现状问题出发的研究型设计教学模式[1]。本教案将这种基于设计对象问题的建筑设计策略称为探究性设计。探究性设计打破原来以建筑设计为主的模式，在教学中强调设计之前对于设计对象的调查与策划。除了要让学生学习基本的建筑设计原理以外，更要让学生获得研究探索的体验，具备收集和分析信息的能力，强调学生的自我思考、研究和发现问题的能力，而不是单纯地学习和掌握知识，在教学中培养学生的批判与创造性思维、实际操作能力，关注学生的知识储备、研究能力与个性发展的有机统一[2]。

针对以城中村为载体的有关城市问题的建筑设计探索，通过引导学生关注城中村硬件与软件两方面的社会现实，建立问题意识，以谨慎对待城市的态度，形成理智、有逻辑的解决城市问题方法。教学中通过选择典型城中村案例，以问题为导向，引导学生进行全面的认知拼图生成；建立有可能成为策划中心点的专题研究；形成策划提案与任务书，进而展开具有功能适宜性的核心设计。具体的教学内容包含“调研 - 策划 - 设计”三个环节 (图 4-4)。

1. 连菲，宋祎琳．环境行为研究视角下的美国研究型设计发展脉络 [J]. 建筑学报 ,2017(03):80-84.

2. 张卫，杨宇环．建筑学专业本科生研究型毕业设计教学改革探讨——以湖南大学“历史建筑虚拟修复设计”毕业设计课题为例 [J]. 高等建筑教育 ,2020,29(05):116-123.

调研

选择典型的城中村，组织学生通过分组与合作，完成基地调研，形成对城中村现象的认知与研究。调研内容包含三个层面：① 城市层面，通过调查历史背景、发展沿革、城市大网格、尺度、地块性质和功能、交通现状、城市界面，讨论在城市层面下的大规划。② 社区层面，通过社区小网格、尺度、建筑性质、交通现状、绿化、空间结构、社区界面等空间要素的认知进行社区界面完整体验，通过观察与记录居民的活动规律、年龄层次、家庭结构、人口性质、是否存在人口置换、产业、社服等，对房东—新住户—新型社区所形成的文化冲突和交融进行认知，讨论在特定人文环境下的小规则。③ 建筑层面，建筑微网格、尺度、建筑性质（公建、住宅）、自生长过程、使用状况、使用评价，对联排住宅进行建构认知，讨论在小规则控制下的有机生长 (图 4-5)。

策划

基于对典型城中村地块前期设计研究，提出针对该地块的功能计划与概念设计：① 基于对典型城中村地块认知与研究的成果，分析该地块缺失功能植入的原因，提出新功能植入的方式和策略，即明确建筑再生的切入点；根据选定的切入点，进行功能计划分析，包含使用者流线、三维功能计划等；在给定的面积与限高条件下，编制需要置入的公共空间与公共建筑的任务书编制。② 完成概念设计，通过基地分析、功能计划图解（Programmatic Diagram）、总平面图、概念平面图、主要空间节点剖面或剖透视、爆炸轴线图、主要节点透视图、模型等表达概念策划。③ 需考虑植入的新功能对周边地区的影响，并从机制描述、可行性分析等方面完成策划案评估。

设计

针对策划案进行个人初步设计。在个人初步设计基础上进行团队深入设计，完成某一城中村的更新设计。针对特定的功能架构，创新性地提出富有个性的解答。关注策划 - 功能 - 空间三者的对应关系，并注重与原有规划的结构体系和空间原型的协调。以“Plug-in”为策略，以局部截取、置换的更新方式，重构让软件更好运行的硬件。在尊重原有肌理的前提下，通过适宜的形式语言和形式结构，处理空间界面、材料运用、节点构造等问题，提升建筑设计素养和建筑思维深度。

图 4-5　益乐新村的二元二次方求解一问题分析

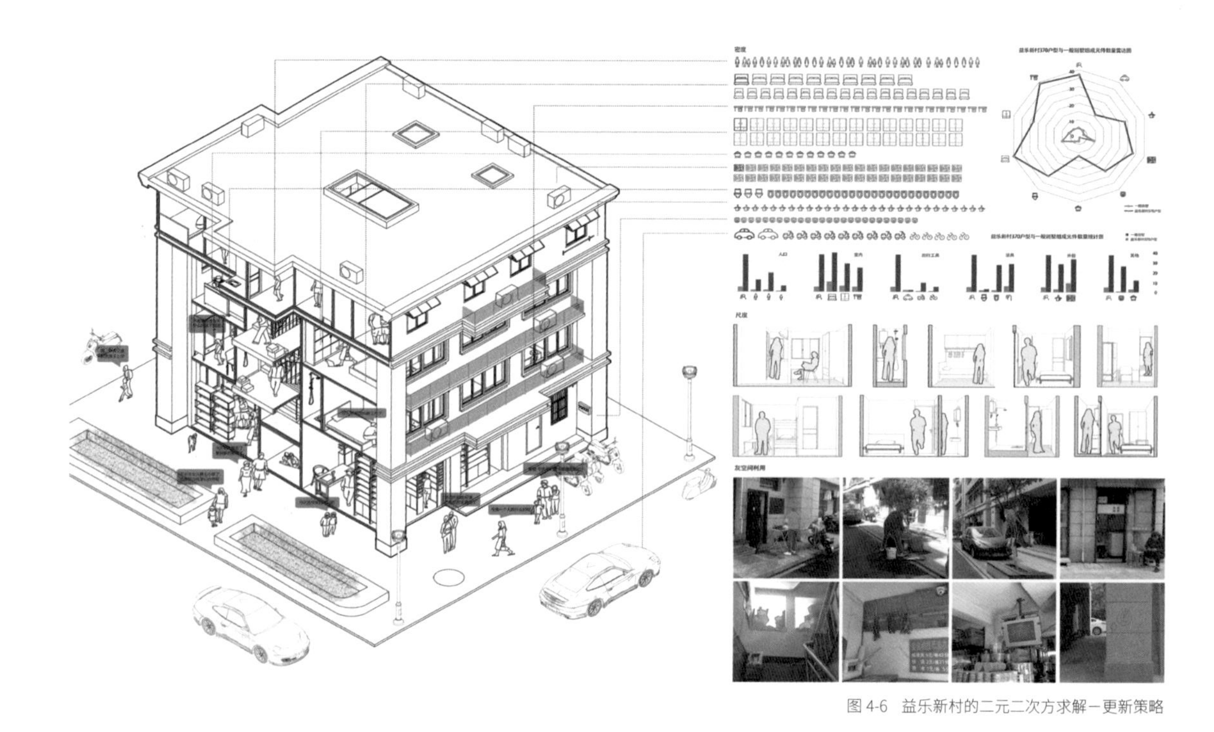

图 4-6　益乐新村的二元二次方求解－更新策略

微更新

微更新是目前城中村改造的重要理念。中国的城市微更新研究起源于吴良镛先生的“有机更新”理论。吴良镛先生指出要以适当的规模、合理的尺度处理城市建设中的各种关系，探索小而灵活的更新方式。2012 年，仇保兴提出了“重建微循环”理论，倡导“有机更生”、积极拓展“微空间”的城市更新理念[3]。微更新是在城市存量化、精细化、品质化建设的背景下，实现城市与社会织补共生的有效途径。城中村的微更新与“大拆大建”有着本质的区别，是在不改变土地使用性质和基本不改变建筑空间主体结构的前提下，主张尊重城市内核与规律，强调以微小的更新力介入或刺激目标地块[4]，形成小单元形式的更新原型，其特点是小而微、低成本、易实施、可修正、低门槛。相对于“切除式”的格式化，微更新在原有空间的基础上进行更新，针对的是城中村的“有限局部”，以点带线、以线带面促使城中村自主更新。此外，微更新是一种自下而上的、小规模的、渐进式的更新方式[5]，一般以使用人群为中心，公众、民间组织、集体等多主体参与，立足于使用者的需求，重视自下而上的更新路径 (图 4-6)。

3. 魏志贺 . 城市微更新理论研究现状与展望 [J]. 低温建筑技术 ,2018,40(02):161-164.

4. 袁敏 . 城市微更新背景下的城中村微商业空间发展策略研究 [D]. 昆明理工大学 ,2019.

5. 崔祎睿 . 以日常活动为导向的城中村主街微更新 [D]. 深圳大学 ,2018.

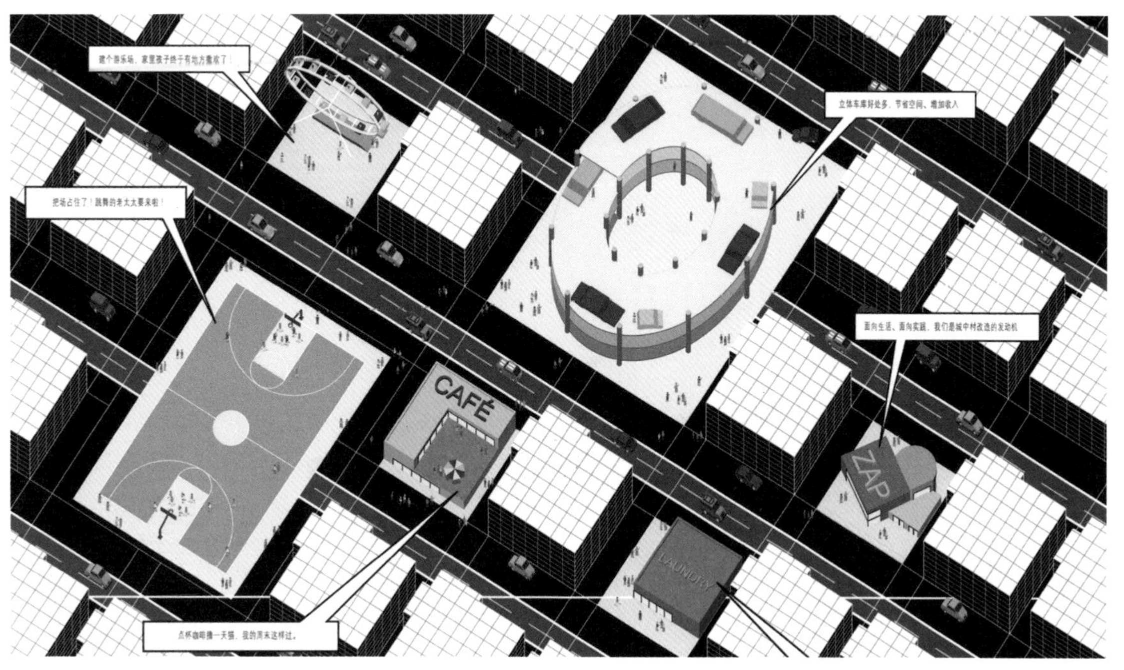

图 4-7　益乐新村的二元二次方求解一演化进程

共同进化

在城中村中的更新中存在着新旧关系的矛盾锐化。首先是传统文化与现代文化的矛盾。城中村的发展影响着整个城市发展的质量，面对一些保留着传统历史文化、承载着城市发展的记忆，以往拆除重建的改造方式已不适用。城市因记忆而生动，每一个空间都存在着人们与城市互动的独特记忆，如何留住这些集体记忆、发展痕迹，同时与城市环境相互融入、互补共存，是本课题重点思考的问题[6]。“本地性”是城中村与城市共同进化的出发点，即尊重地域文化和生活风俗习惯，适应地域自然环境，合理利用当地材料等[7]。

其次是传统建筑空间与现代建筑空间的矛盾。黑川纪章于 20 世纪 80 年代提出共生思想，并将其作为设计的理论核心。该思想强调了建筑各要素的联系性以及建筑在时间维度的延续性[8]。其通过内外空间的呼唤，以便消除内外空间的界限，促使内外空间互相渗透，由封闭的孤岛走向开放[9]。在相互矛盾的成分中，可插入中介空间，通过将传统形式和现代技术相结合，模糊构件的含义[10]。

最后是原住村民与外来城市人的矛盾。城中村更新意味着新旧人群的交替与博弈，“旧村民”不愿“新城市人”融入，而“新城市人”融入往往意味着对“旧村民”的驱逐，新旧人群的矛盾可能会导致劳动力的流失[11]；所以共同进化是可持续发展的必然要求 (图 4-7)。

6. 马娟 . 基于“城市记忆”理论的城中村更新设计研究——以厦门集美大社为例 [A]. 中国建筑学会 .2020 中国建筑学会学术年会论文集 [C]. 中国建筑学会 : 中国建筑工业出版社数字出版中心 ,2020:6.

7. 熊金林 . 基于共生模式的“城中村”环境问题改造 [D]. 西安建筑科技大学 ,2013.

8. 冷君毅 . 共生思想视角下城中村记忆空间在城市更新中的价值与利用 [D]. 深圳大学 ,2017.

9. 曾祥林 . 共生理论下的城中村改造研究 [D]. 湖南大学 ,2012.

10. 彭健航 . “自下而上”城市更新模式审视与自组织更新研究 [D]. 浙江大学 ,2014.

11. 袁峻豪 . 新旧共生理念下的深圳城中村更新设计研究 [D]. 重庆大学 ,2019.

课题演进

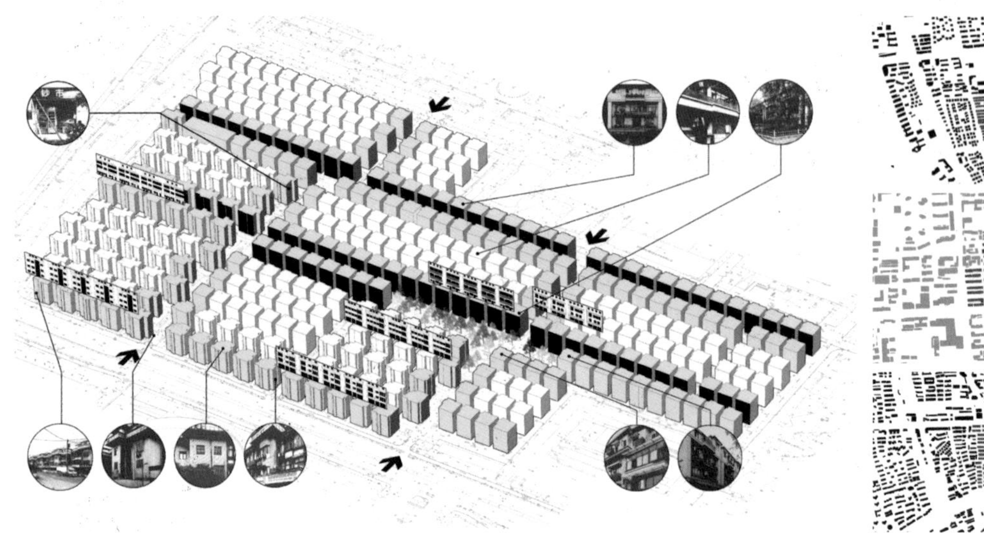

图 4-8　课题背景

建筑各种事物都是过程性的事件，一方面各有其特性，一方面又彼此相关。每一事物都处在其他事物所构成的不断变化的脉络之中，并在这种动态的脉络中以共同创造的方式成就自身。原有建筑在更新前作为一个独立的整体存在，由于各种原因需要更新，无论增加或减少，或改变局部，必然引起建筑各部分之间，以及与周围建筑关系的变化，因此，我们可以这样说，建筑更新所谓的“新”与“旧”的关系是历时性的，相对性的，是一个动态变化的过程。

建筑更新所主要体现的新与旧之间基本特征的变化，如果将建筑更新作为一个系统来进行研究，建筑更新基本沿着策划定位、功能结构、空间结构、形式结构四个子系统展开 (图 4-8)。

本课题共选择了当地的 5 个典型城中村作为课题对象，分别是骆家庄、杨家牌楼、益乐新村、五联东苑和五联西苑。

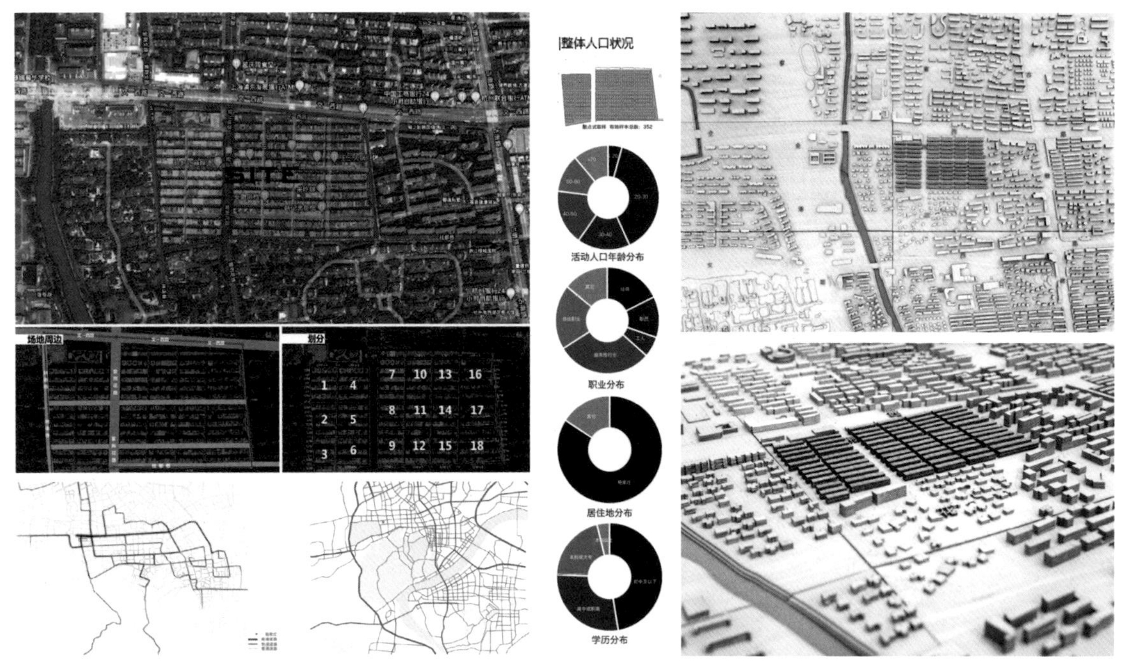

图 4-9 骆家庄的前世今生—课题概况

非建筑式建筑
骆家庄的前世今生

骆家庄北临文一西路，南临桂都巷，西临林语巷，由紫金港路分隔出骆家庄西苑一区和二区。骆家庄是典型的城市大网格层面下的社区小网格，处处体现出“城中村”特有性质：非规划的规划——处于大规划红线范围内的“无规划”；需要公共功能的添加；建筑自生长，以 3-4 层低层住宅为主，村民已进行了自主加建。根据基地内巷道划分规则，以 5(>5) 栋联排住宅为长边，以 4 排联排住宅为宽边划分网格，将基地划分为同一尺度层面下的 18 个基地单元。要求同学自由选择 18 个基地单元中的某一个作为设计范围。设计内容包括：在基地单元内，植入某缺失的特定公共建筑，并保留某一联排的 5 栋（>5）住宅进行改建，使用功能必须作为居住建筑用途。该命题旨在理解城中村在城市中的定位，并探讨有效的城中村发展路径。最后，通过适宜的形式语言和形式结构，处理空间界面、材料运用、节点构造等问题，提升建筑设计素养和建筑思维深度 (图 4-9)。

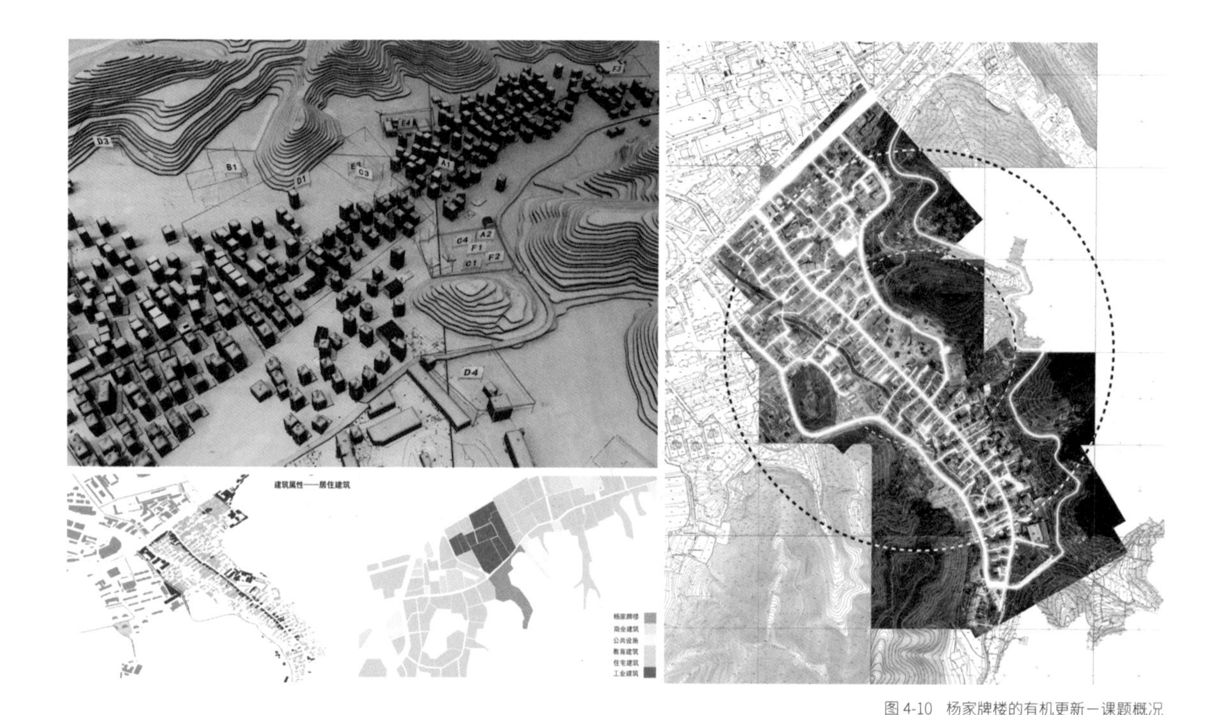

图 4-10　杨家牌楼的有机更新一课题概况

亦城亦乡
杨家牌楼的有机更新

杨家牌楼社区位于留下中心区域，北临西溪路及西溪国家湿地公园，南倚西湖风景名胜区和老和山景区。地理位置优越，历史文脉深厚，生态环境资源丰富。沿山十八坞之一，有泉、有梅、有竹、有茶、有花，有庵堂、庙宇、故事、名人墓葬，一派隐市桃花源之象。基地北临西溪路，靠近天目山路、绕城高速、紫之隧道入口，地铁规划三号线花坞路站就在地块内部，交通四通八达。杨家牌楼呈现出“鱼骨”结构生长，也需要公共功能的添加。此外，杨家牌楼房屋密集，户籍人口有 2432 人，主要收入来源为租金；现居人口约 2.5 万人；社区内部大多为居住建筑，446 幢农居，地块周边分布 8 处厂房，少量公共服务建筑和 2 座寺庙；违章搭建 41848 平方米；农居主体建筑质量较好，多为 2000-2010 年的砖混结构住宅，主要为 4-5 层；厂房为 1-3 层低层建筑，且建筑质量较差。该命题探索的是另一种类型的城中村，即从空间格局上体现出了城市化与山水格局的共同作用 (图 4-10)。

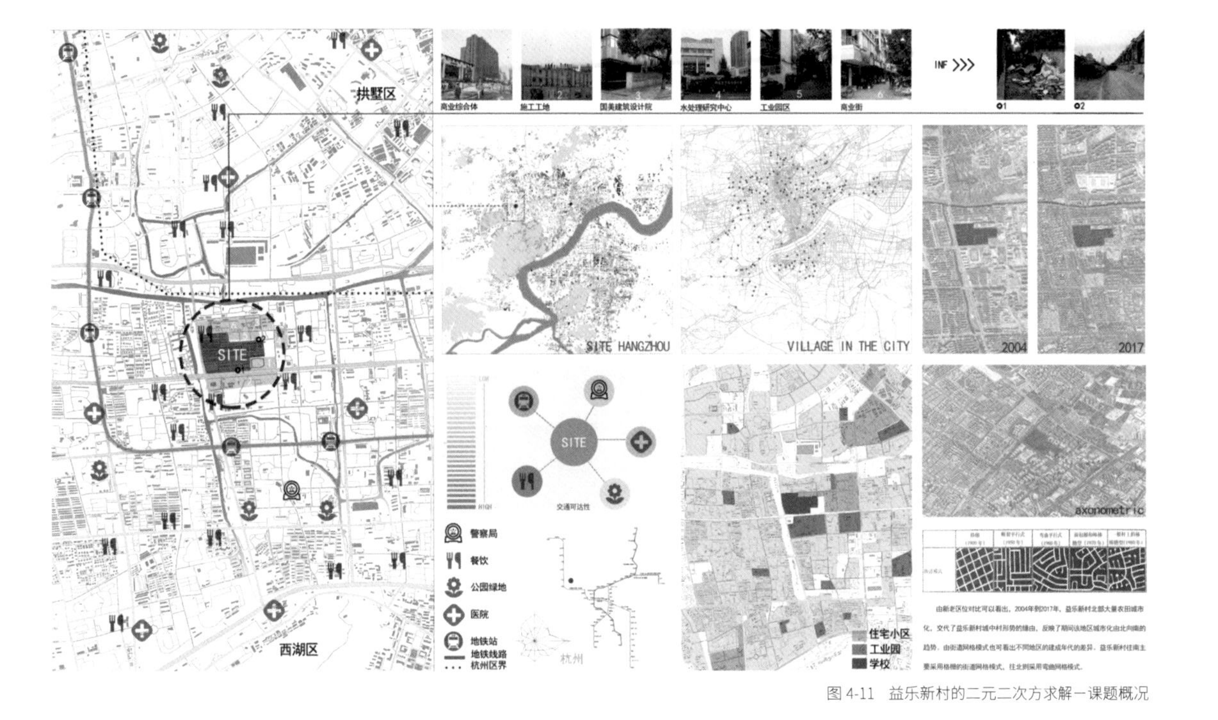

图 4-11　益乐新村的二元二次方求解—课题概况

村中城

益乐新村的二元二次方求解

基地位于文一西路北侧，西斗门路南侧，丰潭路东侧，为益乐新村北区。紧邻诸多住宅小区与浙江财经大学文华校区。街区内包含中国美院设计院与杭州西斗门工业园区等植入功能区块。基地内建筑较为整齐，建筑密度较大。益乐新村与骆家庄在城市肌理方面类似，也呈现出“大网格 + 小网格”的普遍肌理形态；但在 2017 年，随着杭州新一波建设的开始，原有的几百个城中村都已被拆除，而益乐新村作为改造的典范，被保留融合。本年度在过去两年命题基础上，关注了“村中城”问题，即在大面积的城中村中，随着原有居住模式的集约化，城市人口的大量涌入，“城中村”内部呈现出某种与城市一起进化的都市性，在本命题中被称作“村中城”。这种“城中村”与“村中城”的交融模式，是非常值得学习研究的问题 (图 4-11)。

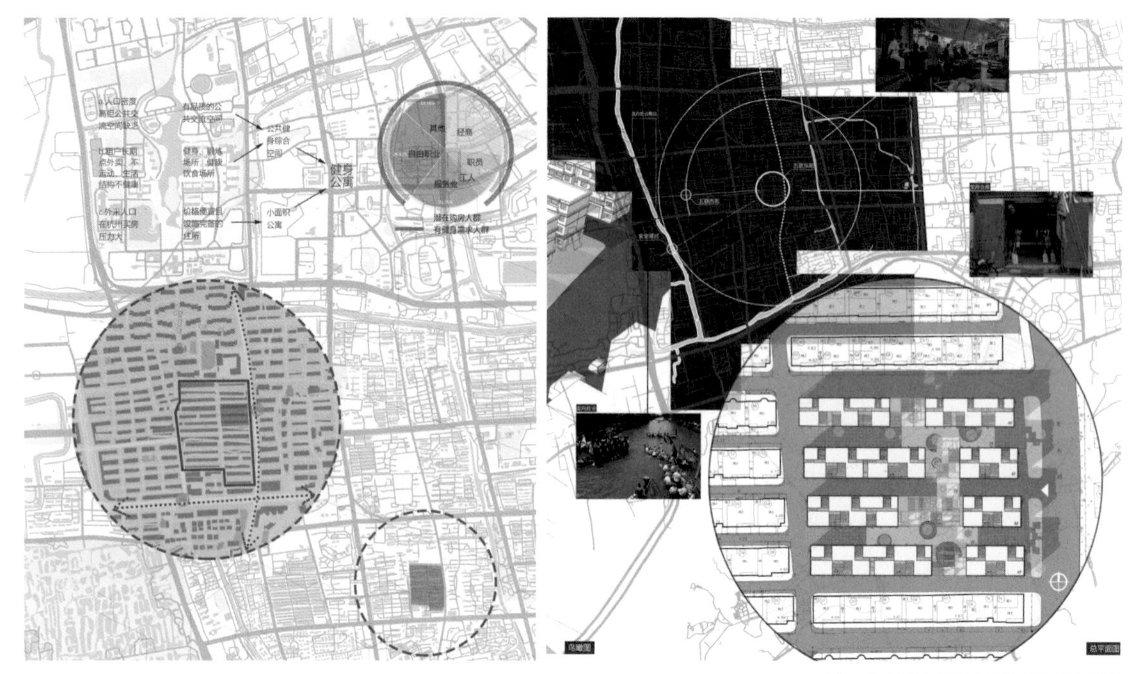

图 4-12　五联东苑的现代性转译—课题概况

共同进化

五联东苑的现代性转译

五联东苑西临康乐新村，北邻文苑小学，东临竞舟路，南侧为一排商业用房，商业用房南侧为文三西路。周边为建成城市居住小区。基地内建筑以四层为主，排列较为整齐，建筑密度较大。五联东苑与骆家庄、益乐新村类似，都是在城市大网格基础上的城市小网格空间格局，也都经历了城市规划体系下城中村的自我生长。此外，五联东苑与益乐新村同样在 2017 年经历了 G20 后的城中村整体改造，建筑立面、空间格局、防火安全、绿化体系等方面都有了大幅改善；且随着时间推移，改造后的城中村又经过新一轮的自生长达到了新的平衡。本次选题强调城中村与城市的共同发展，在“共同进化”的主题下，寻找新的解题思路 (图 4-12)。

图 4-13　五联西苑的外生型演绎—课题概况

逆向迭代
五联西苑的外生型演绎

五联西苑西临紫荆花路，北临某综合楼等办公建筑与某广场，东临西城路，南侧为一排商业用房，商业用房南侧为文三西路。周边为建成城市居住小区，小区差异较大，如紫荆花路西为世纪·西溪别墅高档小区，西城路东为金田花园中档小区。基地内建筑以四层为主，排列较为整齐，建筑密度较大。本课题引导学生在这种“非规划式规划”“非建筑式建筑”以及“建筑自生长”的建构和形态特性的背景下，关注“城中村”与城市的相互关系，梳理“逆向迭代”的内在逻辑，思考城市群落生态与城市及建筑的关系，通过某种带来活力的空间机制的促生，形成反格式化的发展模式，探索利于优化社群关系、人居状态的可持续建成环境的更新的可能性 (图 4-13)。

课题要点

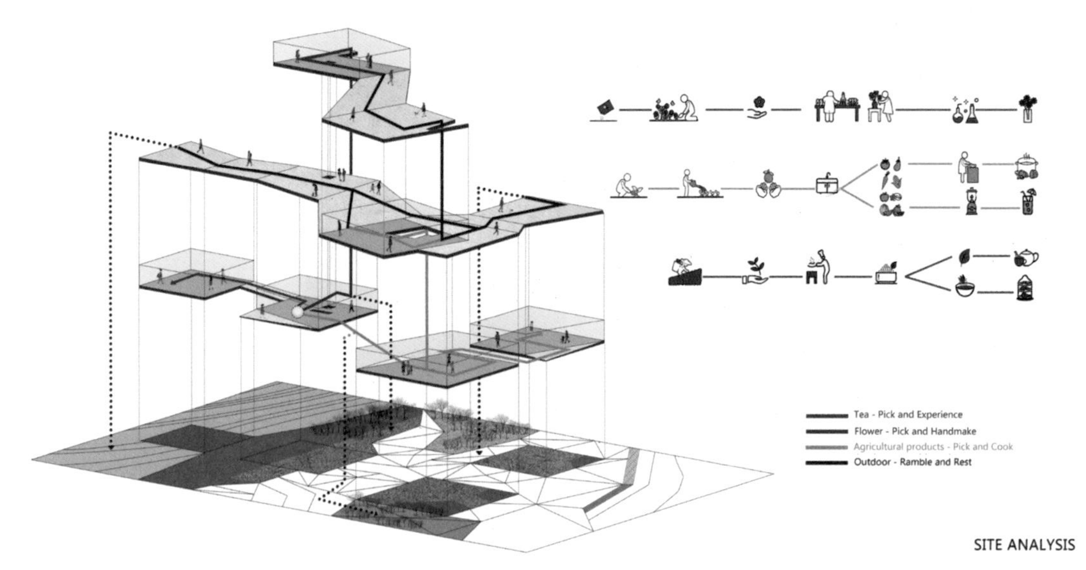

图 4-14　杨家牌楼的有机更新—逻辑演绎

把设计思维的切入路径、设计对象的现状与发展前景、设计应当关注的关联逻辑要素、设计实现的技术支撑、设计对象的前世今生以及设计表达的图示语言融入课题过程中。

训练分为两个部分，分别为设计思维训练和专业技能训练。其中，设计思维训练包括对策性设计、适宜性设计、政策性设计以及建筑的社会属性；专业技能训练包括研究与分析、评估与策划、设计与表达以及工作方式的训练 (图 4-14)。

设计思维训练

设计思维训练包括对对策性、适宜性、政策性以及建筑的社会属性等问题的探讨和分析，旨在训练学生明确建筑设计定位，更好地把握建筑设计的目的和意义 (图 4-15)。

对策性设计

城市设计不等同于“全面整体的设计”，不能在对各种要素分项研究的基础上进行加权综合就得出城市形态的终极蓝图。在实践中按此思路进行设计与控制，往往难以实施。随着中国城市发展进入转型期，城市更新面临着新的发展机遇，同时也存在技术路线偏差、成果内容泛化、难以管理与落实等问题；其中，“特色危机”是当前城区发展面临的普遍性问题。因此，城市设计应重视对民意的调查，通过公众参与科学调查来探寻大众心中的城市空间特色意象。

在本次教学过程中着重训练学生的问题导向意识，以“村中城”为讨论载体，理解建筑设计的任务在于改善使用者空间环境质量并实现其价值的最大化；通过反思以往城市设计内容“泛化”、不以问题为导向的弊端与导致的冲突，结合城中村的具体情况，在现场踏勘、文献阅读、规划分析的基础上解析现状、梳理矛盾；通过整理、归纳寻找城中村在建筑规划与设计层面存在的主要问题，以问题为靶向进行针对性的改造更新设计，从而有的放矢，在前提上就保证规划设计的现实性；最终，通过问题研究、项目策划、建筑设计、概念竞标与团队合作等操作环节，训练学生的实战对接能力。

适宜性设计

适宜性即“适应居住性”，是环境适合人类居住的根本属性，即一种人与环境的协调关系，强调环境对居住主体的日常生活、交往活动的适应与支持。满足主体的多层次需求，并达到一定舒适及满意程度，即可称该环境具有适宜性。

适宜性的完善是人与环境相互协调的过程。适宜性的影响因素可概括成主体和客体两部分。主体因素主要是影响适宜性成果的工作人员，设计师对于适宜性的理解通过建筑空间和场地环境体现出来，从规划到建筑再到室内环境都体现出适宜性的理念，每一个细节都在阐释适宜性。客体因素主要指对于适宜性具有指导意义的政策法规等，通过对客体因素的研究，能够更好地指导适宜性的完善。

总而言之，从人群的基本需求出发进行村中城的适宜性设计，通过改善使用者空间环境质量并实现其价值的最大化，是具有现实性、挑战性和创新性的。本次教学任务引导学生从建筑设计的角度出发，通过观察、访谈、整理、归纳，了解建筑设计问题的源起和建筑设计任务所要实现的目标，从而理解适宜性设计的意义，并将理念贯彻至设计成果，更有针对性、更有效地解决实际问题。

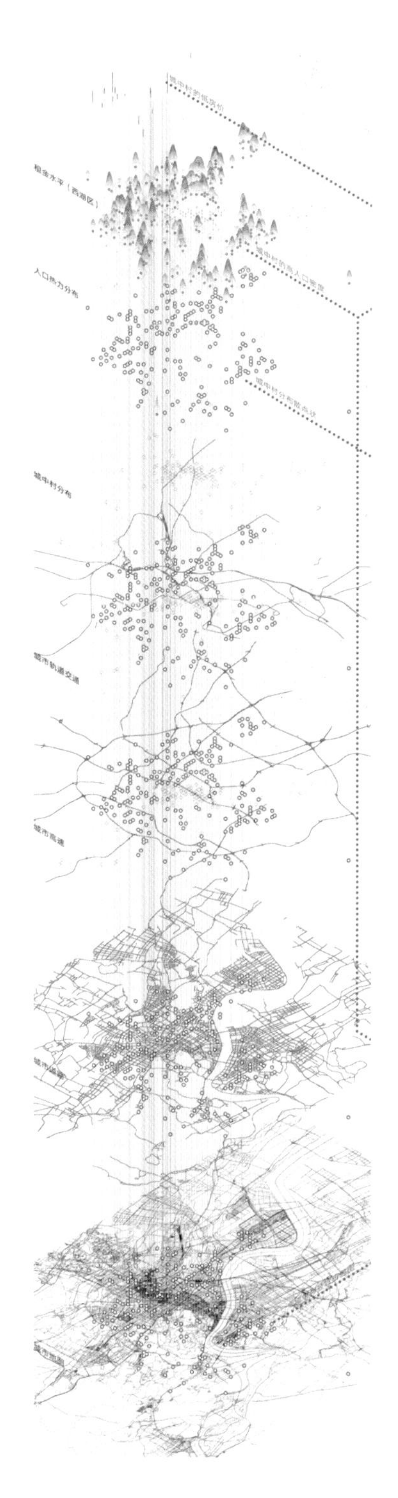

图 4-15　益乐新村的二元二次方求解—资源配置图

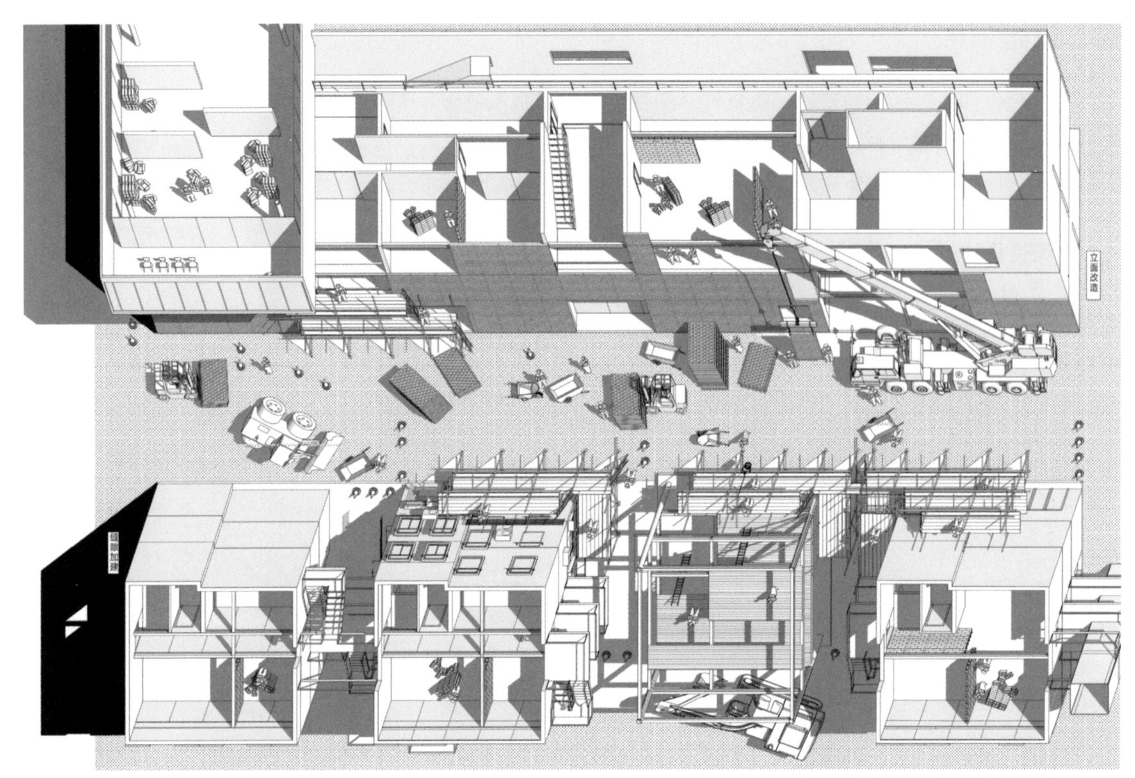

图 4-16　益乐新村的二元二次方求解－有机更新

政策性设计

高品质城市公共空间的形成需要满足规划和建设制度的要求，然而，简单化的控制指标可能成为空间形态单一化的“始作俑者”。在当前规划编制的实际操作中，由于缺乏深入细致的规划设计控制要求，造成虽有控制性详细规划指标，但实际“千篇一律”的局面，根本原因在于控制性详细规划指标要求过于简单和概念化。其中，公共空间的密度、高度、色彩和风貌等是规划设计的重要内容，需要有整体设计的思路，体现并创造积极的城市社会生活价值，并在建设用地上把各类功能空间予以划定；社区级公共空间则需要通过多类型尺度多样化的方法，在详细规划中予以落实。

在本次教学过程中，注重引导学生在设计开始时就对控制性详细规划指标进行梳理，反思法规、规划等对设计的影响，在满足规范要求的基础上，保证空间多样性并提供塑造空间特色的机会 (图 4-16)。

图 4-17　益乐新村的二元二次方求解—龙舟食街

建筑的社会属性

人们具有渴求独立和渴求交往的矛盾性，因此，人们对于承载独立所需的私密空间和承载交往所需的公共空间的需求是同等强烈的。对于特定年龄的居民来说，这种多样性表现得更为强烈。例如，老年群体和少年儿童，他们对社区和邻里交往场所这样的公共空间的依赖性更强。这种需求的多样性在城市中，表现为住宅和邻里交往、社区交往的公共空间。城市空间场地是社会人群活动的“发生器”。“人群”可以是社区居民，也可以是外来旅游和活动的人群；“活动”可以是有组织的，也可以是自发的；人群活动的方式可以是群体的，也可以是个别的；“场地”的规模、尺度和形态也多种多样，可以是社区级别的，也可以是邻里单元的。因此城市空间是社会生活的重要场所，具有多种功能、规模、类型，表现出不同的形式。

因此，社会属性是深入认识城市公共空间意义的重要视角，城市社区空间是人们社会活动的重要载体。它在人们日常生活交流中，记录着社会生活，通过时间的累计，逐渐积累形成关于社区人群的认知，展示或观赏个人或群体的才艺，并形成关于城市社区的记忆。在本次教学过程中，重在引导学生深入调查并理解城中村社区内人群的社会结构属性、生活交往需求，尝试深入探讨社会生活形态层面的重塑，并重新理解社区、人群、决策机制对建筑设计的影响 (图 4-17)。

专业技能训练

专业技能训练包括研究与分析、设计与表达以及工作方式的引导。本部分强调模拟真实的建筑生产环境，将各部分较为复杂的工作进行有效串联，除专业的建筑设计技能训练外，学生的组织能力、团队协作能力也得到了大幅提升。

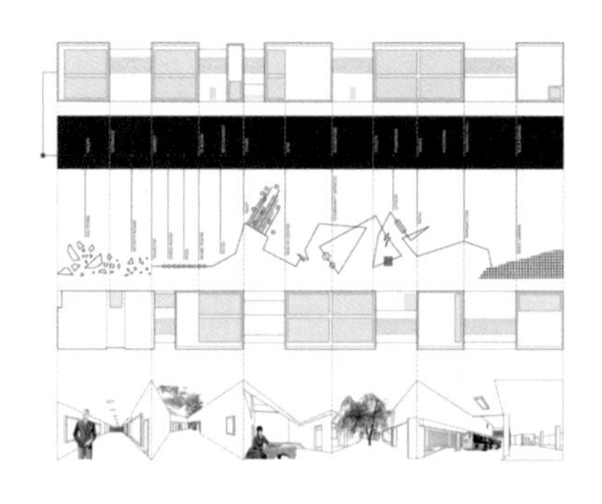

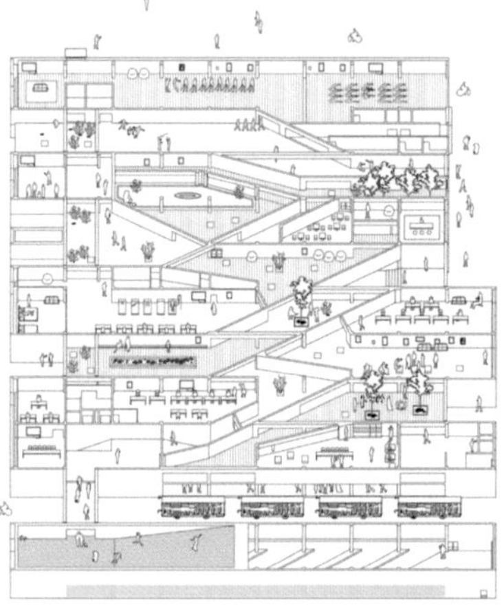

图 4-18 五联东苑的现代性转译一意象与场景

图 4-19 益乐新村的二元二次方求解一极限居住

研究与分析

首先训练学生文献调查的能力，学生通过网络搜寻资料、图书馆查找文献等方式，获得对“城中村”概念内涵、基地的历史沿革等方面的基本认识。然后，参照教案提供给学生的详细的“任务清单”，学生以“合作调研”的方式，以每位指导教师门下的 7-10 人成组集中进行社区访问和田野调查，从而在调研基础上展开专题研究以及后期的项目策划与任务书制作。针对不同的城中村，“任务清单”略有不同。以“大网格 + 小网格”空间格局的城中村为例，任务清单分为以下几大块内容：

对象题解

认知：题解城中村与村中城；城中村地图；杭州城中村；

研究：建筑寿命；城市化；城中村的过去、当下、未来；生命周期；

案头认知

认知： 5 个城中村案例分析；

研究： 5 大经典的城市发展理论借鉴；

社区社会

认知：人口容量；人口组成；组织架构；管理模式；经济；文化及历史沿革；

研究：双重社区，对应原住民的隐形社区以及对应租户的显性社区；

规划解析

认知：区位；规模；密度；路网；肌理；尺度；界面；

研究：超级密度；人均占地；专项规划；

服务体系

认知：商业配套及形态；服务配套；交通，涵盖社区外围、内部的动态交通及静态交通等；消防，包括消防通道与消防回车场地；

研究：生活支撑体系，包含需求、工作及生活模式、周边及社区内配套商业等；

建筑分析

认知：城中村改造；标准平面；标准剖面；标准立面；最小居住单位；

研究：极限居住；功能外挂；

环境节点

认知：绿地；绿植；花池；路灯；标识；监控；垃圾收集；

研究：环境要素；环境质感；可能的景观策略。

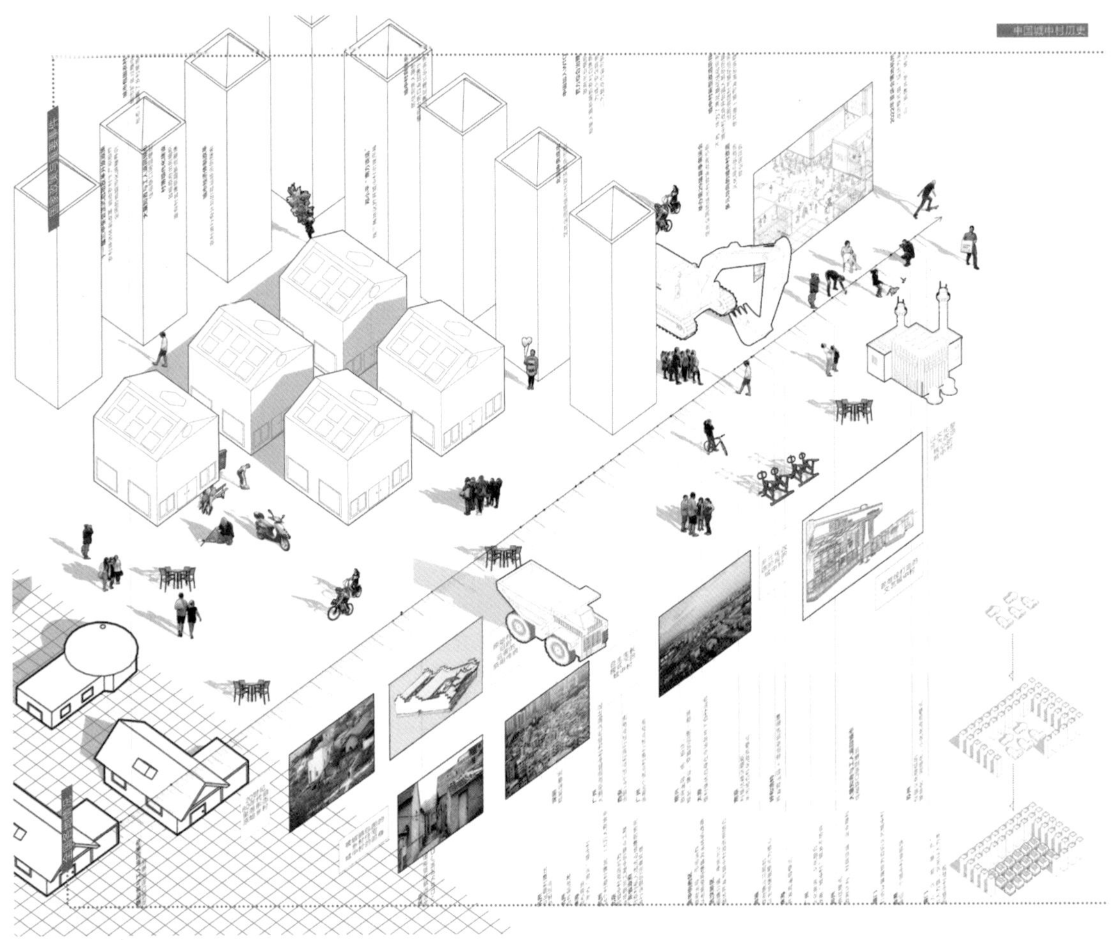

图 4-20　益乐新村的二元二次方求解—城中村认知

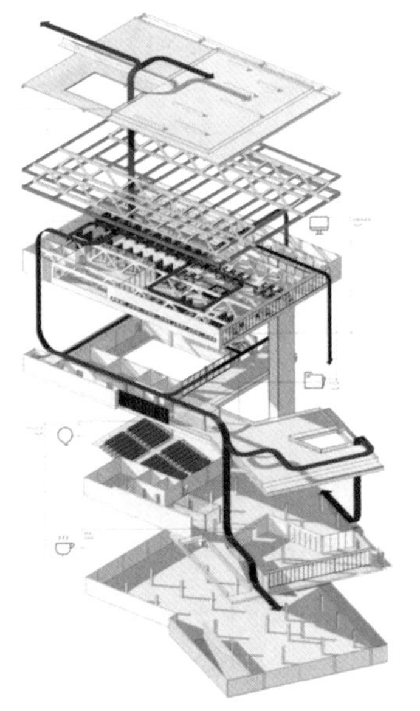

图 4-21　杨家牌楼的有机更新—功能空间策划

评估与策划

各认知研究专题小组以图示语言为主展示调查信息与研究思考，成果由所有小组共享。项目策划与任务书制作阶段则 3-4 人为小组，基于认知研究的成果、发散思维，以目标或问题为导向，提出主题明确的策划案，策划案需要探讨以下内容：策划目标：愿景；策划主体：业主、开发商、政府；机制描述：问题、需求、策略、成效；可行性分析：影响因子、效益评估；指标体系：用地红线图（含用地红线、建筑控制线）、用地面积、建筑面积、高度控制、容积率、绿地率、建筑分项面积指标等 (图 4-18~ 图 4-21)。

图 4-22　益乐新村的二元二次方求解—改造场景

设计与表达

设计阶段分为两大阶段：一是由单人完成的概念设计；二是由 2-3 人小组完成的深化设计。最终设计与表达强调几大块的训练目标：全尺度模型、调研视频制作、综合表现、公开答辩。模型要求完成两大模型：一是 1：100 建筑足尺设计模型，需能表达内部空间，可采用局部外墙、屋顶可拆卸等模式；二是 1：20 节点尺度模型，按照 25cmX80cmX80cm 尺度制作，如果节点特殊，须提前知会助教，需表达表皮、构造、结构等的复杂关系。调研视频制作考察学生的视频记录与视频制作能力，通常由 7-8 人大组完成。综合表现一般由技术图纸和分析图组成，纵向 2 套 3 张 A1 图纸连续打印，裱板粘贴 (图 4-22、图 4-23)：

1. 总平面图 1：1000-1：500 总图（主要表达城市肌理、区位、绿化、道路交通、入口、建筑形式关系、标高、指北针比例尺等）；

2. 平立剖 1：300-1：200（表达建筑肌理、室内外关系、空间概念、家具布置、构造方式等，包括空间、标高、标注、入口等信息；一层平面需要表达周边环境）；

3. 表达重点空间概念的剖透视（幅面宽度不小于 80cm）；

4. 表达构造形式与围护材料的剖面轴测图 1：50-1：30；

5. 分解图—可选择空间分解 + 功能分解 + 结构分解，方式不限（幅面高度不小于 60cm）；

6. 内部空间表现图（幅面高度不小于 60cm）；

7. 重要视角人视透视图（整体透视横向不小于 80cm）；

8. 轴测图；

9. 分析图—策划案简述（幅面自定）；

10. 分析图—描述任务书的要求，并且用图示语言描述任务书的 programming，设计概念（幅面自定）；

11. 分析图—设计生成过程，用草模照片或体块或草图扫描处理分析、方案的生长或生成过程（幅面自定）。

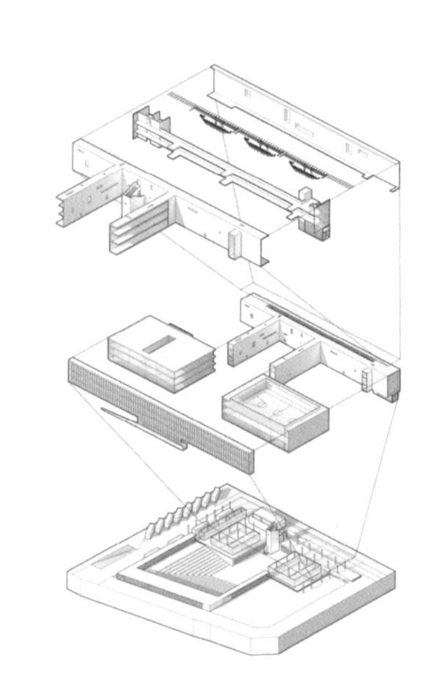

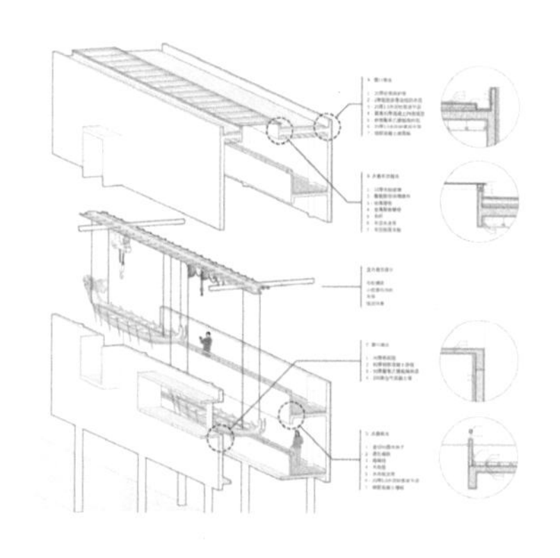

图 4-23　分解式表达

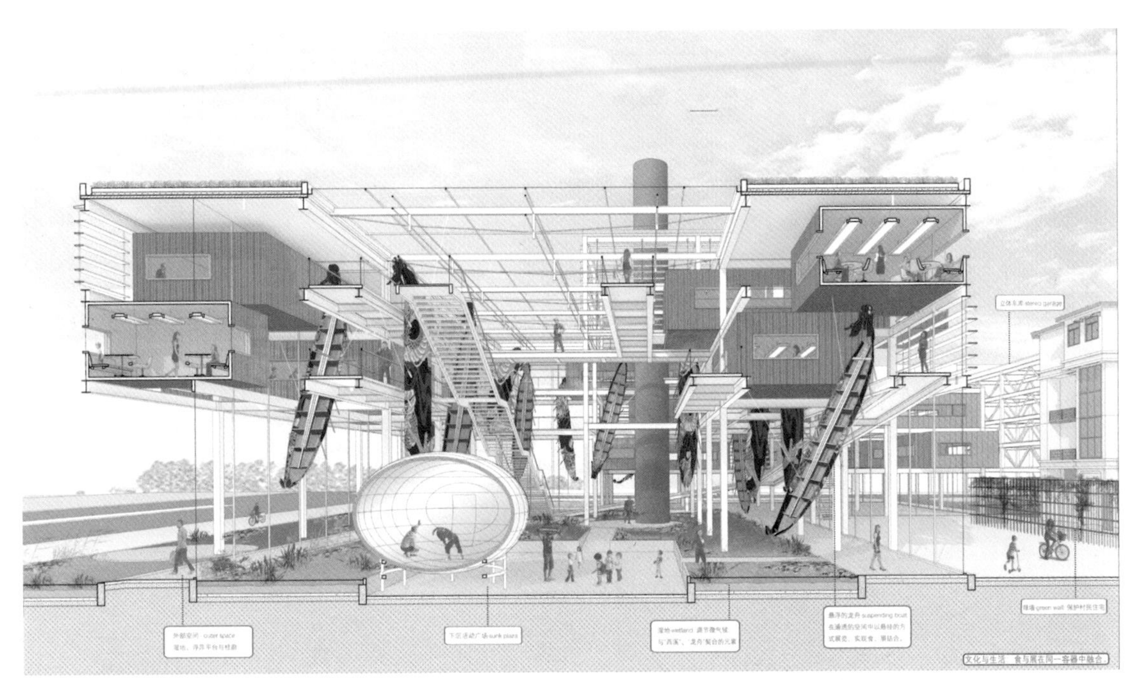

图 4-24　益乐新村的二元二次方求解—合作模式下的深度表达

工作方式

方案竞标

策划案以及深入方案的选择，类似于方案竞标的形式，有答辩和投票的环节，有利于在个人设计阶段激发学生的潜力、培养学生的竞争意识，也为深入方案的选择提供多种可能。

团队合作

前期调研工作量大，各大组认领不同认知研究课题，所得成果共享。团队合作既能让成果丰富又节省时间，并提升学生协作能力。团队合作能让学生们在有限的时间内将方案推进到更深入的程度，使得方案的呈现更加完整。统筹协调、分工合作等能力的提升也为学生未来的学习和工作打下坚实基础 (图 4-24)。

实践建筑师参与指导

传统设计课由任课教师独立完成，本课程在启发学生打开眼界的同时，尝试推进设计的落地化，引进“双导师”制，每个大组除任课教师外，创新性地搭配一名活跃在设计第一线的实践导师参与教学。经过共同协商，实践导师除参与重要节点的讨论外，尤其在学生团队合作的深化设计阶段进行指导，针对结构、构造、材料等工程问题与学生展开讨论，以提高方案深度和落地性。最终答辩环节，一般会邀请知名建筑师担任外聘评委，进行公开答辩。

专题讲座

建筑设计涉及各个领域，也代表着建筑系学生未来发展方向的多元性。因此除小班授课与集体汇报外，为提高学生的专业度，课程插入了若干专业讲座，涵盖建筑技术、场地设计、绿色建筑等内容，试图引导学生的方案超越概念设计，向更有落地性、前瞻性的方向深入发展；同时埋下伏笔，暗示建筑设计的广袤任务与发展前景。

课题过程

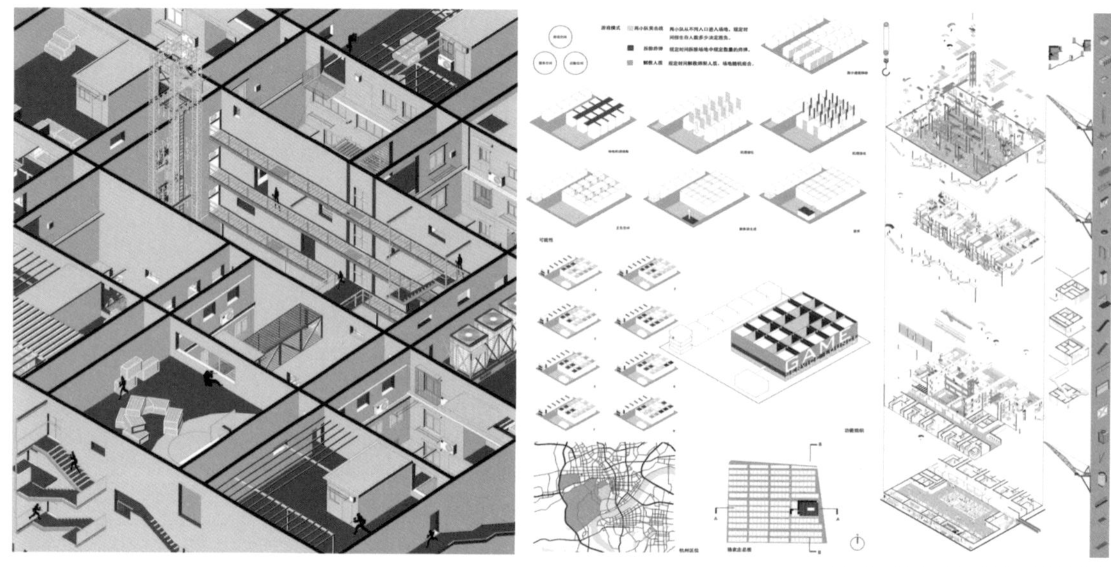

图 4-25 骆家庄的前世今生—肌理的转译

设计过程组织

课程设置（12 周）

时长	课堂内容	课后内容
认知拼图：客观信息的收集、整合、表达		
0.5 周	讲课：教师布置课程；邀请相关管理部门做背景阐述。全体学生按照指导教师人数分大组，认领各自认知和研究内容	现场调查，拍摄视频 整理、归纳调查信息，形成课上讨论 PPT（要求照片处理分析后使用），4 张横向 A1 图纸竖排，连续打印（以下称为 4A1）
0.5 周	分组讨论	修正完善，形成讨论 PPT
0.5 周	大课：集体汇报认知拼图成果	PPT，4A1X1 布图示意
0.5 周	大课：认知拼图成果 PPT 汇报	基于认知拼图，围绕可能形成策略的问题进行现场再调查，完成专题研究的框架和初步内容，同时思考策划内容
0.5 周	专题研究的框架和初步内容 PPT 答辩	专题研究 PPT（需包含框架、内容、分析图，和最终成果相比，可减少布图环节）

（续表）

时长	课堂内容	课后内容
专题研究：基于认知拼图，对可能形成策略的问题进行较深入的研究		
0.5 周	课堂讨论	修正完善，完成以图示语言为主的专题研究 4A1X1
0.5 周	课堂讨论	修正完善，完成以图示语言为主的专题研究 4A1X1
0.5 周	专题研究成果汇报 PPT	大组内部，4 人成一小组，提出策划案（不局限于本大组的认知拼图和专题研究内容，可发散思维）
0.5 周	小组策划案答辩	基于认知拼图，围绕可能形成策略的问题进行现场再调查，完成专题研究的框架和初步内容，同时思考策划内容
策略提出：提出策划案，作为下一步核心设计的任务书		
0.5 周	策划案讨论	策划案深入，完成认知 + 研究到策划 + 任务书的转化 策划案 A3 文本打印版：分析缺失功能植入的原因，提出新功能植入的方式和策略，即明确建筑再生的切入点 自拟命题，用 Diagram 进行 Programmatic Relationship（功能计划关系）分析，涉及使用者流线、三维功能计划等，其他分析图内容根据本人设计切入点自定 完成详细的任务书编制。在给定的公建建筑面积 5000-6000m^2 和主体建筑限高 20m 的条件下，包括具体面积指标、层数和设计导则 总体基地模型制作
0.5 周	提交策划案 + 任务书，设计课老师评定，同时由同学们投票在所有策划案中选出 5-6 个优秀策划案 每个大组内，每位同学选择选出的一个策划案进行核心设计，每个策划案需至少被两名同学选择	投票，分组 利用假期和考试周期间每位同学根据策划案适当调整任务书，进行总图方案设计，完成草模制作

（续表）

时长	课堂内容	课后内容
核心设计：个人完成		
0.5 周	课堂讨论	总图草图，规划草模（明确比例） 展开核心设计环节：体量关系草模，明确建筑面积，适度调整任务书，完成功能组织与人流分析
0.5 周	课堂讨论	展开核心设计环节：平面、剖面、空间布局草图
0.5 周	课堂讨论	展开核心设计环节：立面草图
0.5 周	课堂讨论	展开核心设计环节：立面草图
0.5 周	课堂讨论	展开核心设计环节：分析图讨论
0.5 周	课堂讨论	展开核心设计环节：分析图讨论
0.5 周	课堂讨论	绘制图纸，布图讨论
0.5 周	课堂讨论	绘制图纸 图纸 3A1X1 打印版，模型 1：100 基地分析、功能计划图解 （Programmatic Diagram） 总平面图 1：500、概念平面图 1：200 主要空间节点剖面或剖透视，比例自定。分解轴线图、主要节点透视图、系列草模照片
0.5 周	设计成果答辩：每个大组选出优秀设计案，以 3 人小组方式进行深化设计 讨论方案深化方式	展开深入设计环节：调整功能计划分析图；方案平面和空间、材质等方面继续深入
深化设计：以 3 人小组方式进行		
0.5 周	课堂讨论	展开深化设计环节：方案平面和空间、材质等方面继续深入
0.5 周	课堂讨论	绘制图纸，布图讨论
0.5 周	课堂讨论	绘制图纸 图纸 3A1X2 打印版 纵向 A1X3 板块大小，连续打印，裱板粘贴，横向自定板块数量。须包括从基地调研开始的所有工作内容
0.5 周	挂图与最终答辩	图纸 3A1X2 打印版 制作模型 1. 模型 1：500 – 城市尺度基地模型 2. 模型 1：50 – 建筑尺度设计模型（要求能表达内部空间，可采用剖成两半组合，或外墙、屋顶可拆卸等模式） 3. 模型 1：20 – 节点尺度模型

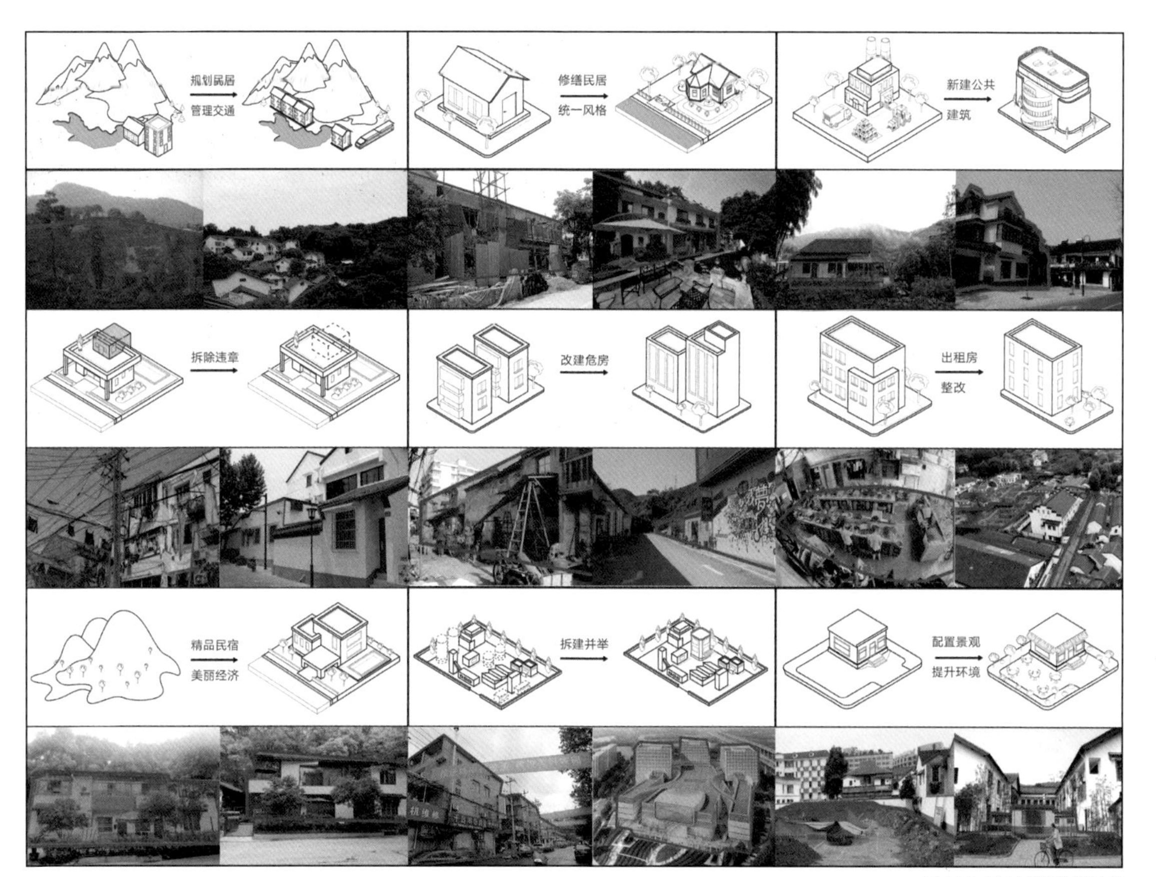

图 4-26　城中村现场调研分析

实地调查

调研社会、环境、场地及建筑背景，分析设计的起源，探究影响设计生成的控制条件和可能形成策略的问题。学生分成若干组，以团队合作的形式，通过资料收集、现场调研、住户访谈等方式，完成基地调研和解题认知环节。调查内容包含基地现状、交通组织、建筑分析、人口组成、周边配套、环境节点、案例分析等。

实地调查以尊重原有肌理为导向，研究空间尺度、界面、边界、建筑生长方式、过程等，进而对信息进行归纳、整合、分析，以图解形式和图示语言对基地情况进行认知论点阐述和抽象表达，以问题为导向，进行全面的、对于基地认知的拼图生成(图4-25、图4-26)。

图 4-27　五联西苑的外生型演绎一当代市集

图 4-28　益乐新村的二元二次方求解一部件更新

建筑策划

基于实地调查与认知拼图，对可能成为策划中心点的问题进行较深入的研究。学生分小组提出策划案，选择合适的方向，提出合理的功能定位，关注“策划一功能一空间”三者的对应关系，制定相应的任务书（包括具体面积指标、层数和设计导则），作为下一步核心设计的任务书。提交策划案与任务书，经设计课老师评定，同时由同学们投票，选出若干策划案，作为后续核心设计的选项。

个人设计

学生以个人为单位，选择一个策划提案完成核心设计。教学过程中充分利用课堂讨论环节，引导学生更理智、逻辑地关注建筑的功能适宜性问题，关注前期功能策划和后期方案设计中空间和社会结构之间的对应关系。该阶段以草图、草模的形式展开交流。阶段成果形式包含图纸（含基地分析、功能计划图解、总平面图、概念平面图、主要空间节点表达）及模型 (图 4-27、图 4-28)。

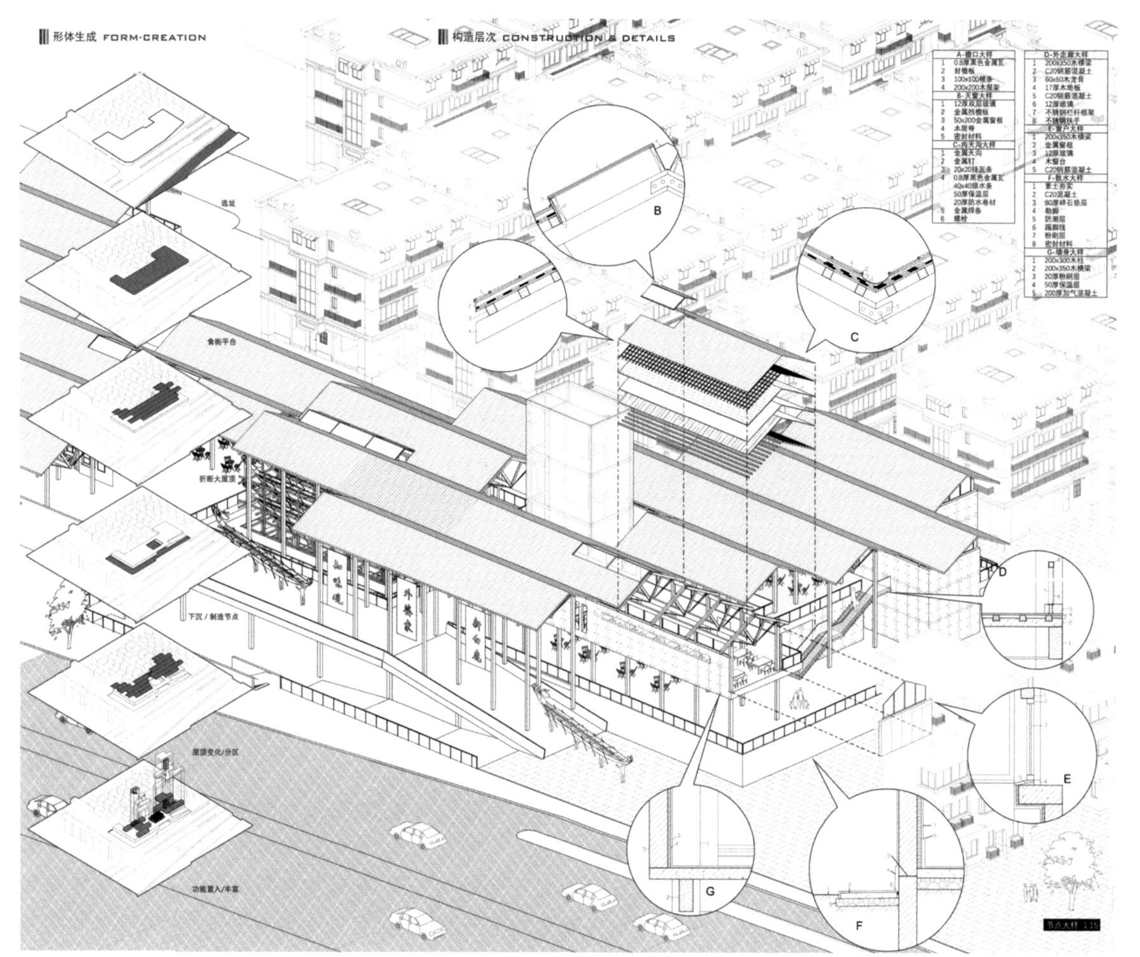

图 4-29 益乐新村的二元二次方求解—深度解析

深化设计

通过团队合作+竞标，探究解决问题的角度、可行性、预估结果，完成从“认知+研究”到“策划+任务书”的转化，进行建筑设计环节的深化设计，探究解决问题的具体方法及表达方式。该阶段是对建筑内部空间处理的形式语言、建构方式、细部处理、节点构造的系统化训练，以及对于建筑设计规范的落实和尊重。在深化设计的过程中，训练学生对于图解分析及模型制作在功能定位、方案生成过程中的熟练运用和表达；训练学生利用适宜的形式语言和形式结构，处理空间界面、材料运用、节点构造等问题的能力；提升学生的建筑设计素养和建筑思维深度。

最终成果形式为图纸及模型，内容包含：设计背景和切入点图解分析、总图、平立剖、节点空间剖透视或剖平面、节点大样、设计后分析图、整体及局部透视图，以及城市尺度基地模型、建筑尺度设计模型和节点尺度模型 (图 4-29)。

知识点融入

SWOT Analysis

We centered the analysis around tour experiences with tsurushi kazari rather than the product itself, as the goal of our proposal is to maximize the potential of Inatori's resources to form a tour experience that appeals to foreign visitors.

Strengths

Storytelling: Inatori as the origin of tsurushi kazari
Lively atmosphere of Tsurushi Kazari Festival
Fine skills of locals in design and making
Diverse experience with the product
Universal emotions embedded in the product

Weaknesses

Homogeneity in both products and tours/workshops
Emotional values poorly delivered to foreigners
Workshops/tours are **scattered and unorganized**

Opportunities

Increasing foreign visitors and residents
Kimono remake made easier by an aging population, low marriage rate and Internet market
Japanese craftsmanship became a **trademark globally**

Threats

Declining local labor force
Factory souvenirs due to patent and labor cost issues
Inbounds prefer **local experiences to resorts**
Similar products accessible all over Japan

1、常住人口		
项目名称	预测人口	渗透率假设
金报草园	400	50%
锦绣天成	8000	50%
上园一品	3000	50%
国际花园	1200	50%
茂新-四季澜庭	4000	50%
溪西帝景	4000	50%
金色家园	2000	50%
鸿业-新城花园	3000	50%
白坑新村	1500	50%
金园上都	4000	50%
晶都花园	500	50%
贴心花苑	/	50%
颐养园小区	200	50%
丹溪花园	1100	50%
西山花园	6000	50%
金信绿锦苑	1300	50%
经渗透率调整后的项目辐射人口	20,000	
2公里内的总体渗透率		50%

区域竞争商业项目	体量（平方）	市场份额假设
本项目	?	15%
星悦-嘉泰新时代广场	4.2万	35%
山田中央广场	8.0万	50%

图 4-30 SWOT 分析

建筑策划与设计

建筑策划特指在建筑学领域内建筑师根据总体规划的目标设定，从建筑学的学科角度出发，不仅依赖于经验和规范，更以实态调查为基础，运用计算机等近现代科技手段对研究目标进行客观的分析，最终定量地得出实现既定目标所应遵循的方法及程序的研究工作[12]。建筑策划将建筑学的理论研究与近现代科技手段相结合，为项目总体规划立项之后的建筑设计提供科学而逻辑的设计依据（即设计任务书的研究），可以说建筑策划是定义问题，建筑设计是解决问题。

本课题引入一课时的“建筑策划与设计”专题讲座，着重从明确决策者、确立目标与愿景、收集和分析事实、提出概念（定位）并检验可行性，以及决定需求（确定数量和质量）几方面教授建筑策划与设计知识点，并对建筑策划与设计环节的成果要求进行规定，尤其明确用地红线图、用地面积、建筑面积、容积率、建筑密度以及绿地率等相应的指标体系 (图 4-30)。

12. 庄惟敏 . 建筑策划与设计 [M]. 北京 : 中国建筑工业出版社 ,2016.

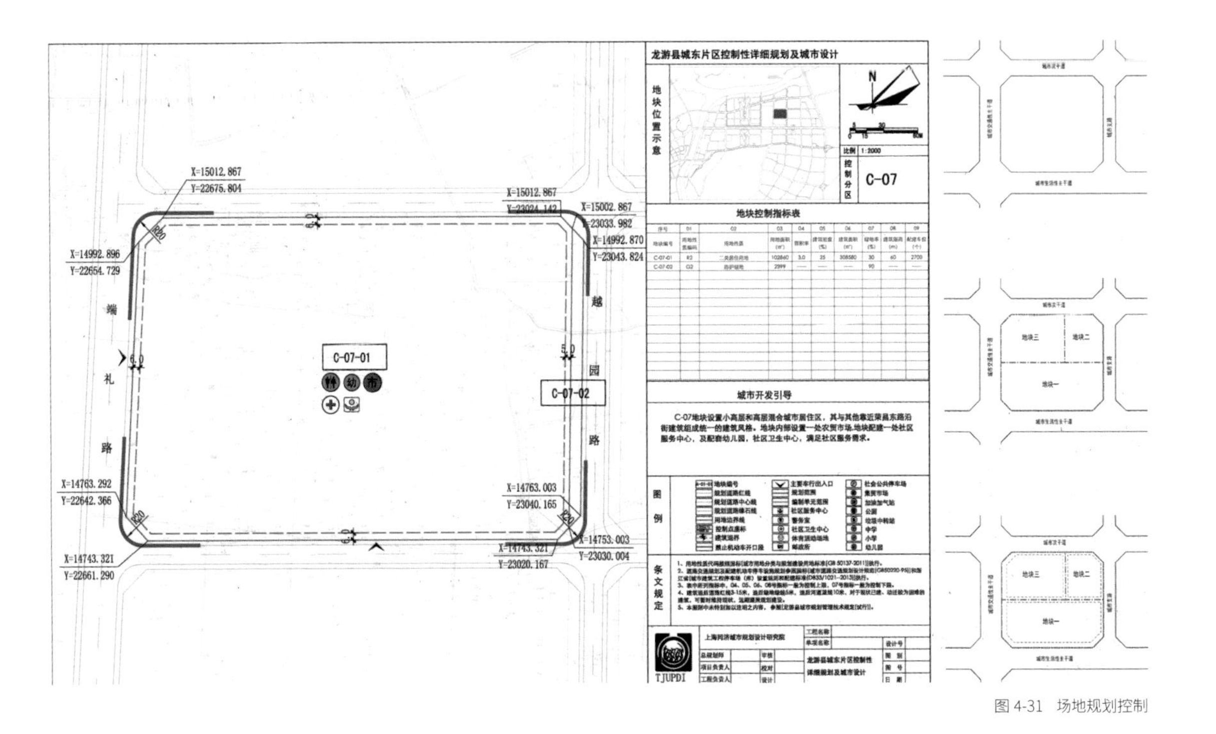

图 4-31　场地规划控制

场地规划相关知识与技术管理规定

本课题重点之一在于训练学生妥善处理并正确表达建筑与场地的关系，了解规划影响下的建筑设计原则。因此，引入一课时的“场地规划相关知识与技术管理规定”专题讲座，着重从红线的认知与管控、技术经济指标、建筑间距三方面教授场地规划知识。

在红线的认知与管控方面，涉及城市规划“五线”知识点，“五线”管制属城市规划的强制性内容，适用于从城市总规到控制性详规等不同层面的城市规划。“五线”管制制度，分别用“红线”“绿线”“蓝线”“紫线”和“黄线”划定城市建设中的“雷区”，凡是被划定的区域，城市建设不得随意侵占，区域内各项建设将受到严格控制，能有效避免重复建设，提高城市建设质量。

在技术经济指标方面，涉及用地面积、用地性质等基础指标；容积率、建筑密度（%）、绿地率（%）、建筑高度（层数或高度）等指导指标；出入口性质、位置与方向、停车位等辅助指标；以及风格、色彩、空间共享、视线等意向性指标。

在建筑间距方面，则根据现行规范，针对低、多层建筑间距，从正南北向住宅平行布置、非正南北向住宅平行布置、两幢建筑非平行布置、山墙间距、卫生标准较高类型的建筑以及常用消防间距几种情况做出了规定和解释 (图 4-31)。

图 4-32　可持续建筑与技术

可持续建筑与技术

可持续建筑，是指在建筑实践过程中有效地使用自然资源和减少对环境破坏的整体做法，是对选址、设计、建造、运行、维修、更新到拆除解构这一建筑循环的整个过程而言 。《绿色建筑技术导则》（建科 [2005]199 号）和《绿色建筑评价标准》（GB 50378-2006）将可持续建筑定义为“在建筑的全寿命周期内，最大限度地节约能源（节能、节地、节水、节材），保护环境和减少污染，为人们提供健康、适用和高效的使用空间，与自然和谐共生的建筑”。

本课题引入一课时的“可持续建筑与技术”专题讲座，着重从可持续建筑定义、可持续建筑的过去和将来、可持续建筑的设计策略、可持续建筑实践以及可持续建筑辅助设计软件几方面教授可持续建筑与技术知识，使学生基本掌握被动式建筑设计、高性能精细化建筑能源系统、水资源的综合利用、可再生能源建筑一体化设计以及监控调试运行等相关策略与方法，进而在建筑深化设计中予以实践与思考 (图 4-32)。

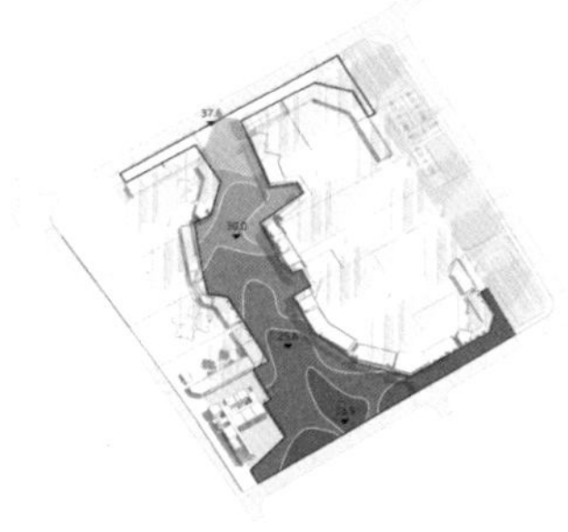

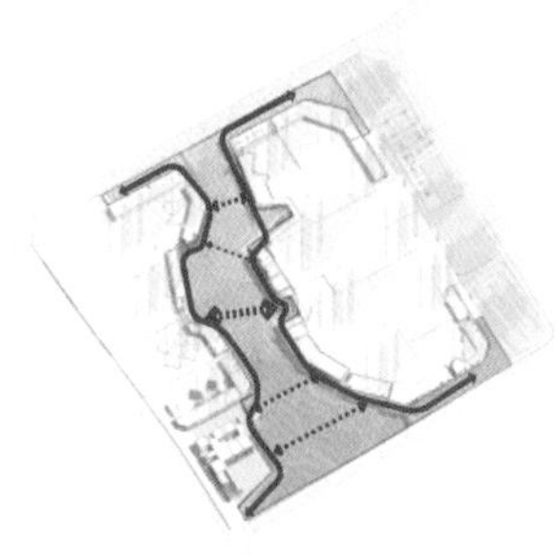

图 4-33　景观设计与表达

景观设计与思考

建筑的景观意识，即在建筑设计中，以景观设计为指导，树立整体设计的思想，从宏观到微观、从整体到局部，建立建筑与景观互为参照的体系。景观的建筑意识，是在景观设计与完成过程中，以建筑的逻辑性来要求景观建造的严谨性、功能性，以及设计创意的实现。景观设计师的工作领域涉及多种场所，如日常场所、生产场所、纪念性场所、游憩场所、自然场所等。景观规划设计的尺度分为国土尺度、城市尺度、社区区域尺度、街区广场尺度、庭院空间尺度与景观细部尺度。

本课题引入一课时的“景观设计与思考”专题讲座，着重从现代景观设计的多元价值观、社区公园景观设计要素、景观设计的大致步骤以及植物配置的大致步骤和要点几方面教授景观设计与思考知识，使学生基本掌握从地形地貌、植被、水体、铺地和景观小品等景观设计要素入手，寻找设计语言，形成设计框架，将松散的、不成熟的意图进一步理清，把徒手圆圈转变为有大致形状和特定意义的室外空间；将交通道路、绿化面积、建筑布局、小品位置，用平面图示的形式，按比例准确地表现出来等基本技巧和步骤(图 4-33)。

作业示例

认知与研究

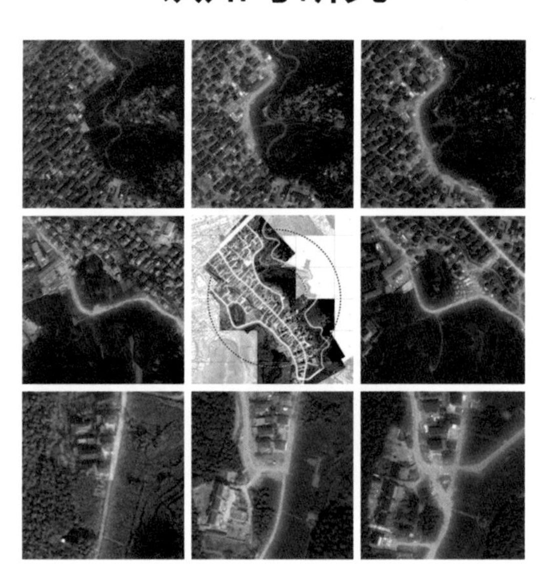

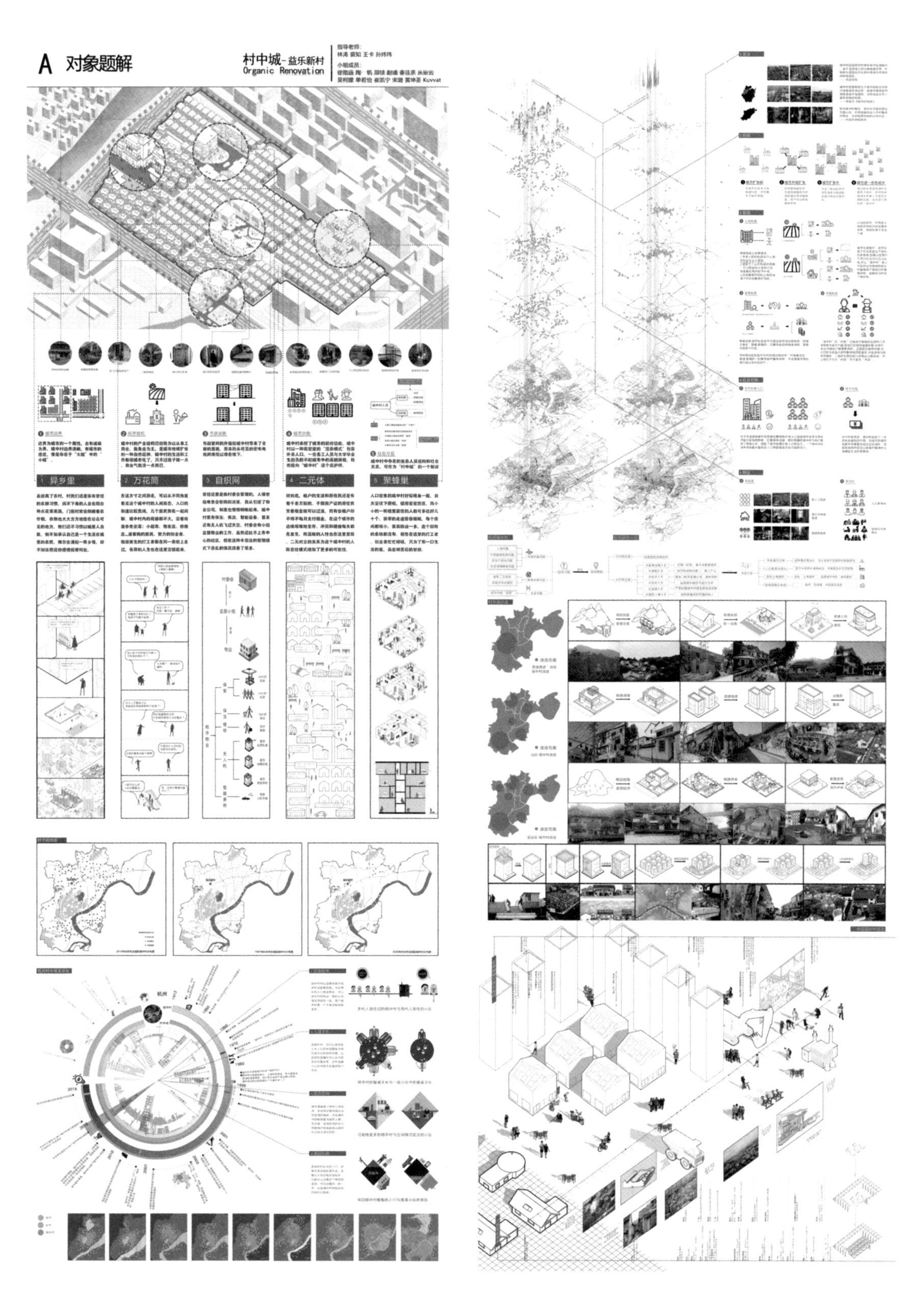

A 对象题解
村中城-益乐新村
Organic Renovation
指导老师:
林涛 裘知 王卡 孙炜玮
小组成员:
1 异乡里
2 万花筒
3 自织网
4 二元体
5 聚蜂巢
杭州

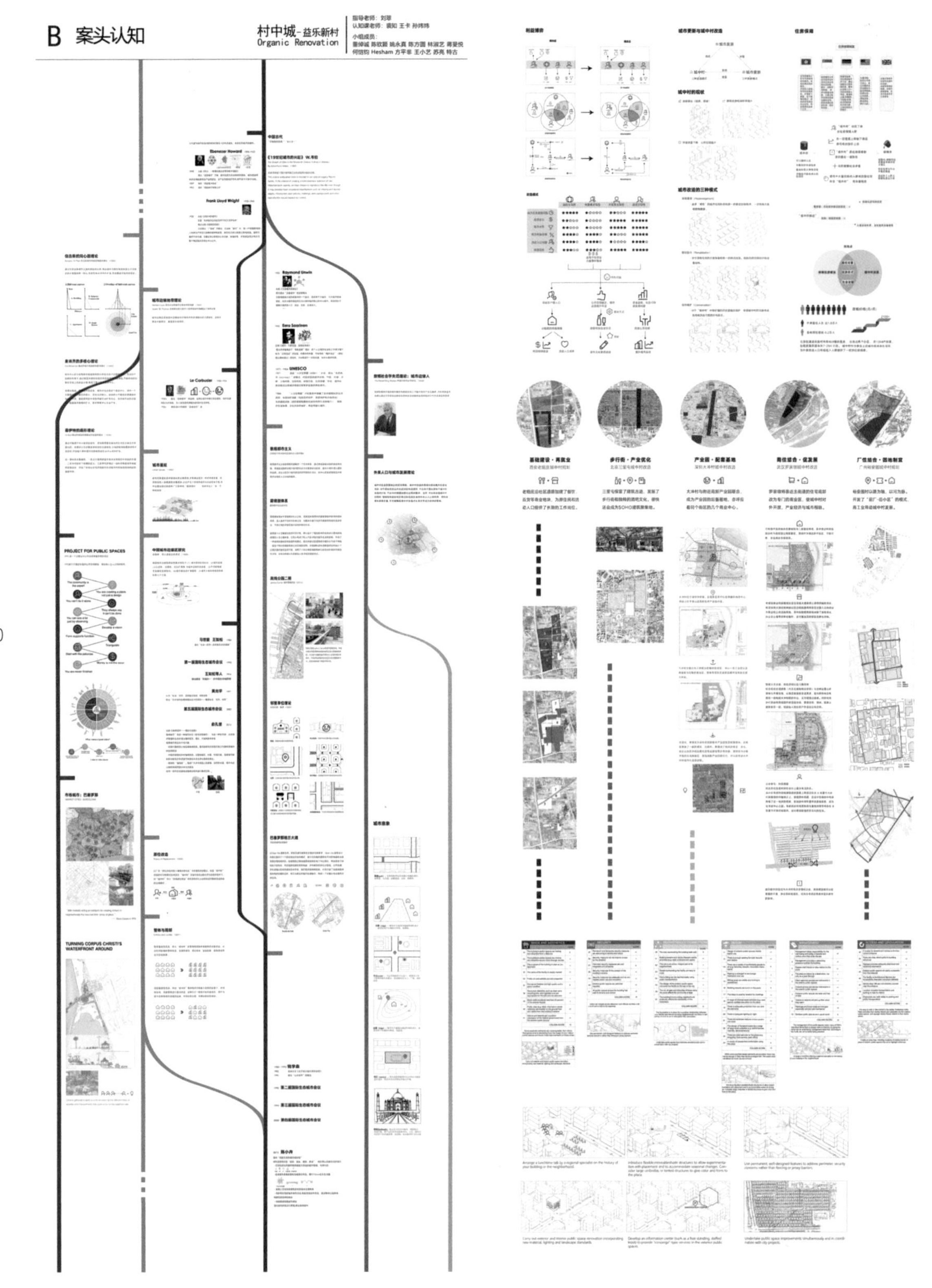
B 案头认知
村中城-益乐新村
Organic Renovation
小组成员：
基础建设·再就业
步行街·产业优化
产业园·配套基地
商住结合·促发展
厂住结合·因地制宜

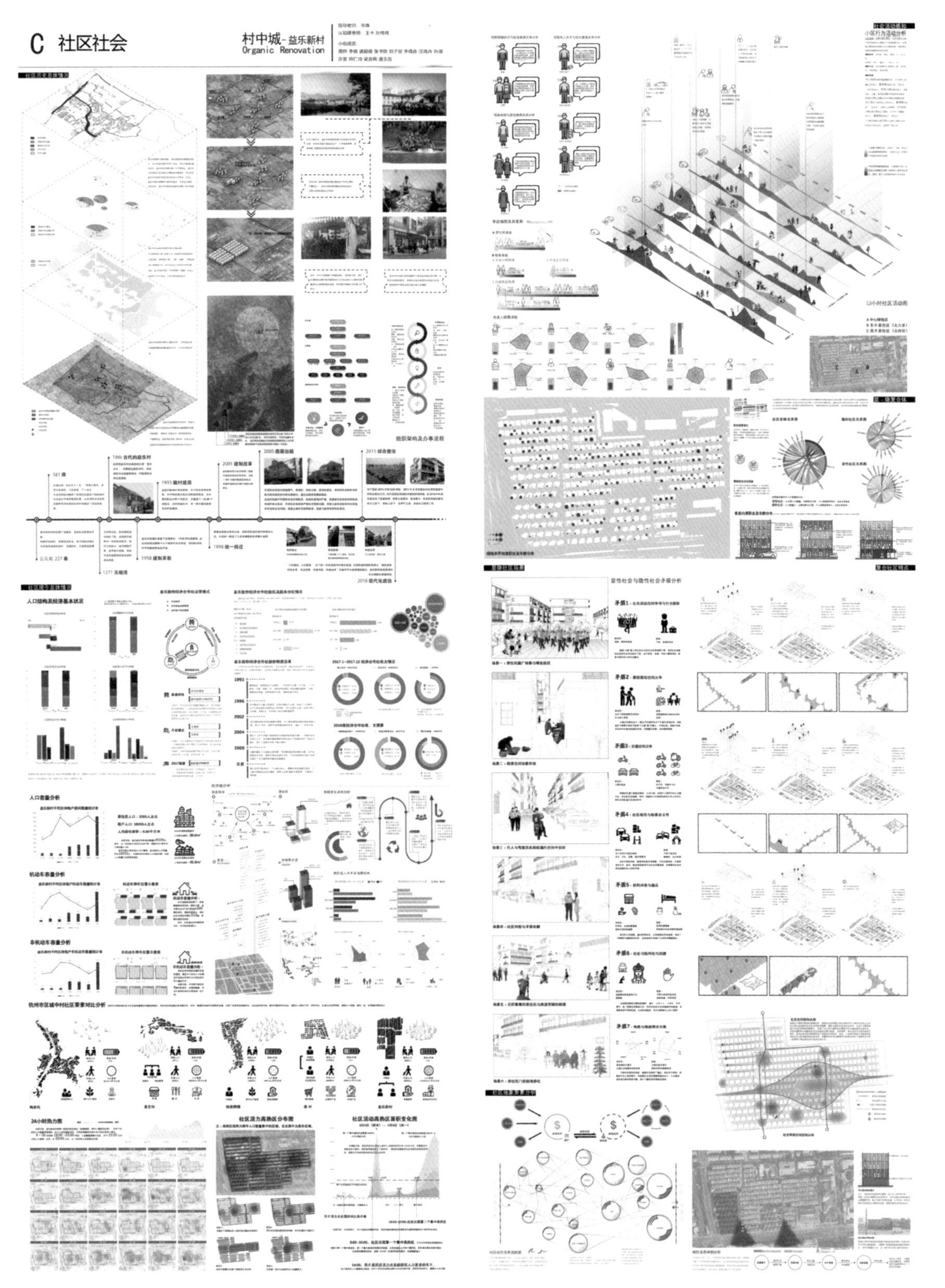

C 社区社会
村中城-益乐新村
Organic Renovation
组织架构及办事流程
人口结构及经济基本状况
人口容量分析
机动车容量分析
非机动车容量分析
杭州市区城中村社区要素对比分析
24小时热力图
社区活力高热区分布图
社区活动高热区面积变化图
12小时社区活动图
显性社会与隐性社会矛盾分析

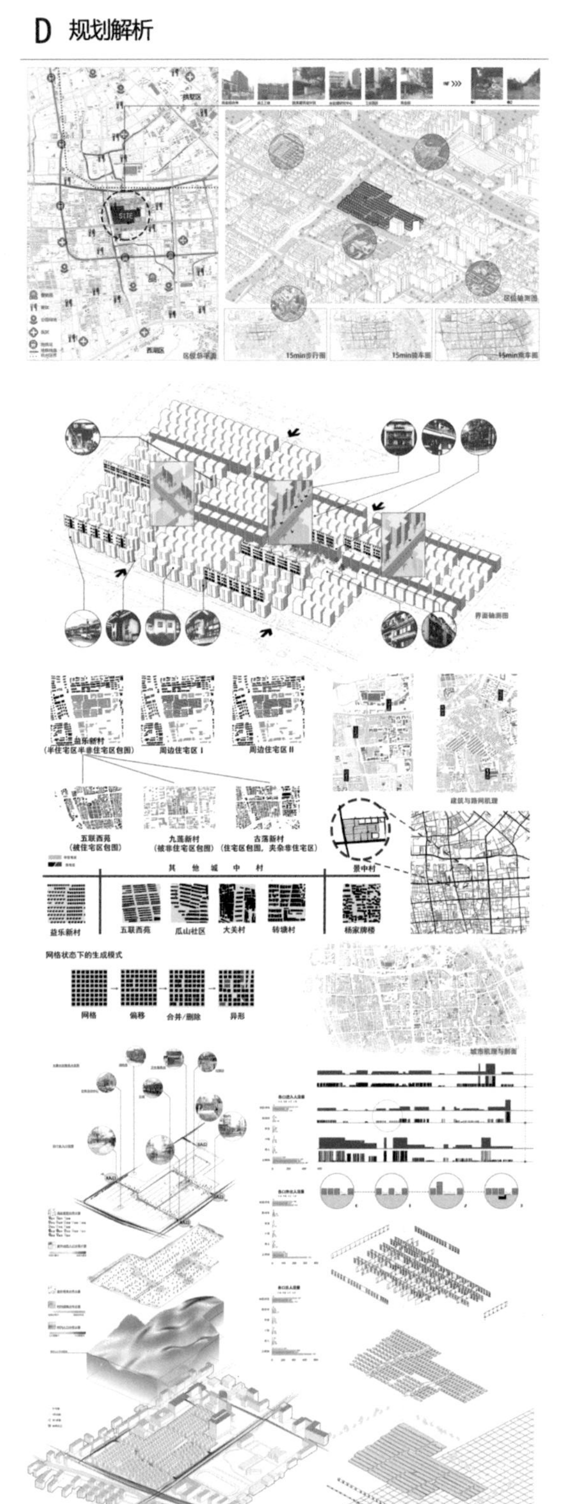
15min步行圈
15min骑车圈
15min驾车圈
界面轴测图
益乐新村
(半住宅区半非住宅区包围)
周边住宅区 I
周边住宅区 II
五联西苑
(被住宅区包围)
九莲新村
(被非住宅区包围)
古荡新村
(住宅区包围，夹杂非住宅区)
景中村
其 他 城 中 村
益乐新村
五联西苑
瓜山社区
大关村
转塘村
杨家牌楼
建筑与路网肌理
网格状态下的生成模式
网格
偏移
合并/删除
异形
城市肌理与剖面

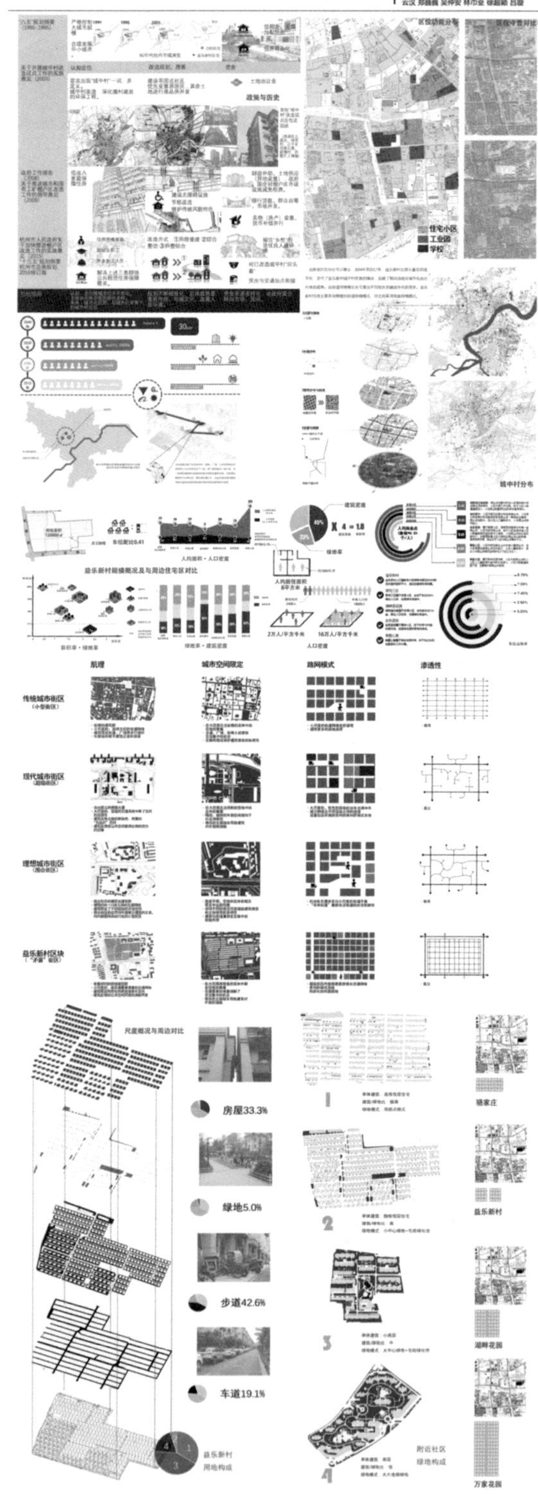
村中城-益乐新村
Organic Renovation
指导老师：王雷
小组成员：
政策与历史
住宅小区
工业园
学校
城中村分布
益乐新村规模概况及与周边住宅区对比
人均面积・人口密度
绿地率
2万人/平方千米
16万人/平方千米
人口密度
肌理
城市空间限定
路网模式
渗透性
传统城市街区
现代城市街区
理想城市街区
益乐新村区块
尺度概况与周边对比
房屋33.3%
绿地5.0%
步道42.6%
车道19.1%
益乐新村
用地构成
附近社区
绿地构成
骆家庄
益乐新村
湖畔花园
万家花园

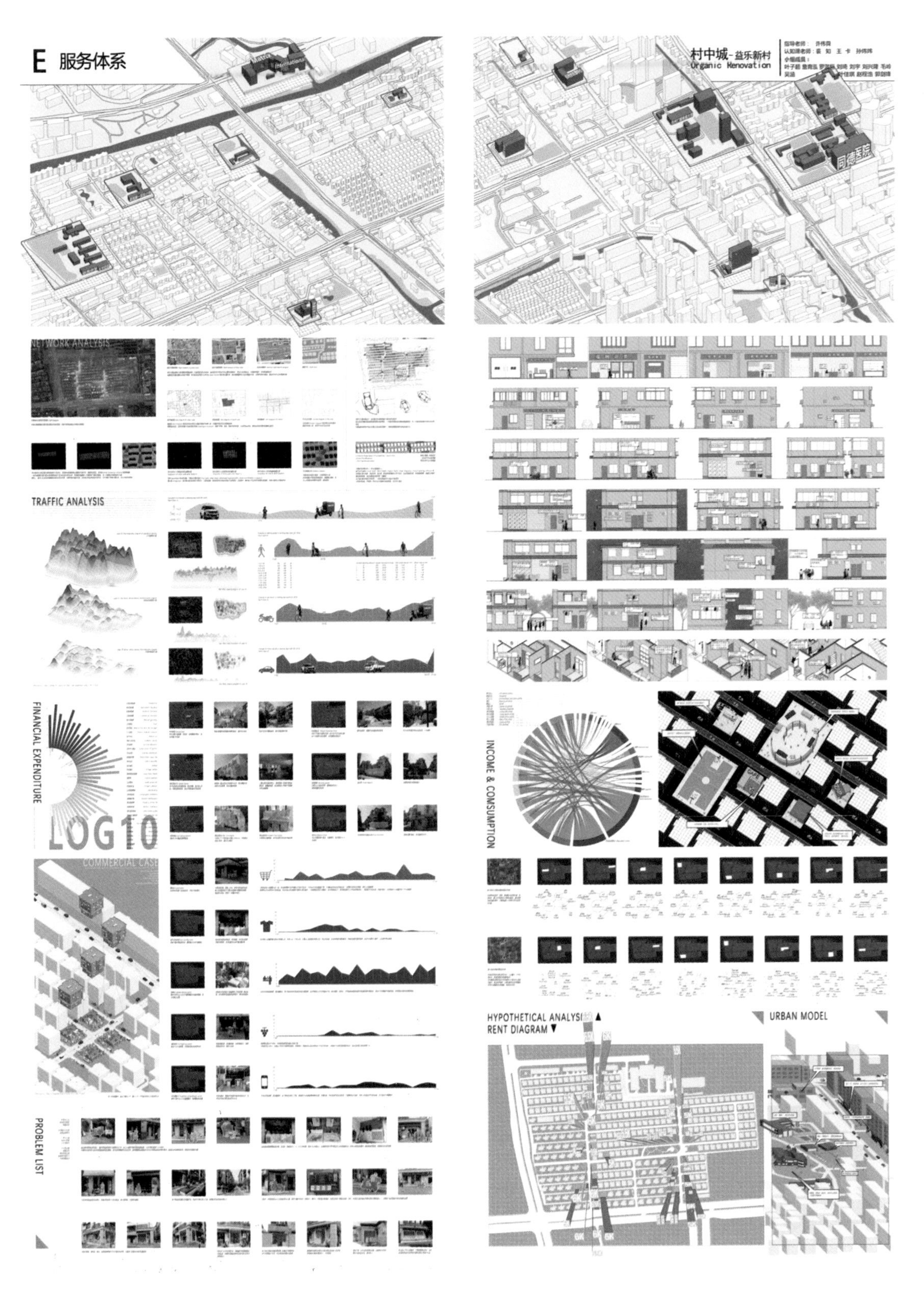

E 服务体系
村中城-益乐新村
Organic Renovation
同德医院
NETWORK ANALYSIS
TRAFFIC ANALYSIS
FINANCIAL EXPENDITURE
LOG10
COMMERCIAL CASE
PROBLEM LIST
INCOME & CONSUMPTION
HYPOTHETICAL ANALYSIS ▲
RENT DIAGRAM ▼
URBAN MODEL

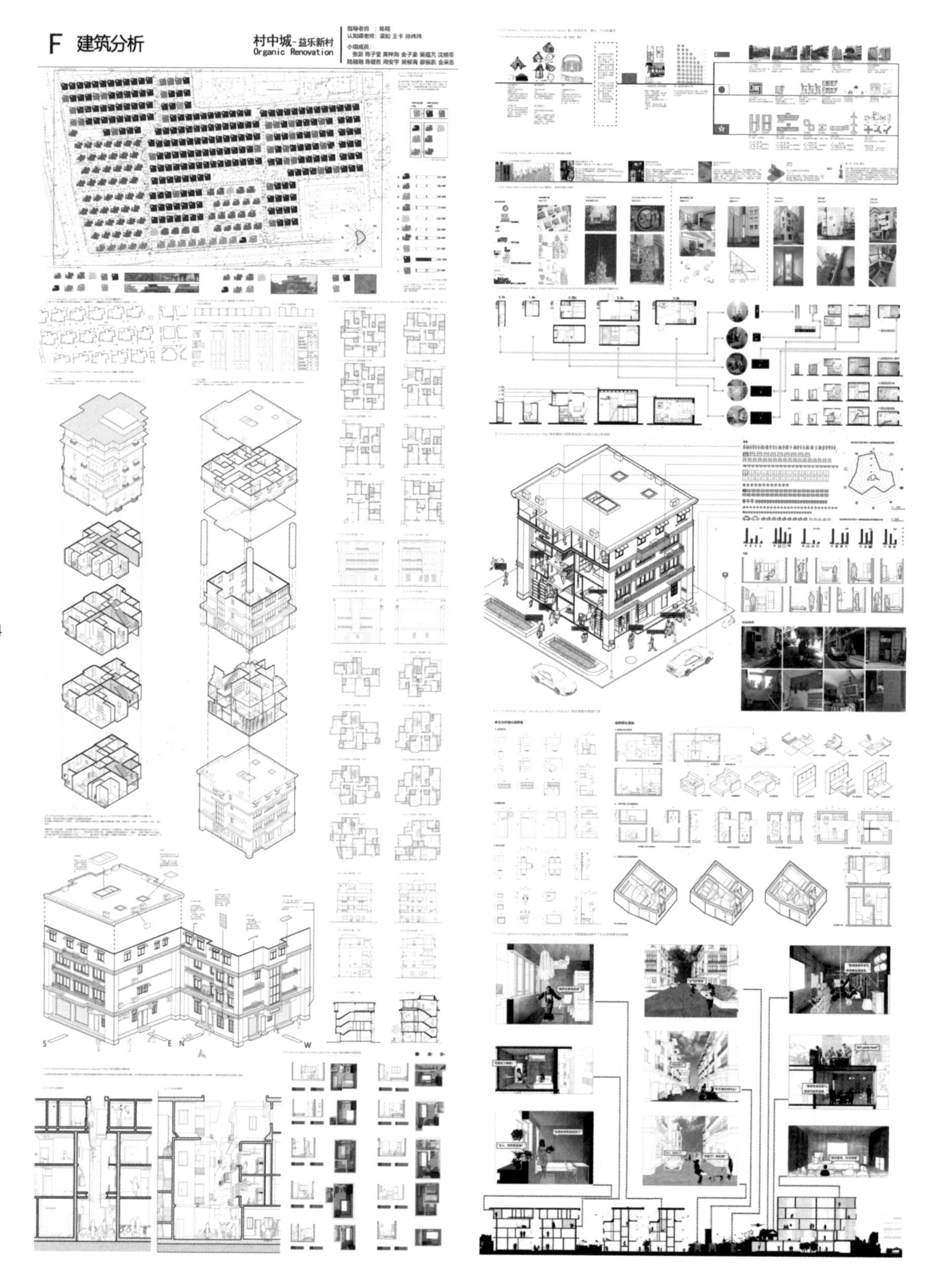
F 建筑分析
村中城-益乐新村
Organic Renovation
指导老师 ：陈翔
认知课老师：谌知 王卡 孙炜玮
小组成员：
张蔚 陈子莹 黄梓涛 金子豪 吴蕴凡 沈树菲
陆融融 陈健哲 周安宇 吴柳青 廖振凯 金采忌

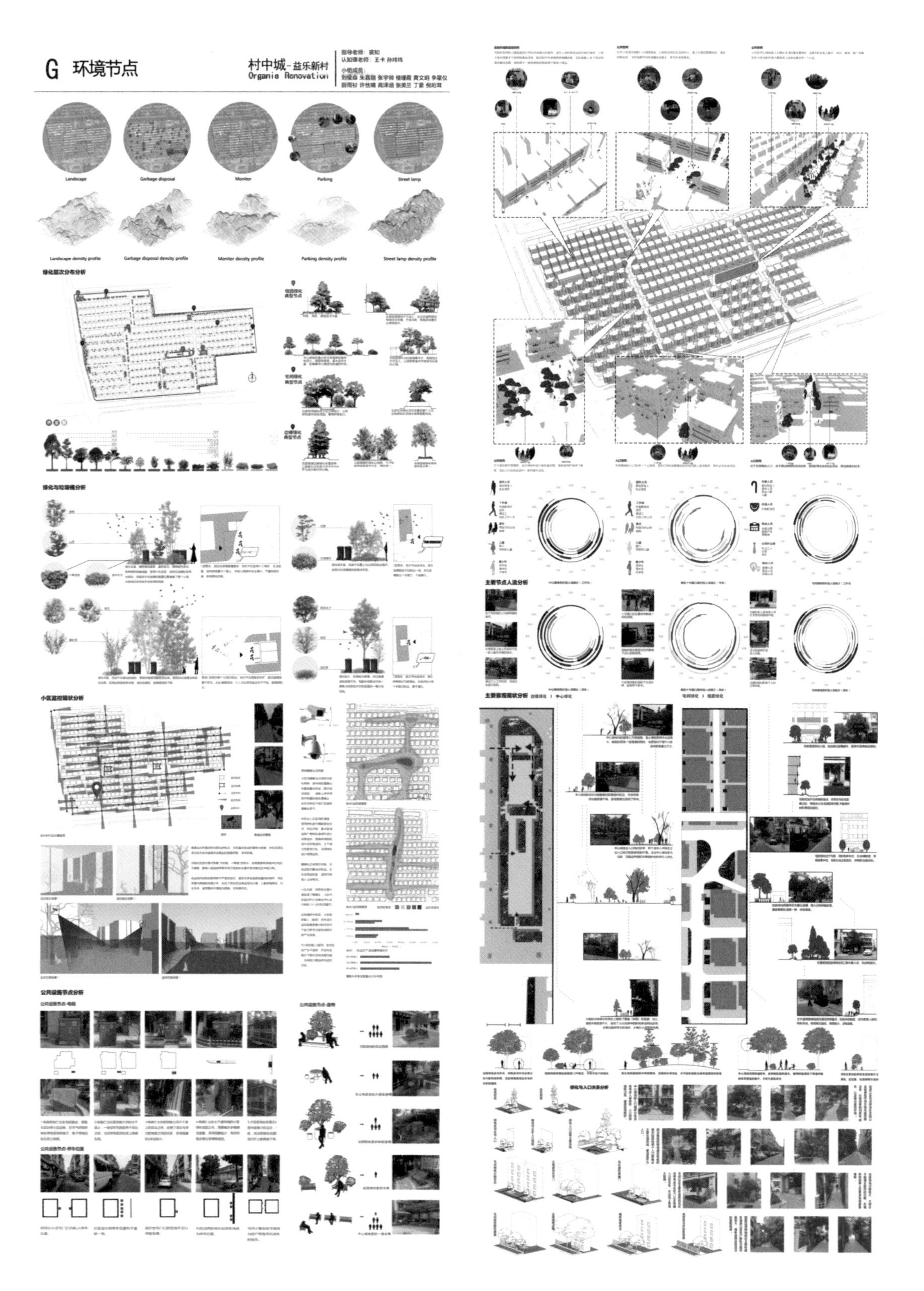
G 环境节点
村中城-益乐新村
Organic Renovation
指导老师：裘知
认知课老师：王卡 孙炜玮
小组成员：
刘俊森 朱嘉璇 张宇帅 楼缘茵 黄文玥 李星仪
薛雨衫 许丝晴 高泽涵 张美兰 丁豪 倪昕茸
Landscape
Garbage disposal
Monitor
Parking
Street lamp
Landscape density profile
Garbage disposal density profile
Monitor density profile
Parking density profile
Street lamp density profile
绿化层次分布分析
绿化与垃圾桶分析
小区监控现状分析
公共设施节点分析
主要节点人流分析
主要景观现状分析
绿化与入口关系分析

题解与策划

童年小筑
2019
WATCHING FILMS TOGETHER
共享影院
五联农贸市场
龙舟食街
FARMER
HARVEST YOUR HAPPINESS
FROM·TO
Tide Matter
Riverbed Mind

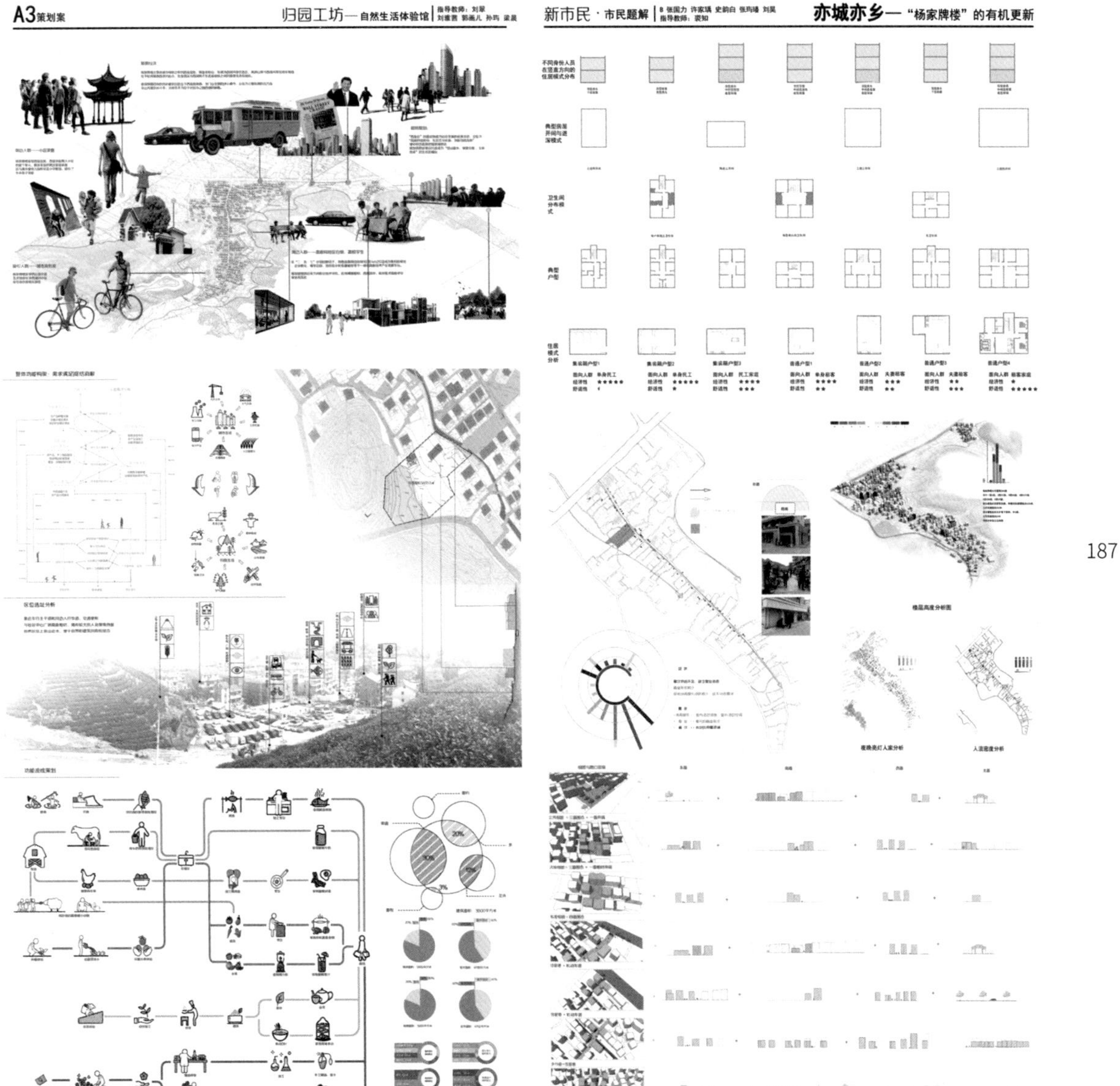

2014 级 梁晨 刘雅茜 孙玙 郭画儿

2014 级 张国力 陈书涵 刘昊

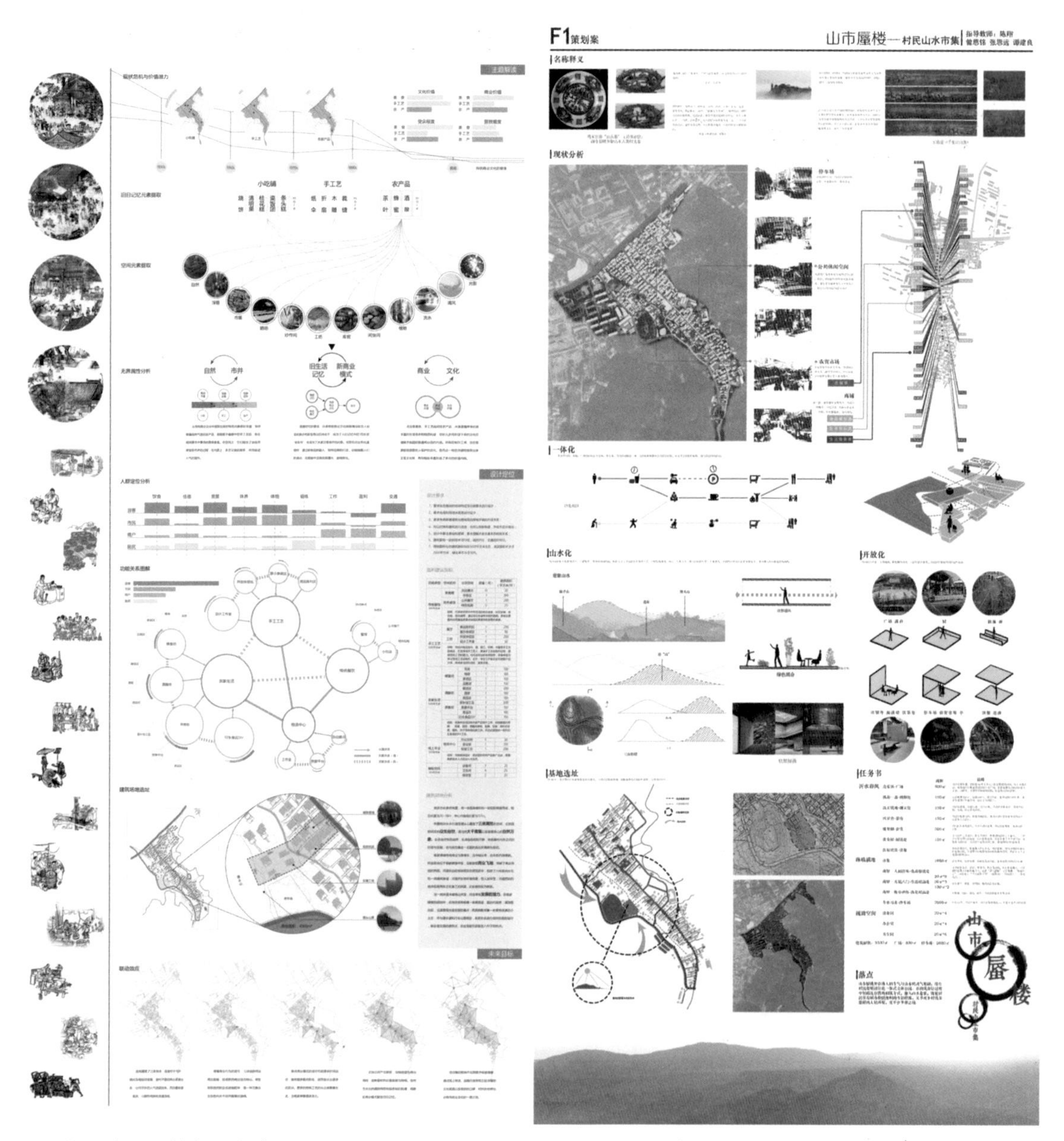

2014 级 吴炎阳 张哲欢 石爽 唐玉田

2014 级 张思远 曾思铭 谭建良

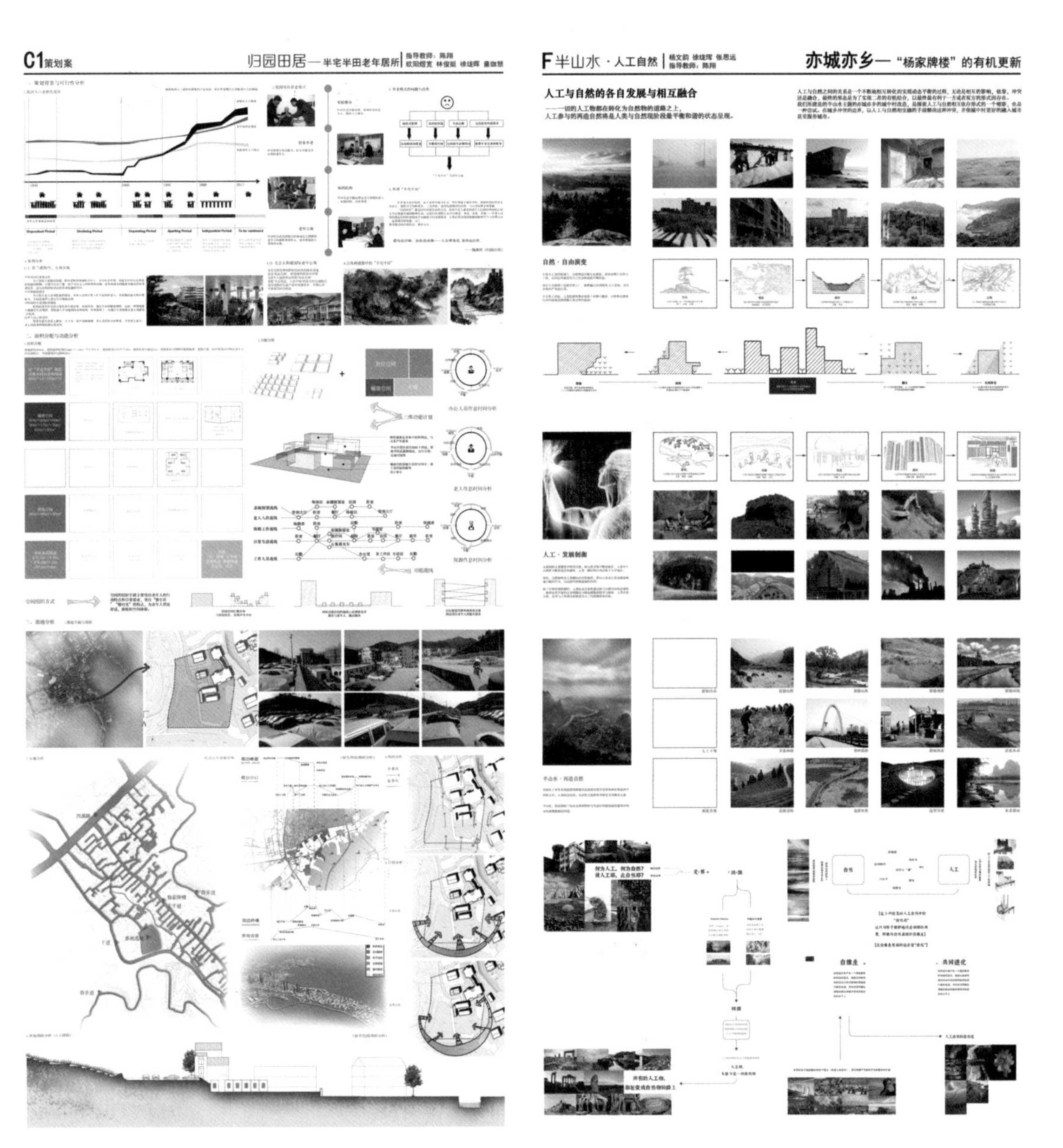

2014 级 欧阳煜宽 林俊挺 徐珑珲 童珈慧

2014 级 杨文韵 刘慧琳 孙少奇

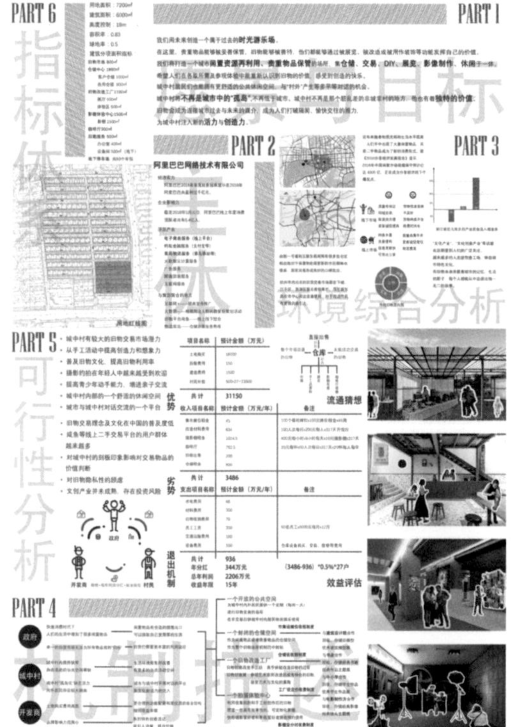

2016 级 褚爽 郑祎旋

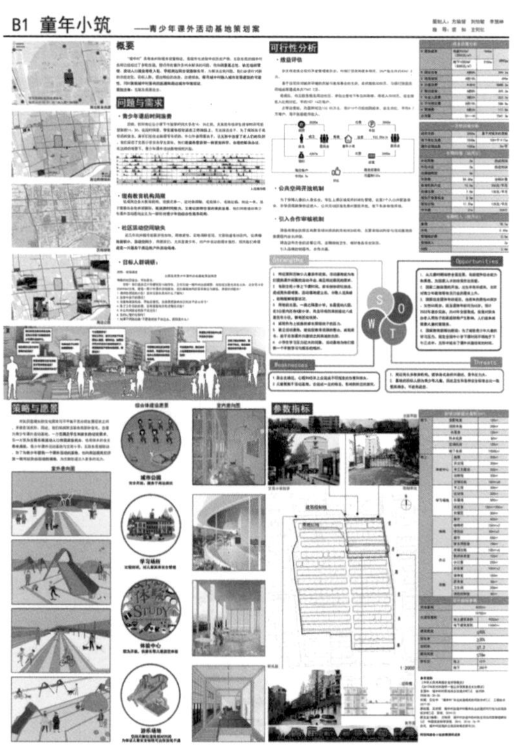

2016 级 方瑜媛 刘怡敏 李慧琳

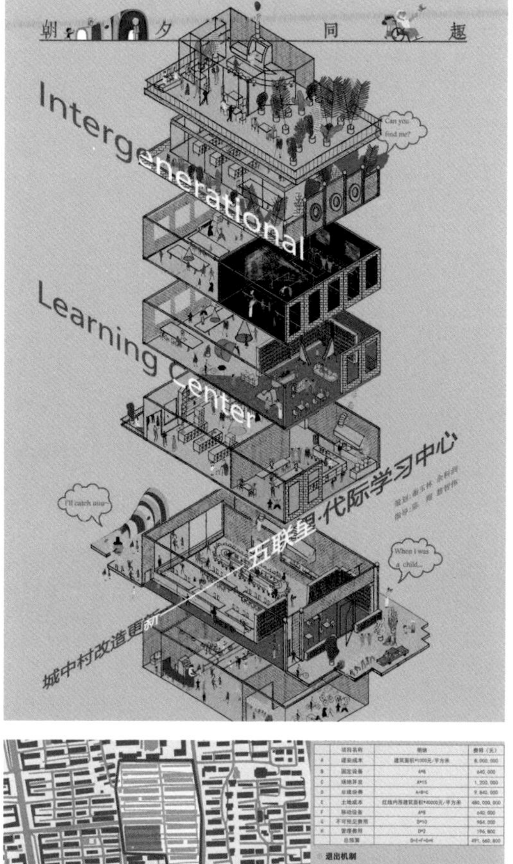

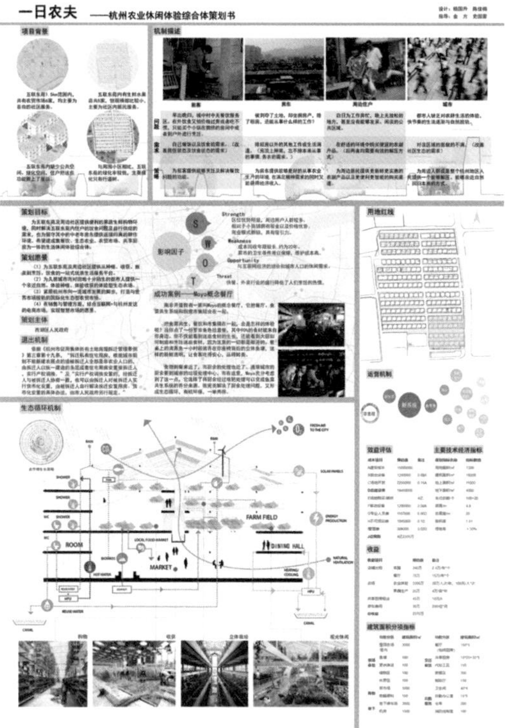

2016 级 杨国升 陈佳媚

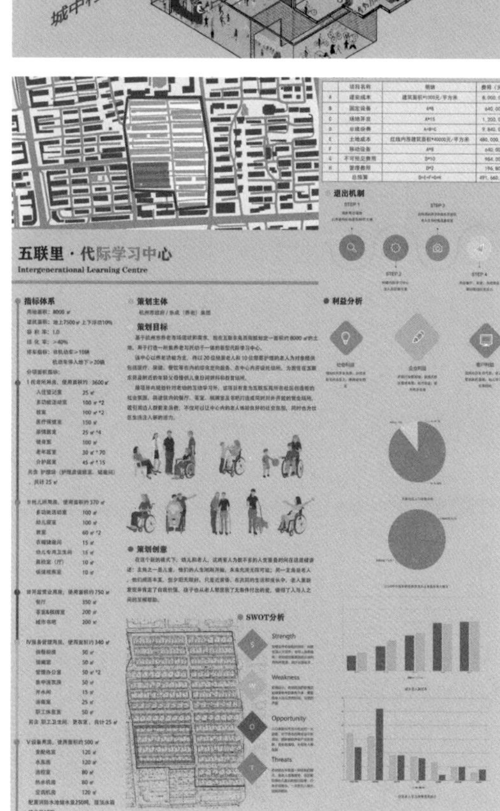

2016 级 秦玉林 余科润

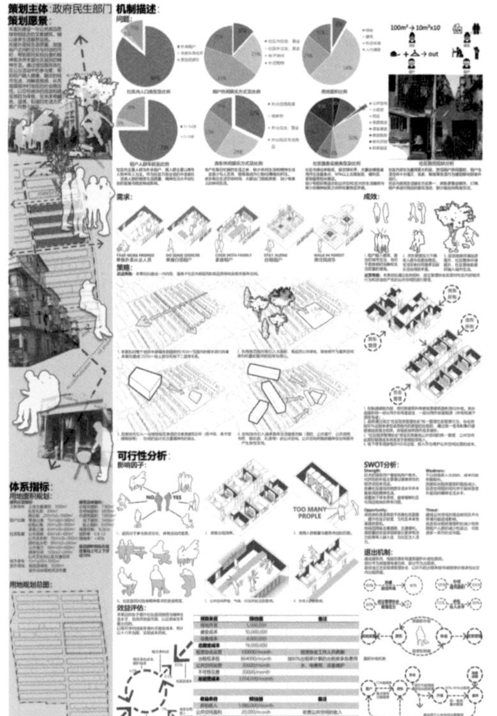

2016 级 郭圣 刘真言

2016 级 蒋凌骏 曹洺源

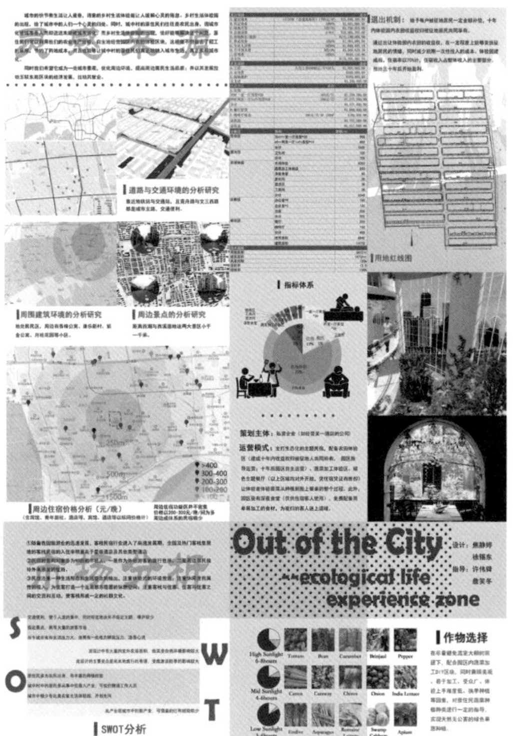

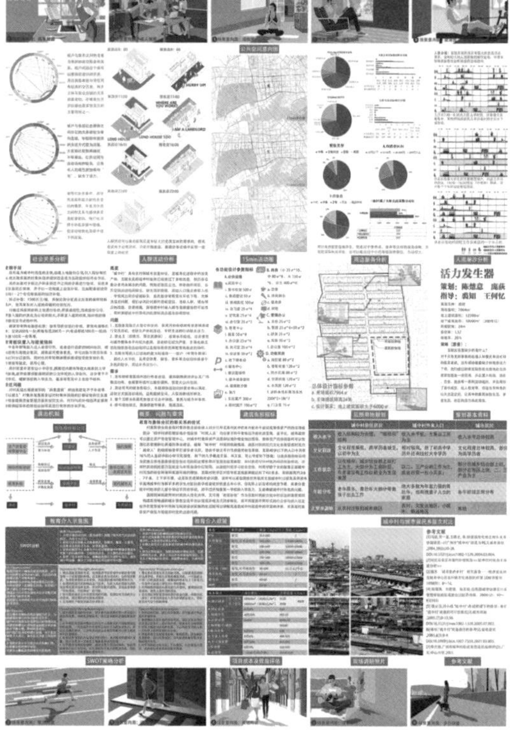

2016 级 焦静婷 徐锡东

2016 级 庞荻 陈楚意

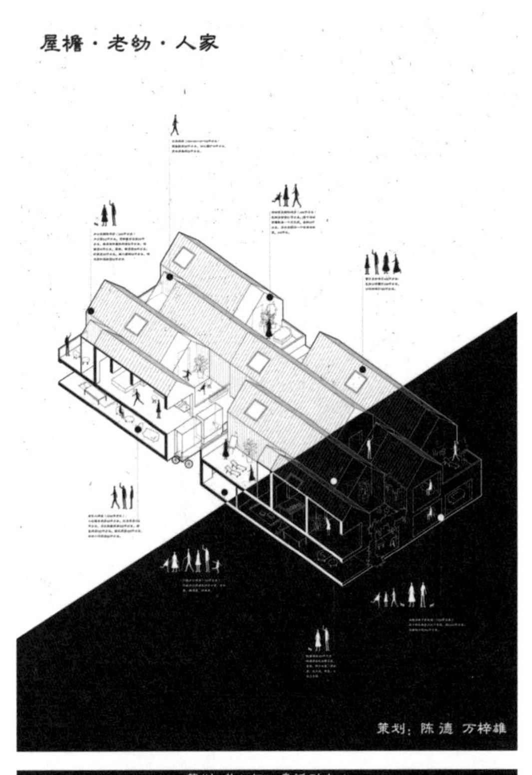

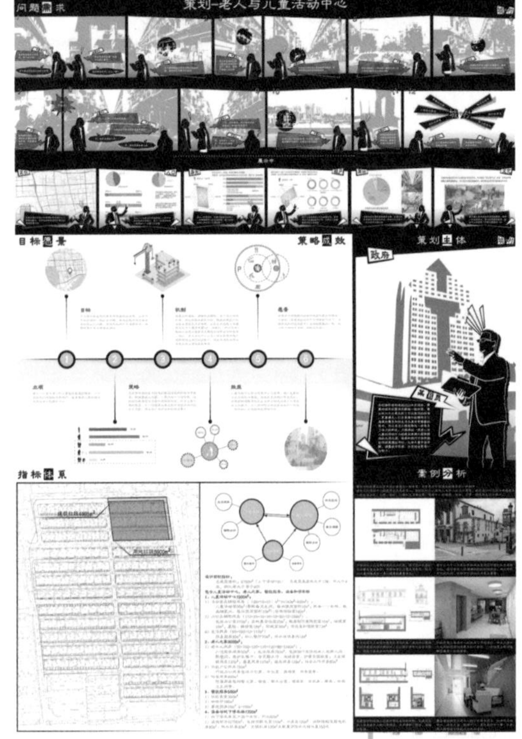

2016 级 万梓雄 陈德

2016 级 许筱婉 张健超

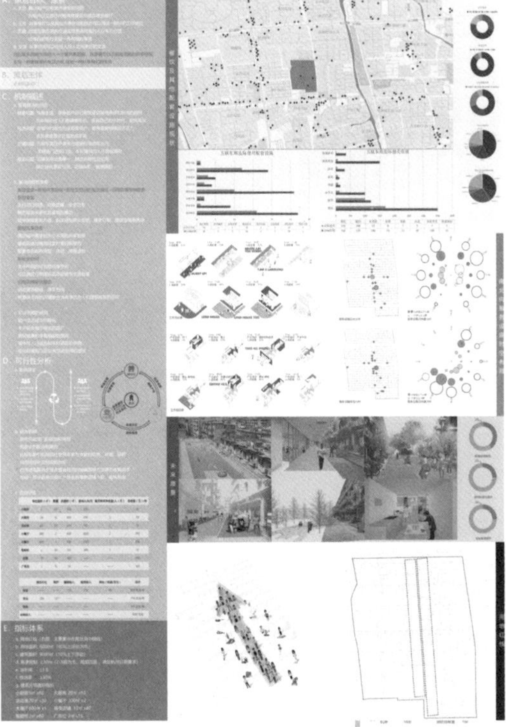

2016 级 徐玉琪 蒋卓群

2016 级 孙婕 叶晓宇

设计与表达

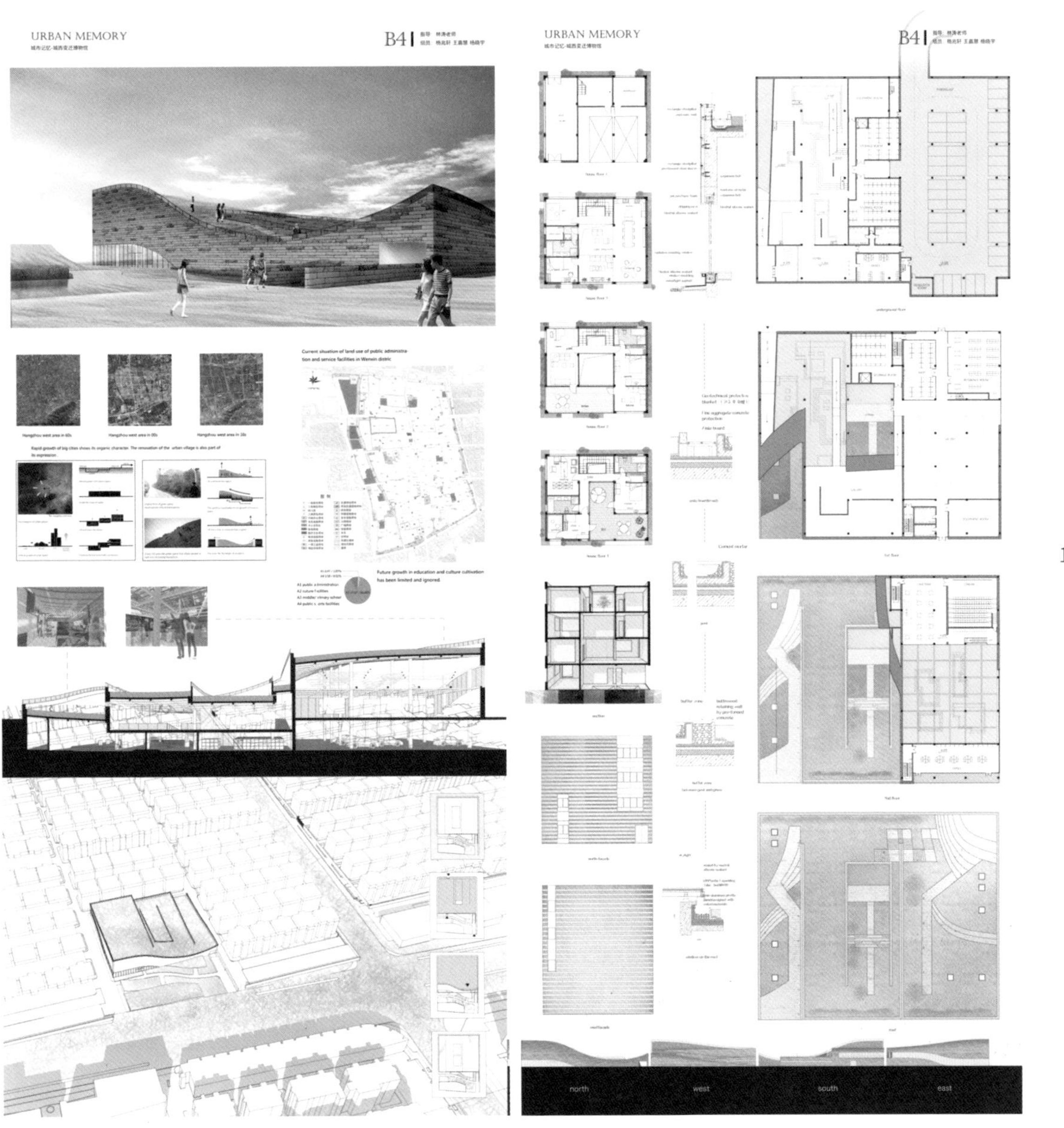

2013 级 杨兆轩 王嘉慧 杨晓宇

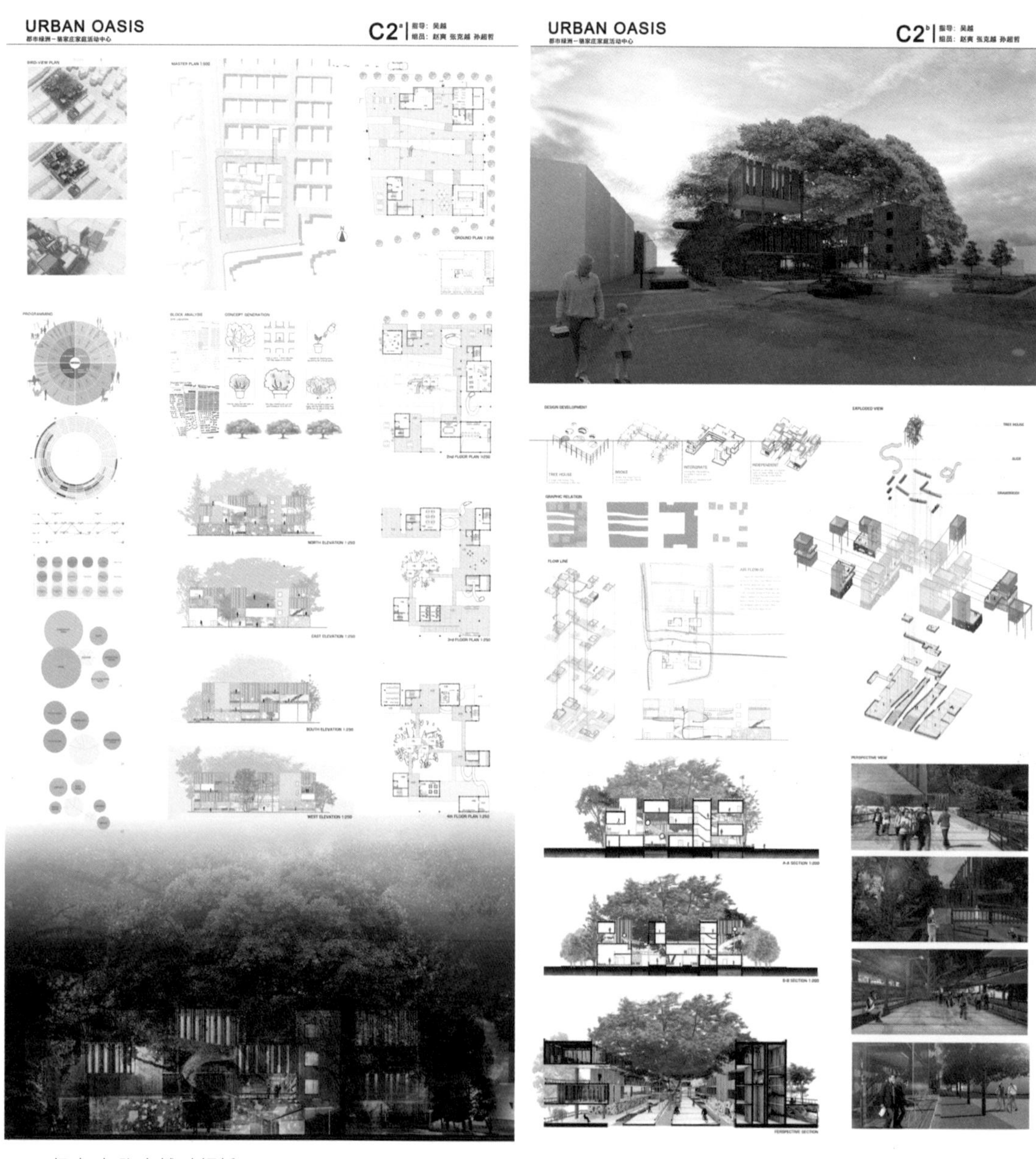

2013 级 赵爽 张克越 孙超哲

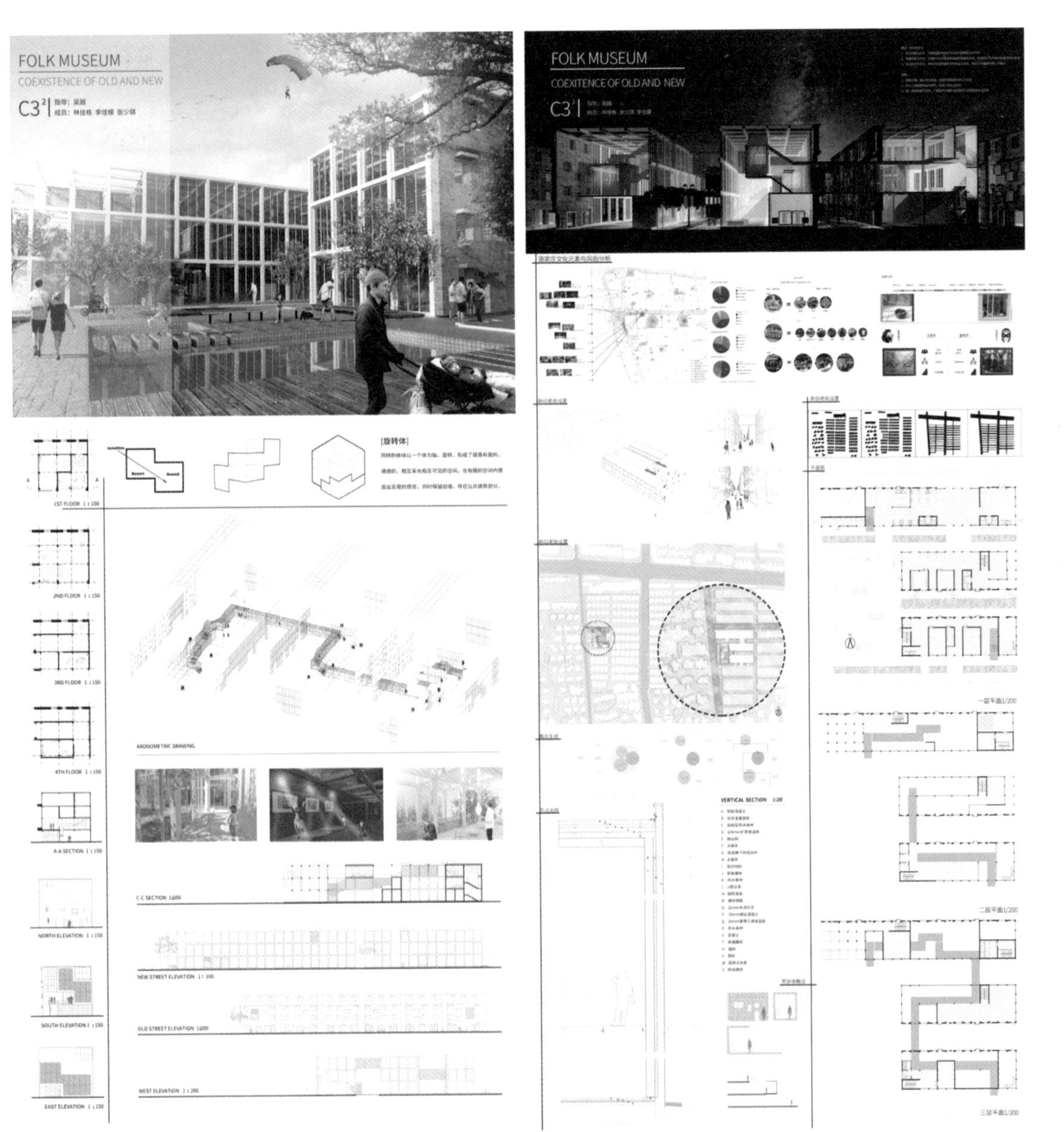

2013 级 林家栋 李佳檬 张少琪

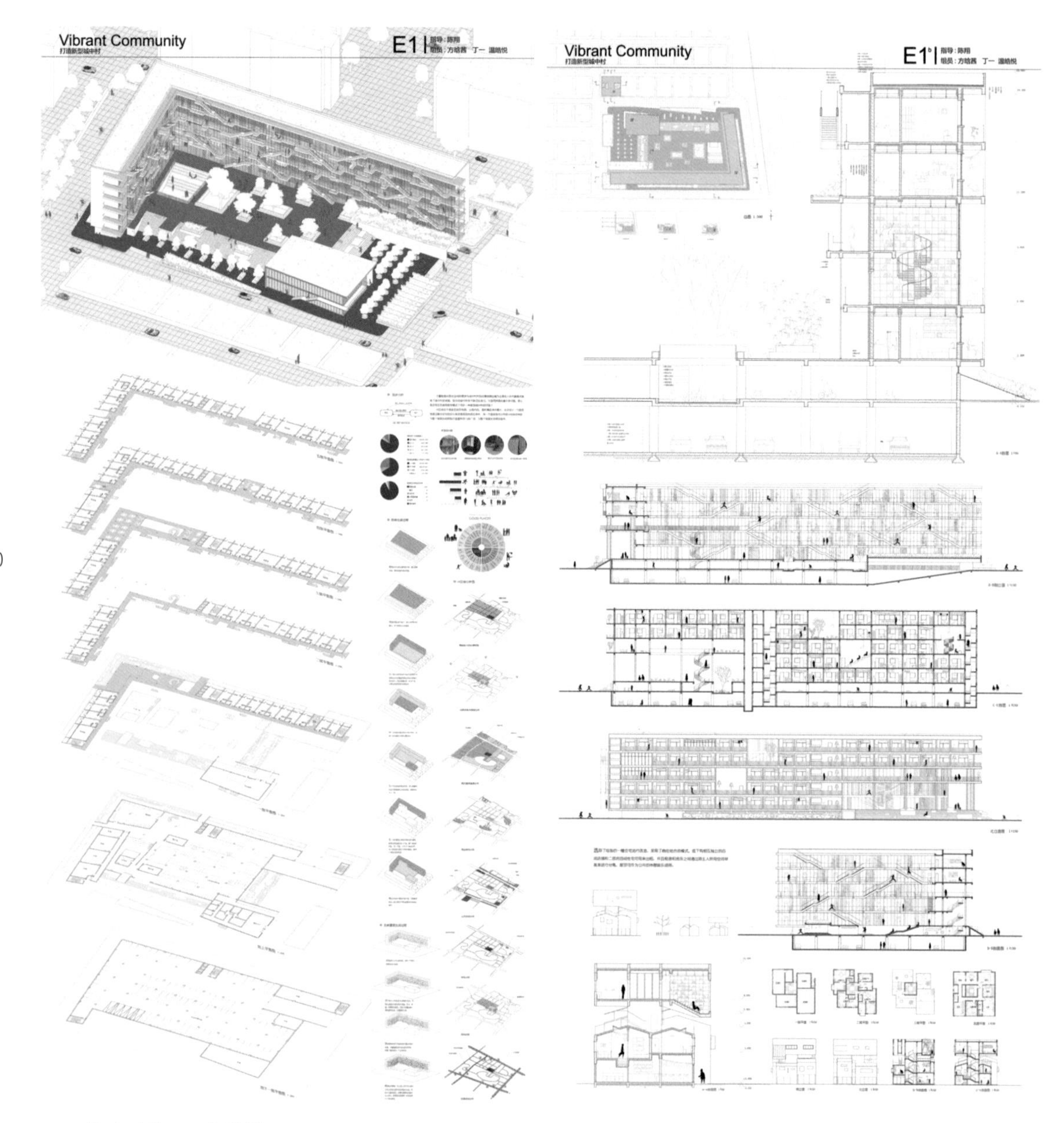

2013 级 方晗茜 丁一 温皓悦

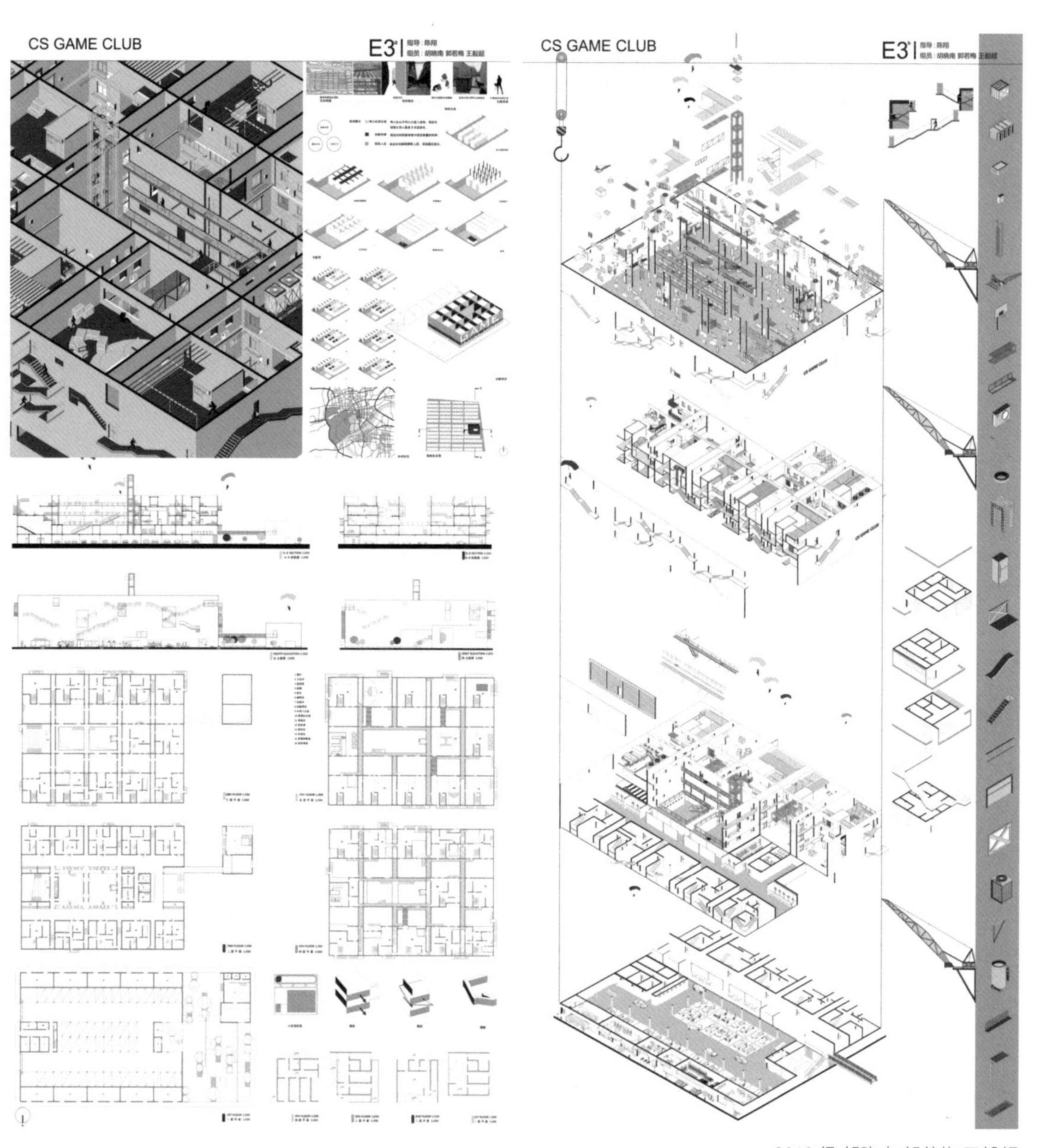

2013 级 胡晓南 郭若梅 王毅超

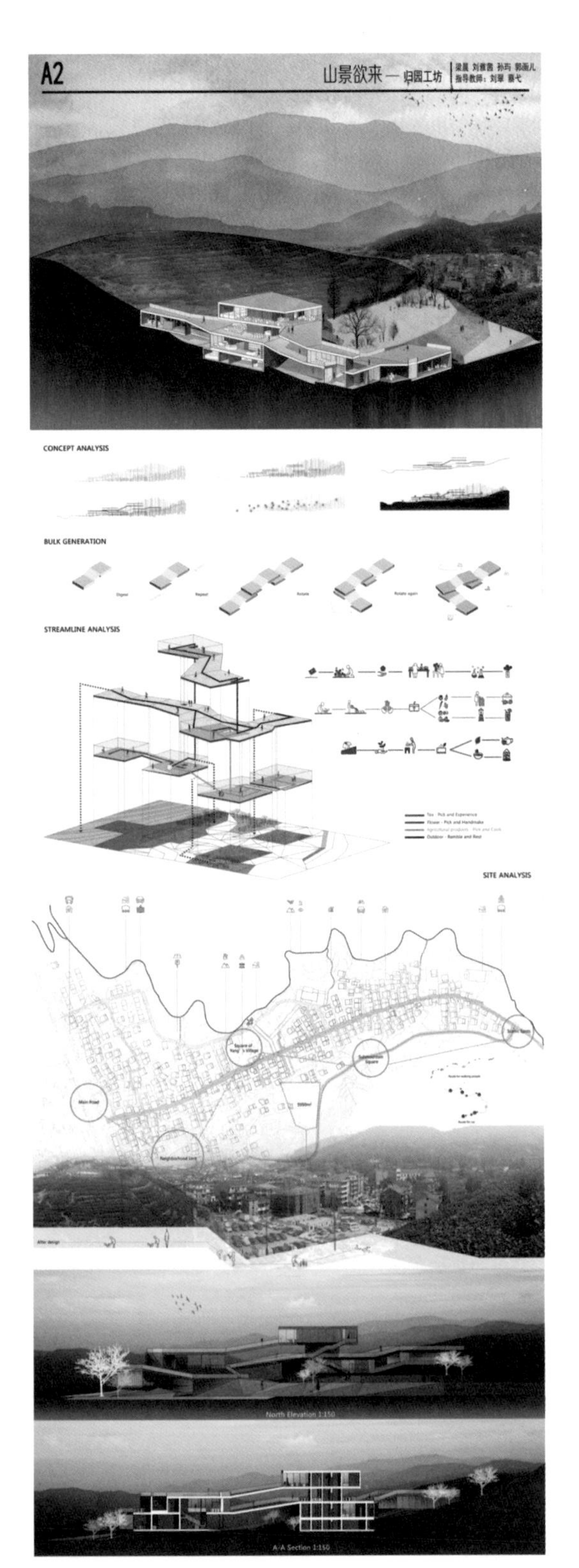

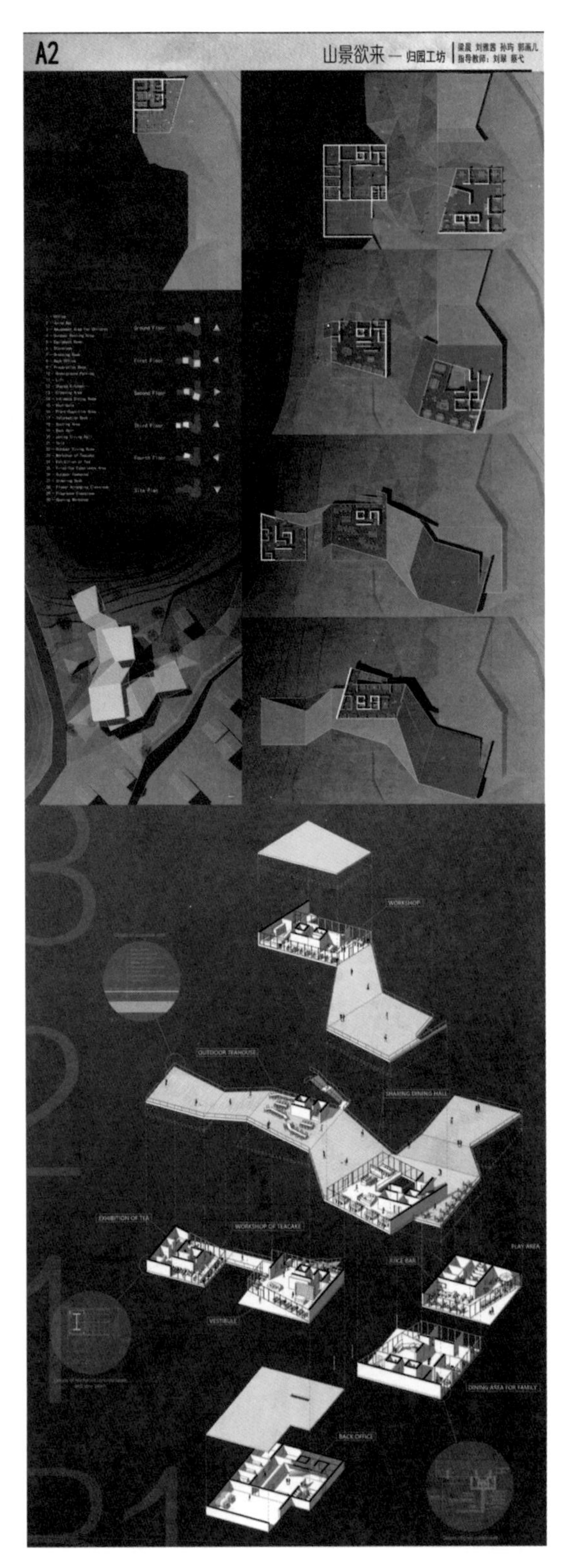

2014 级 梁晨 刘雅茜 孙玙 郭画儿

B1

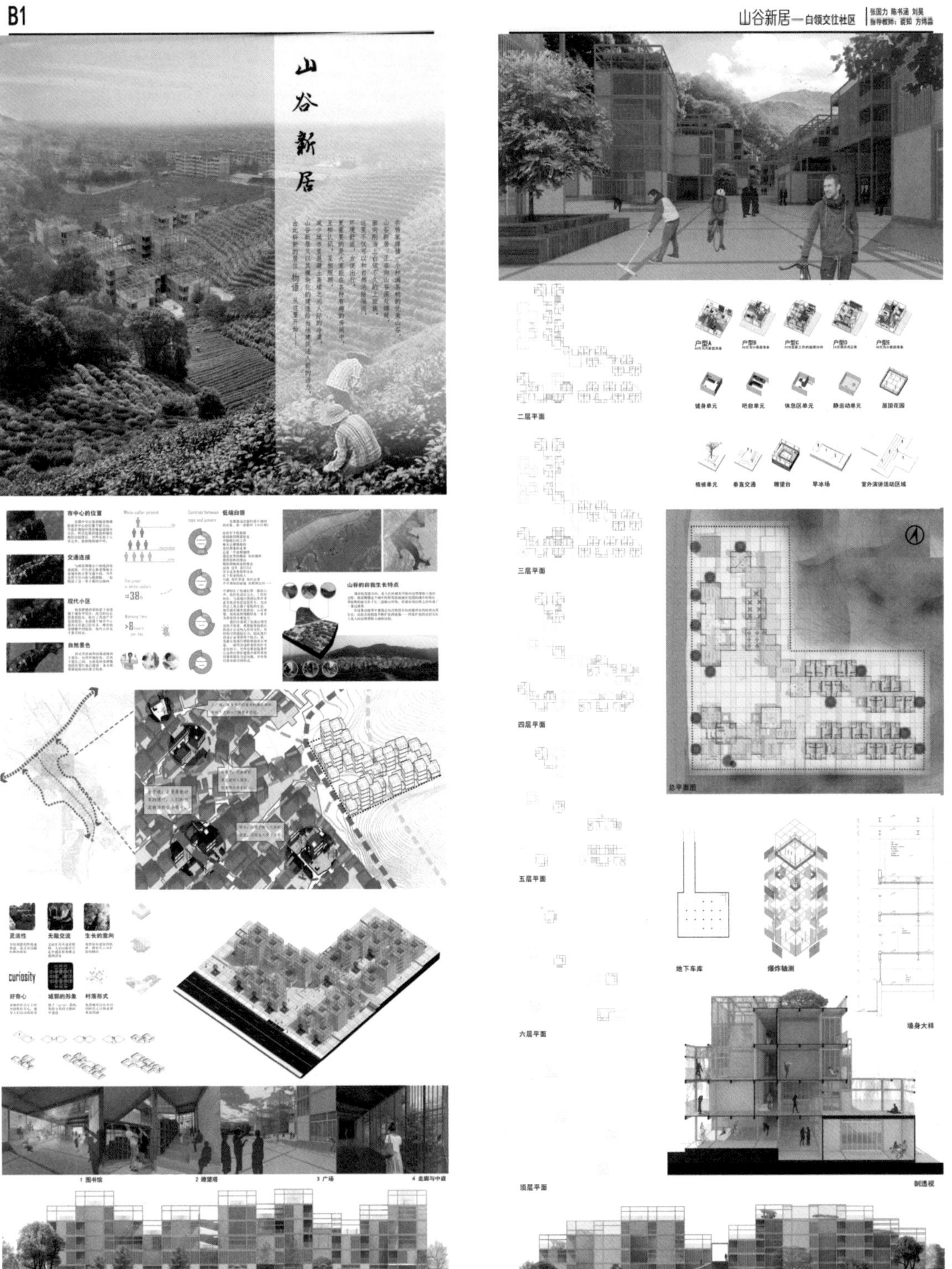

2014 级 张国力 陈书涵 刘昊

D3

茶汤 — 茶主题温泉度假中心 | 张婧媛 钟佳滨 庄逸帆 指导教师：林涛 张蕾

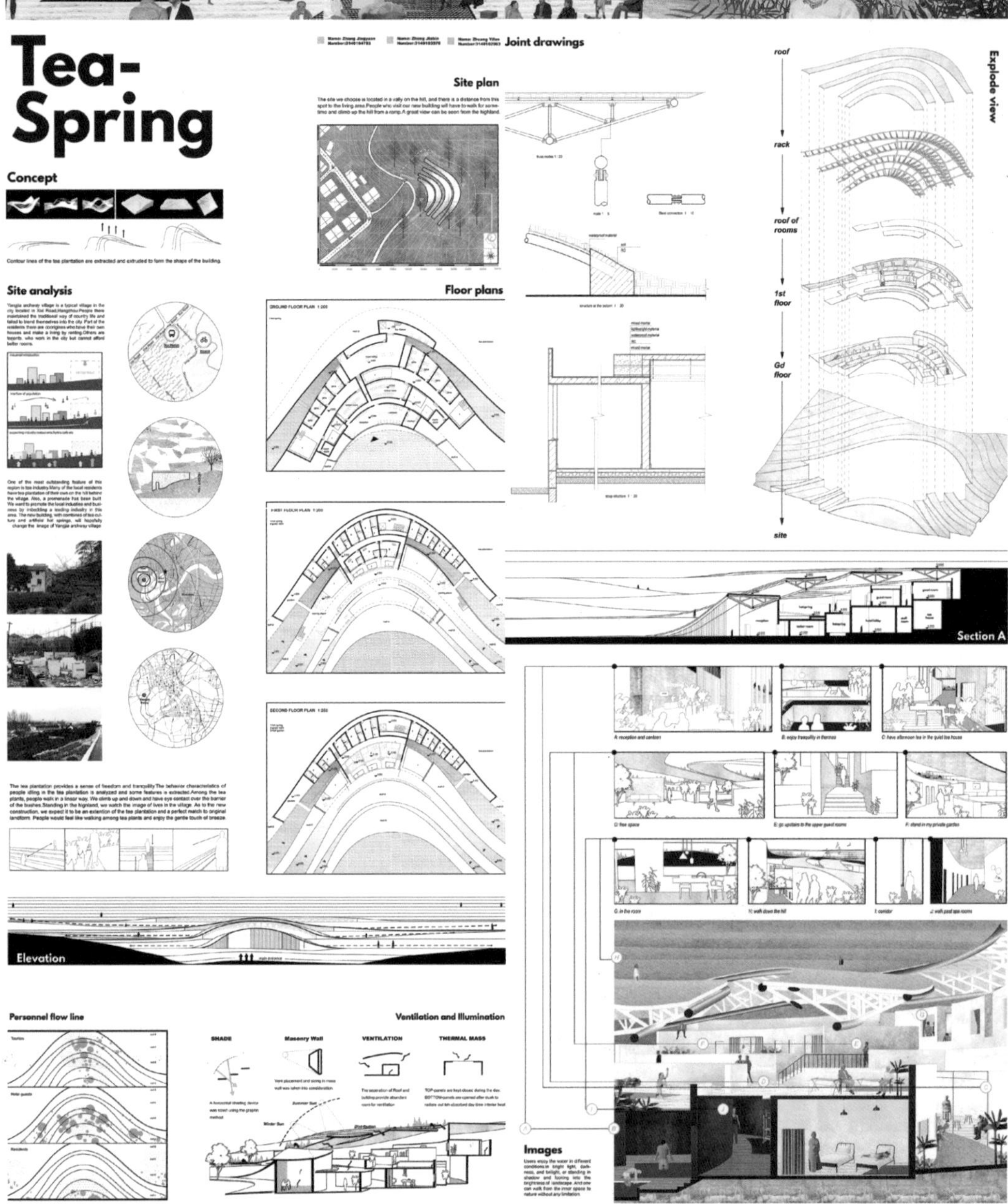

2014 级 张婧媛 钟佳滨 庄逸帆

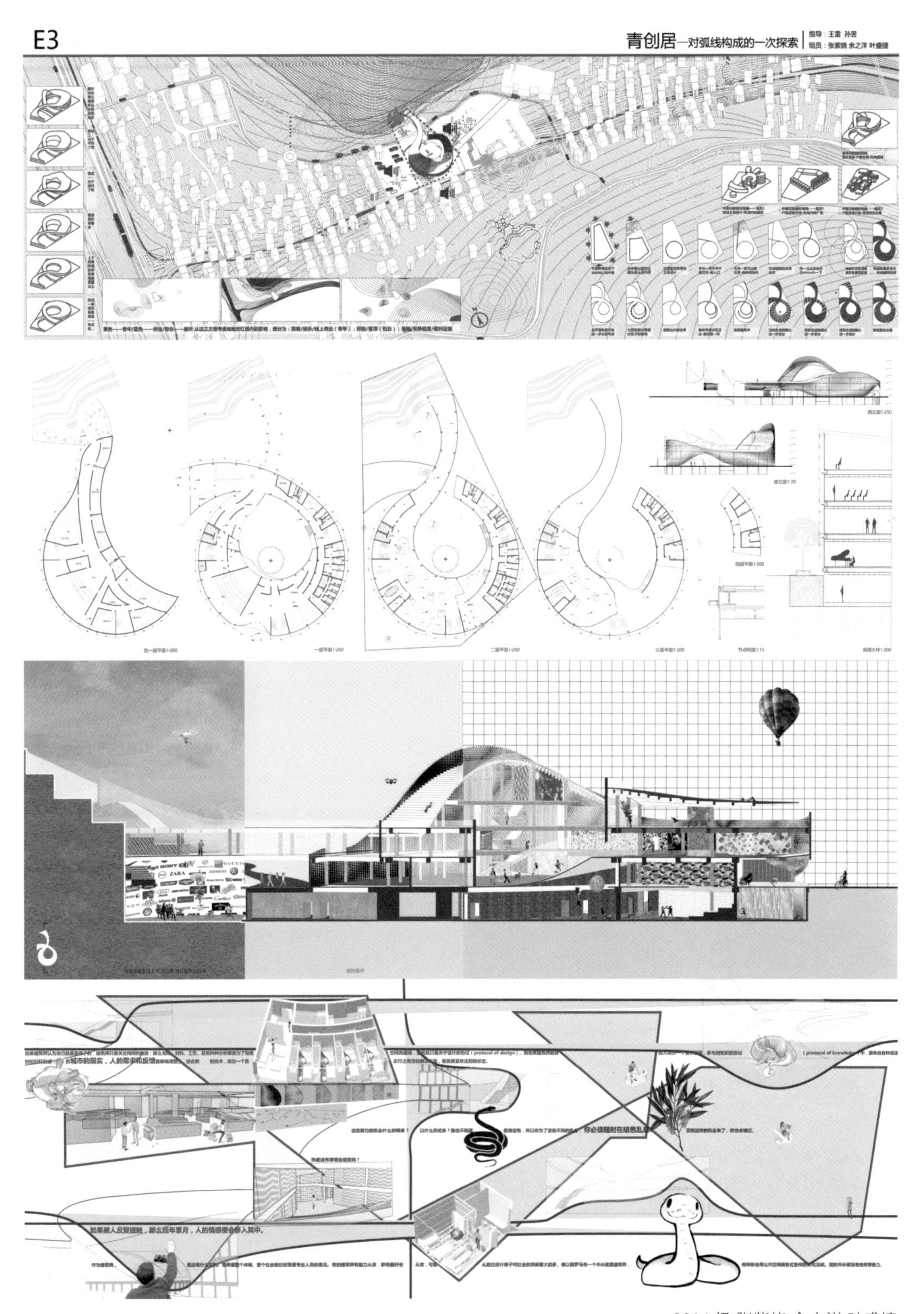

2014 级 张紫娆 余之洋 叶盛捷

F1

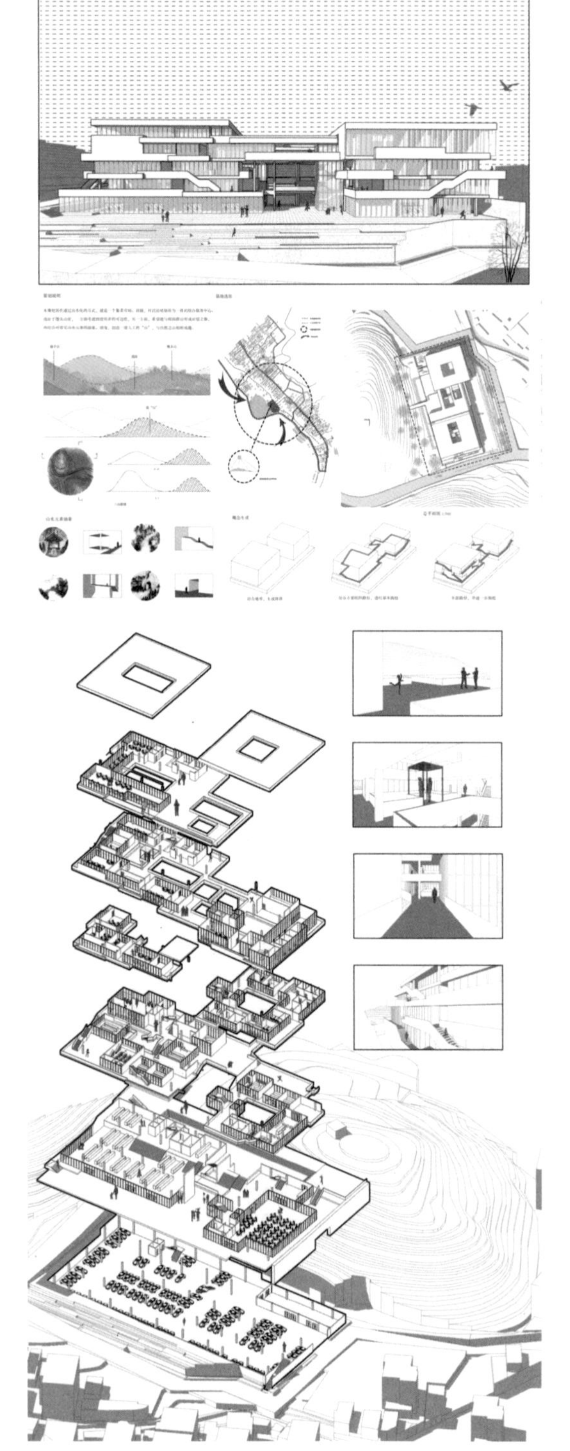

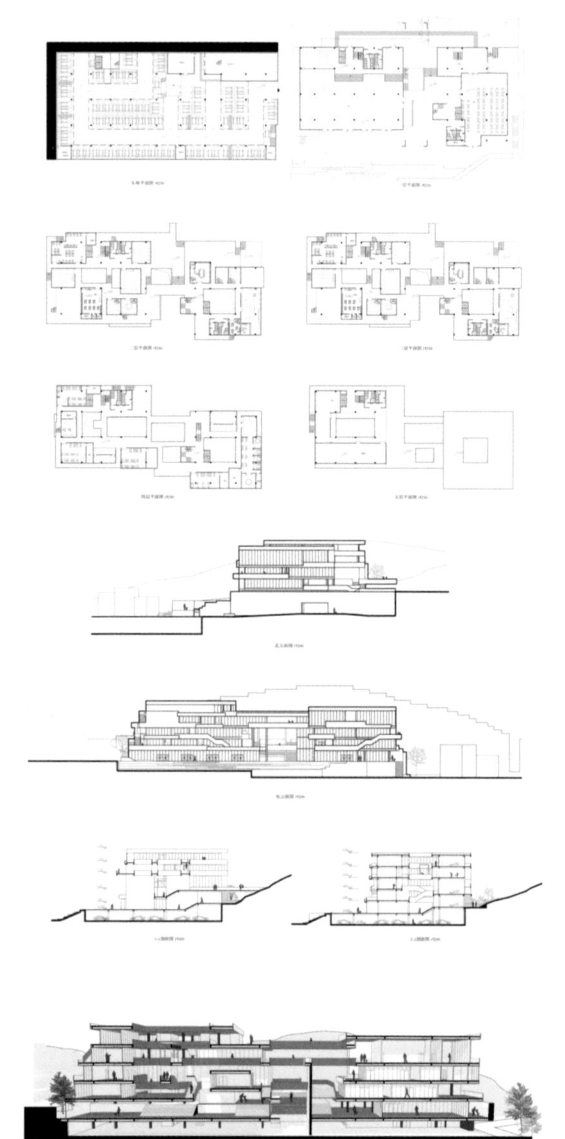

2014 级 张思远 曾思铭 谭建良

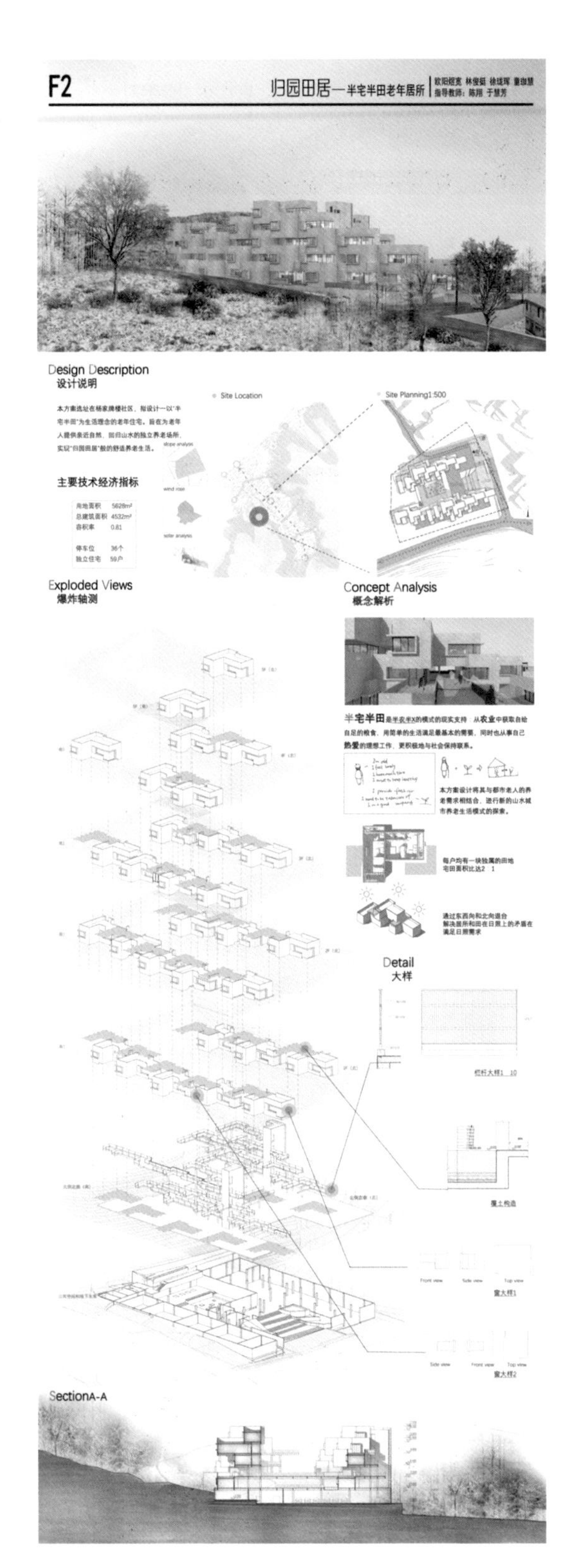

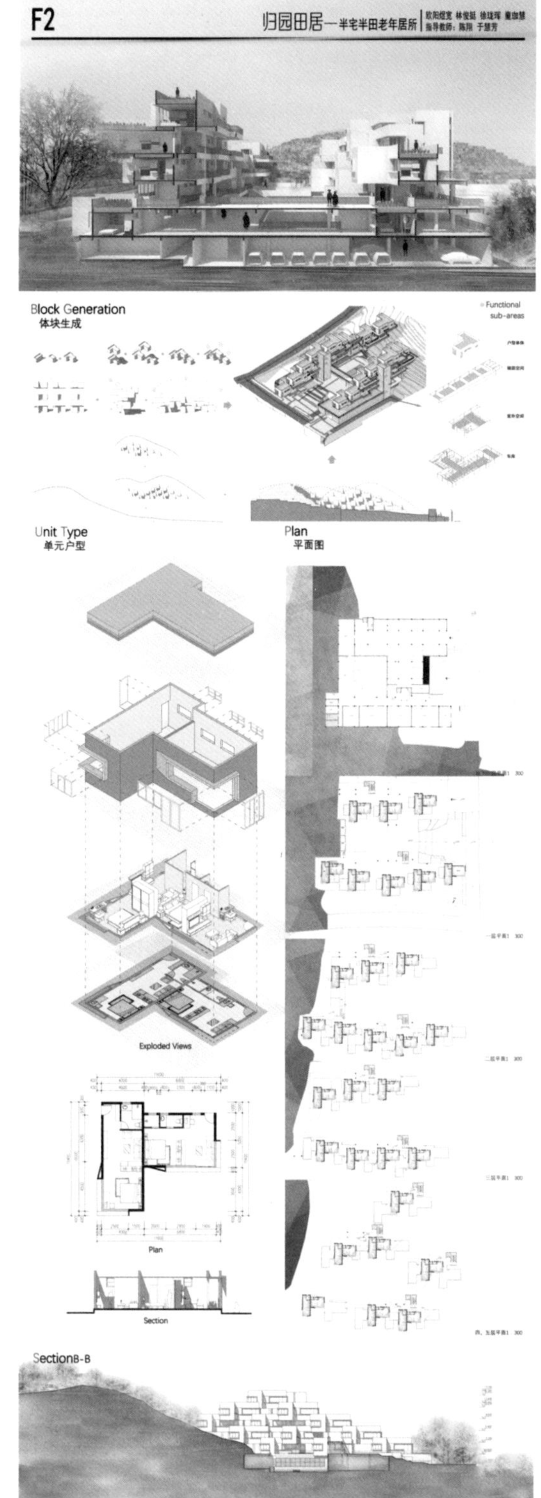

2014 级 欧阳煜宽 林俊挺 徐珑珲 童珈慧

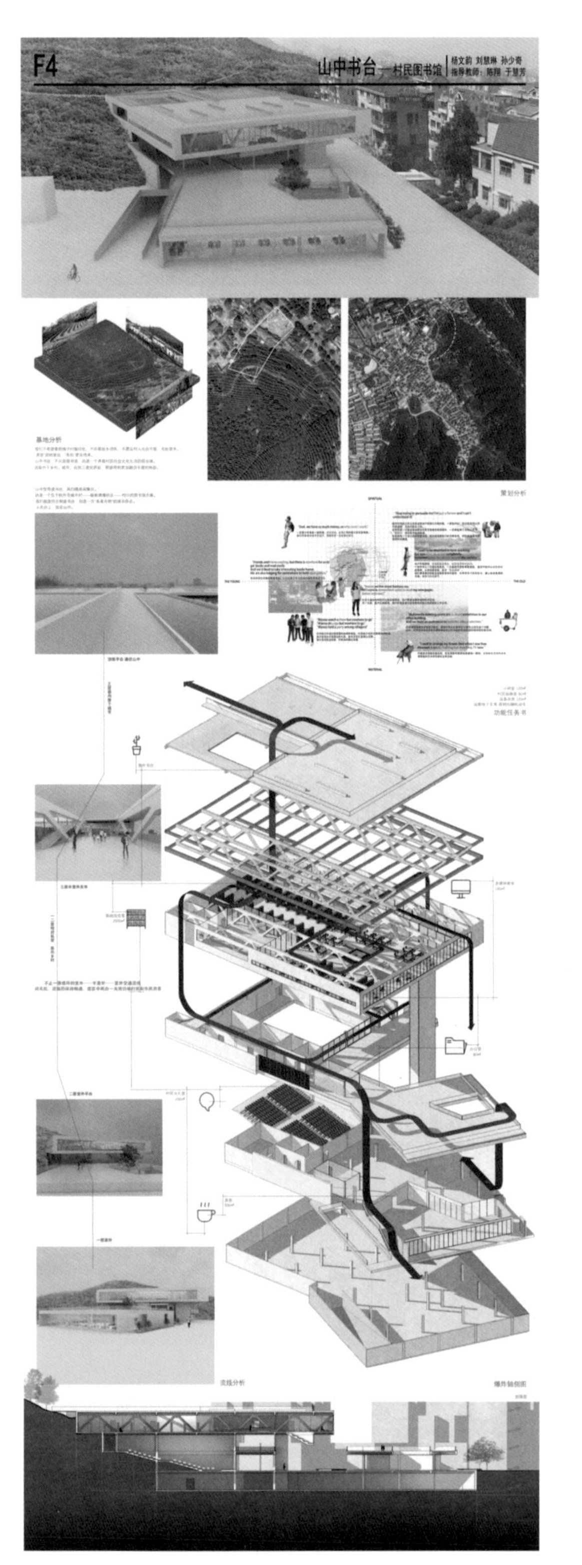

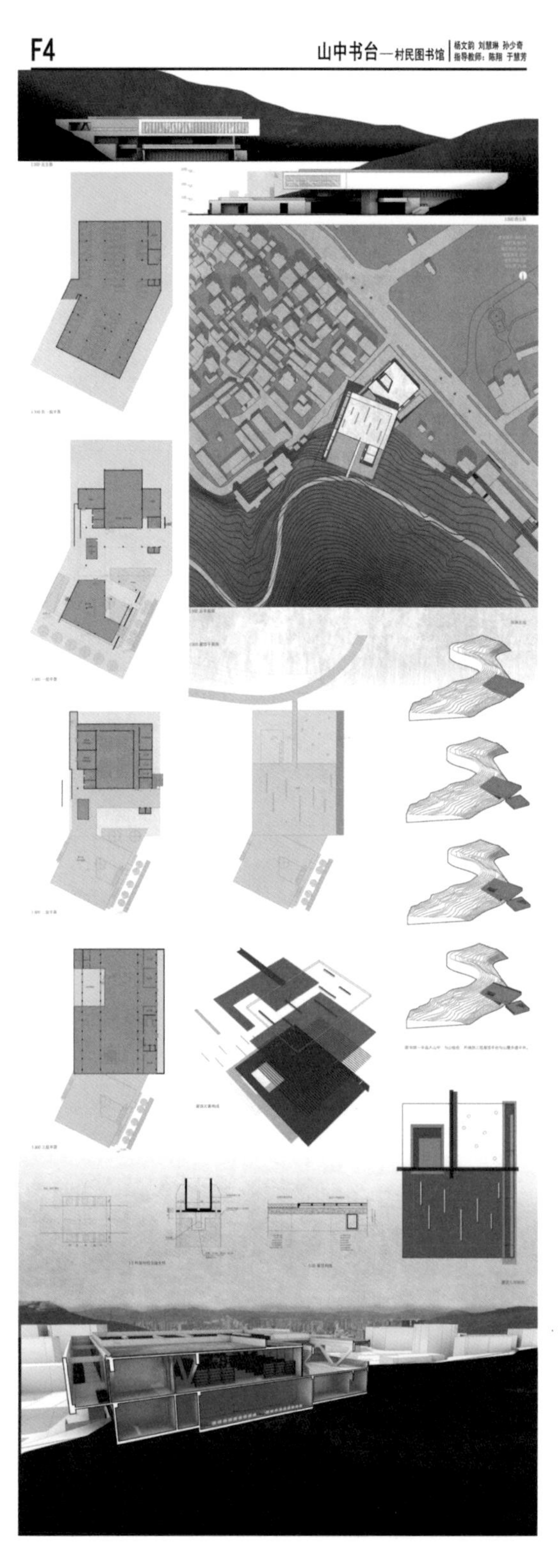

2014 级 杨文韵 刘慧琳 孙少奇

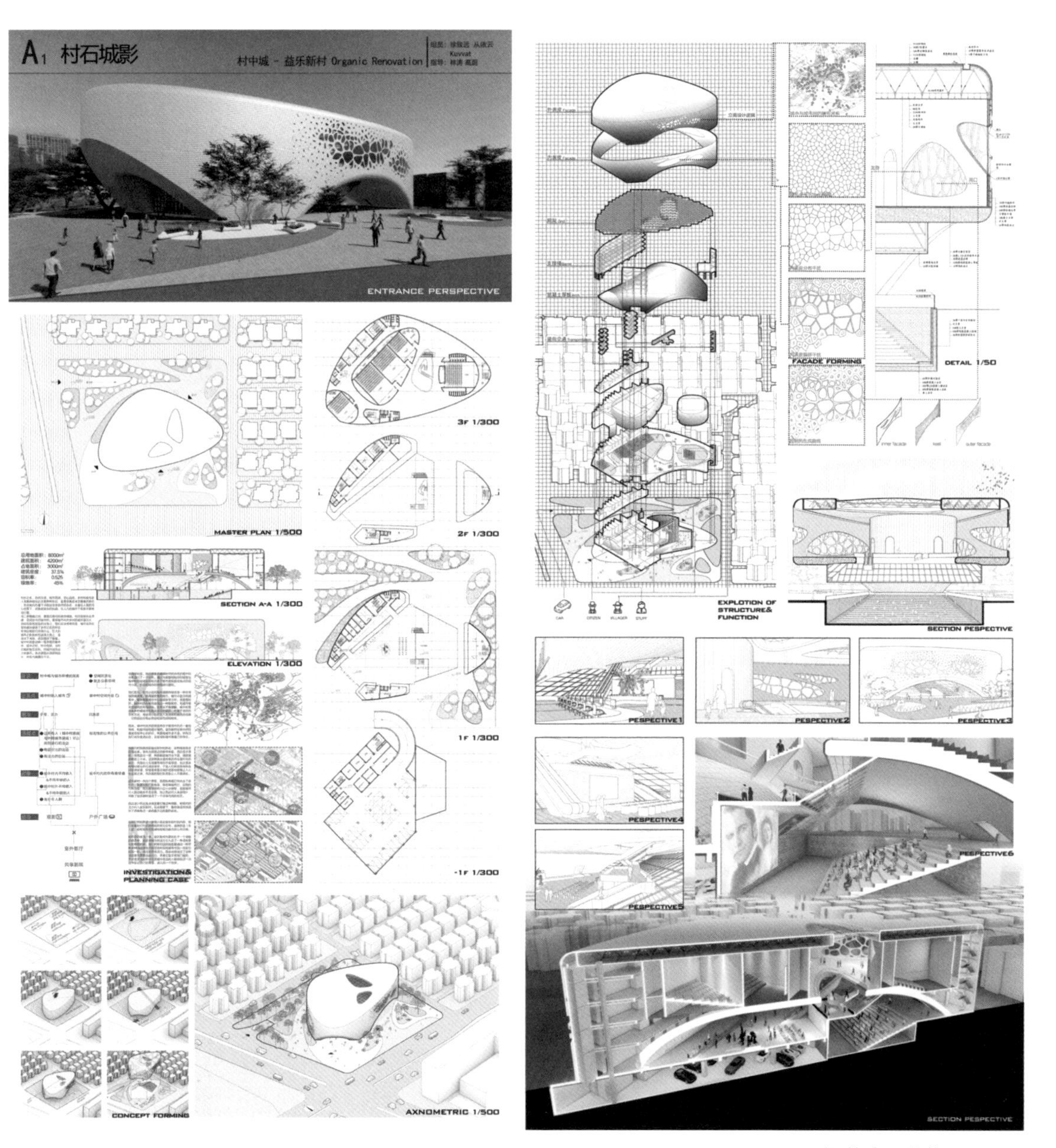

2015 级 徐致远 从依云 Kuvvat

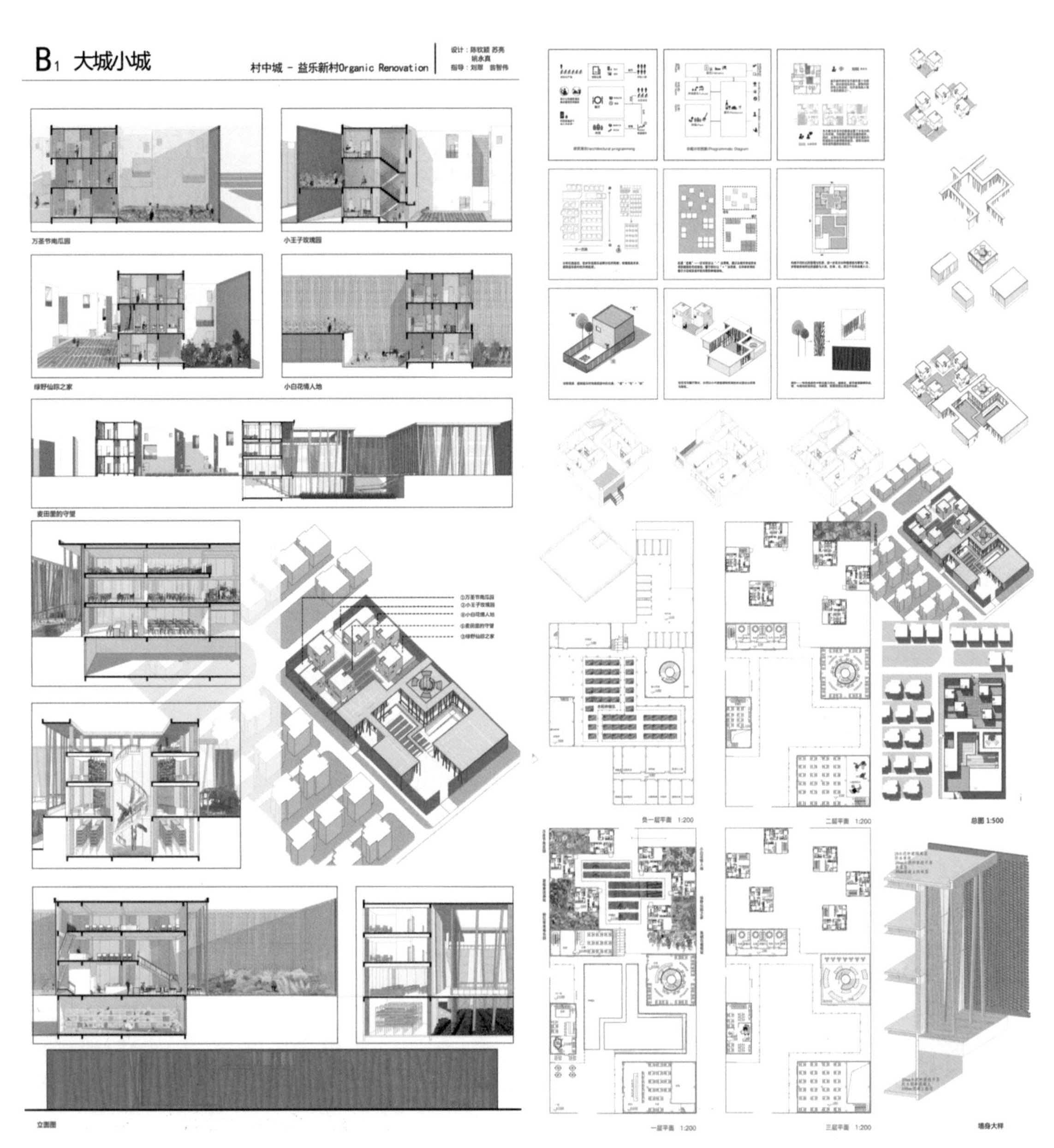

2015 级 陈钦颖 苏亮 姚永真

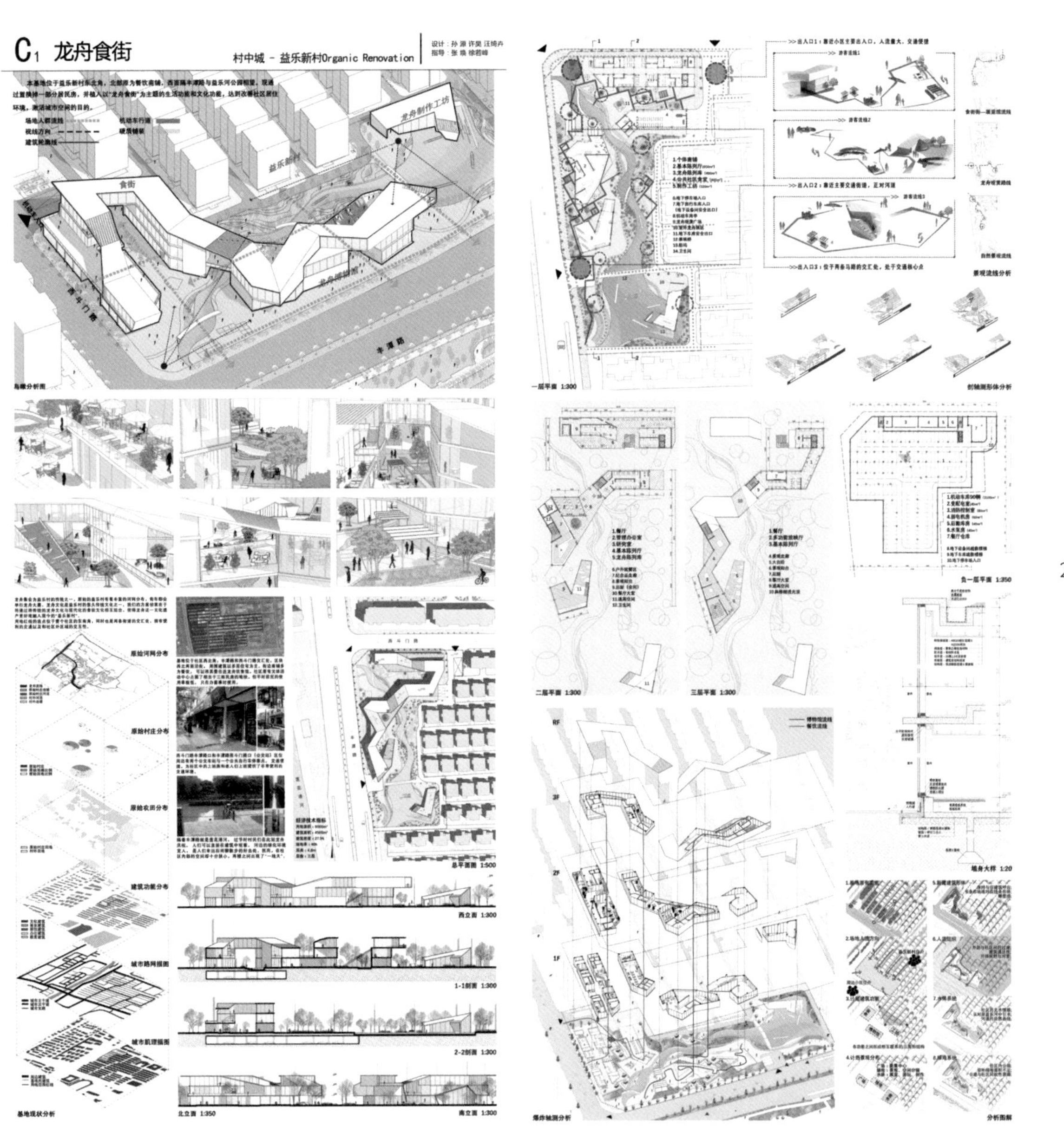

2015 级 孙源 许昊 汪绮卉

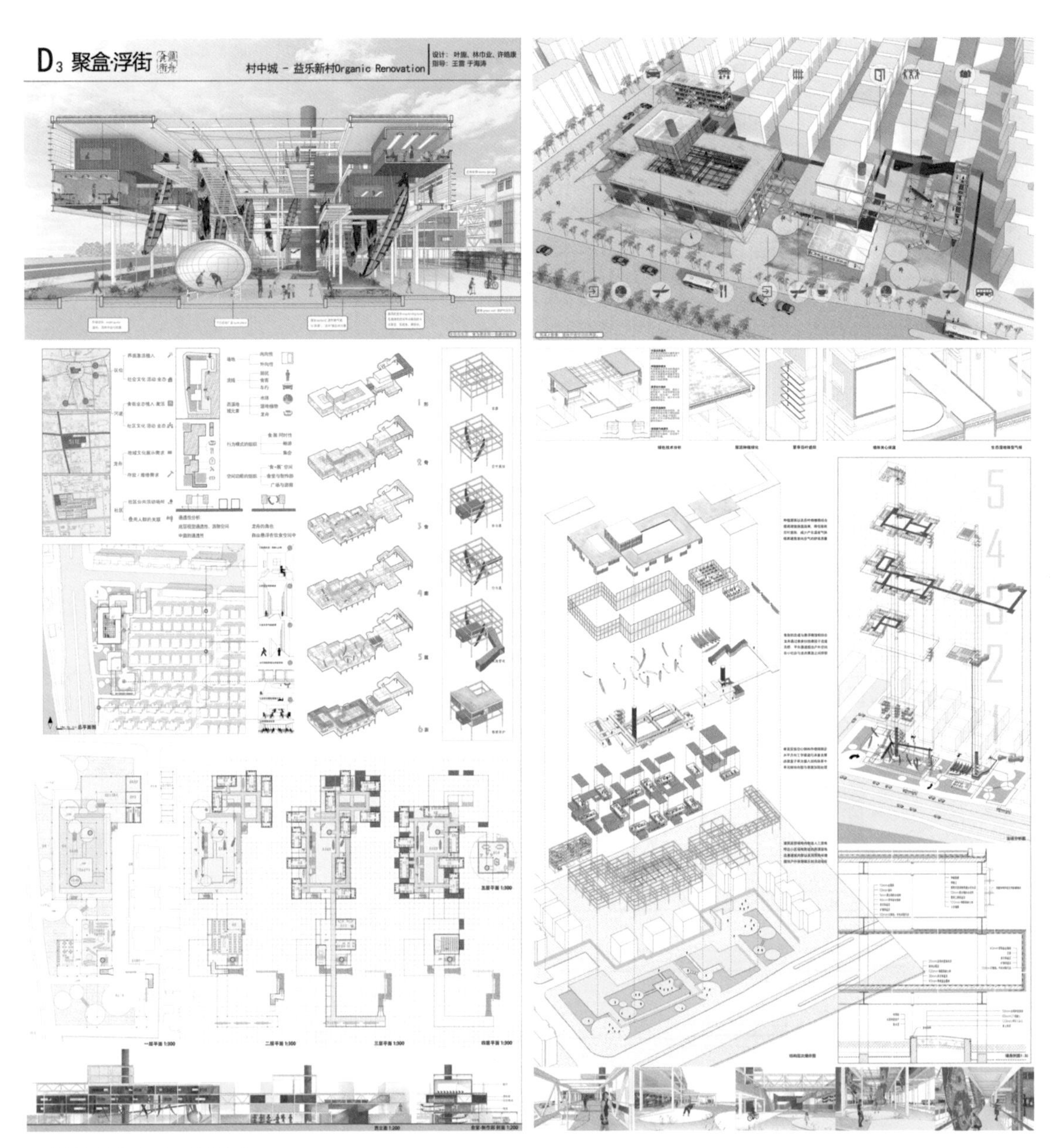

2015 级 叶旎 林巾业 许皓康

2015 级 刘琦 詹育泓 叶佳琪

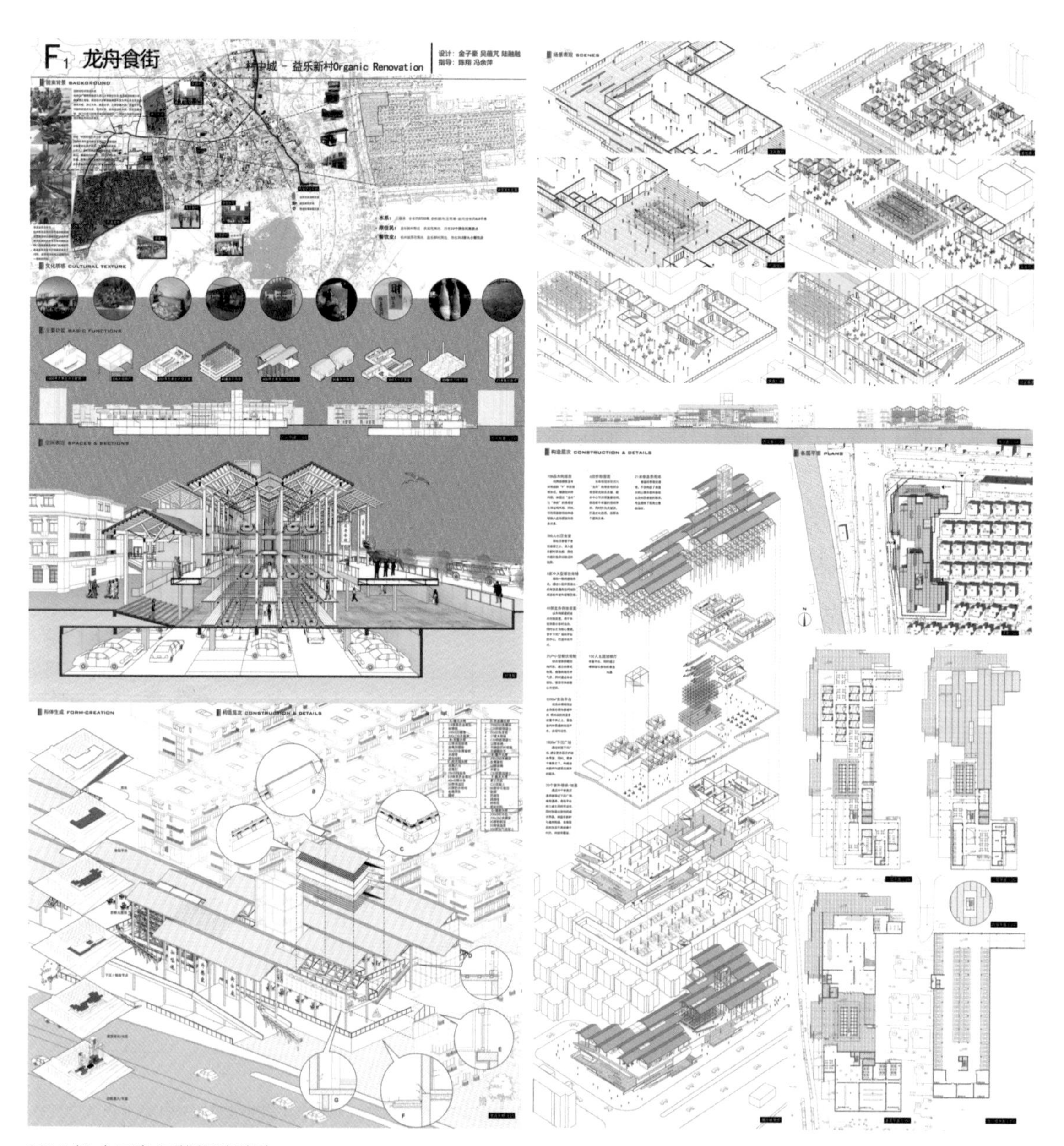

2015 级 金子豪 吴蕴芃 陆融融

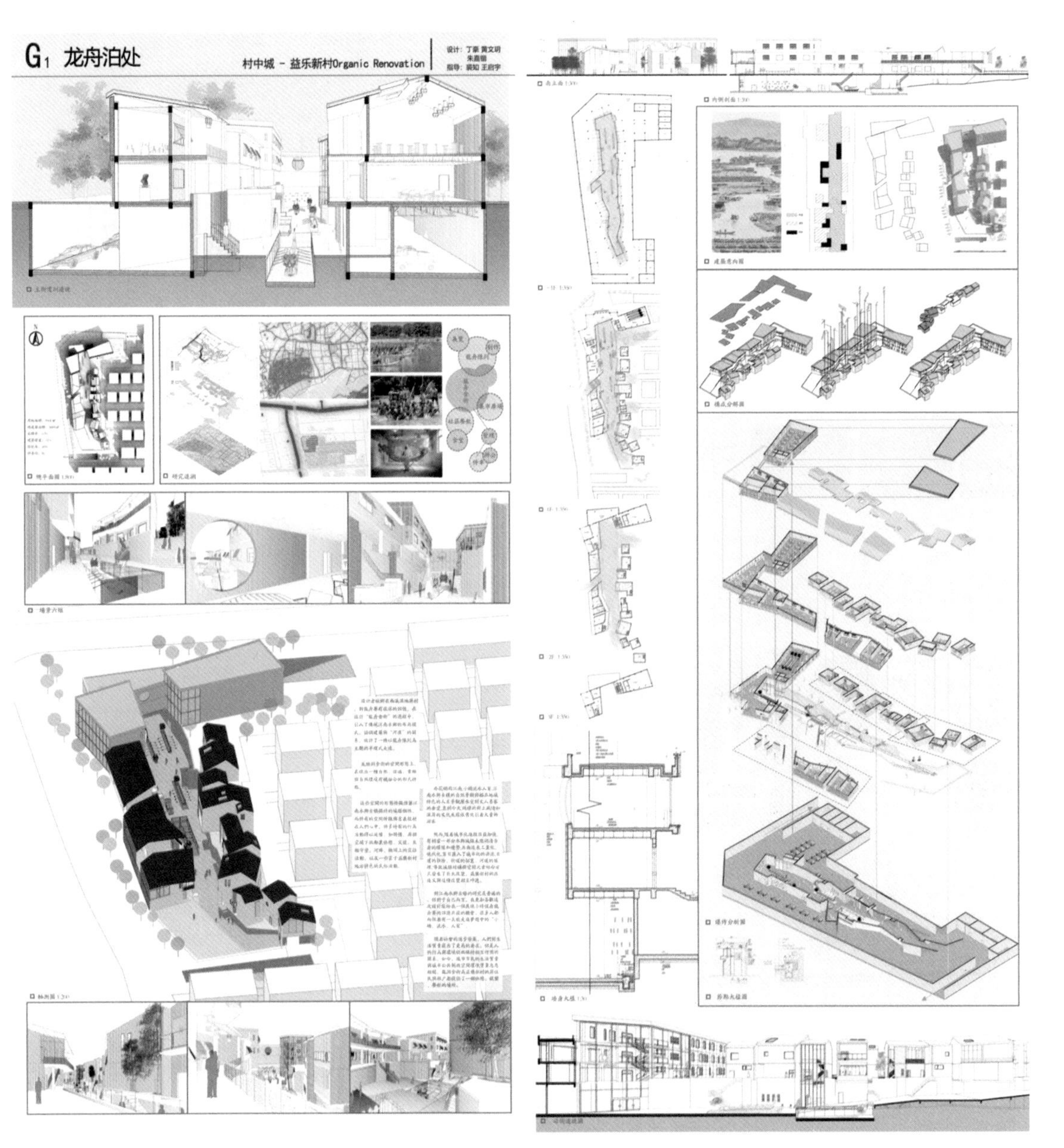

2015 级 丁豪 黄文玥 朱嘉锴

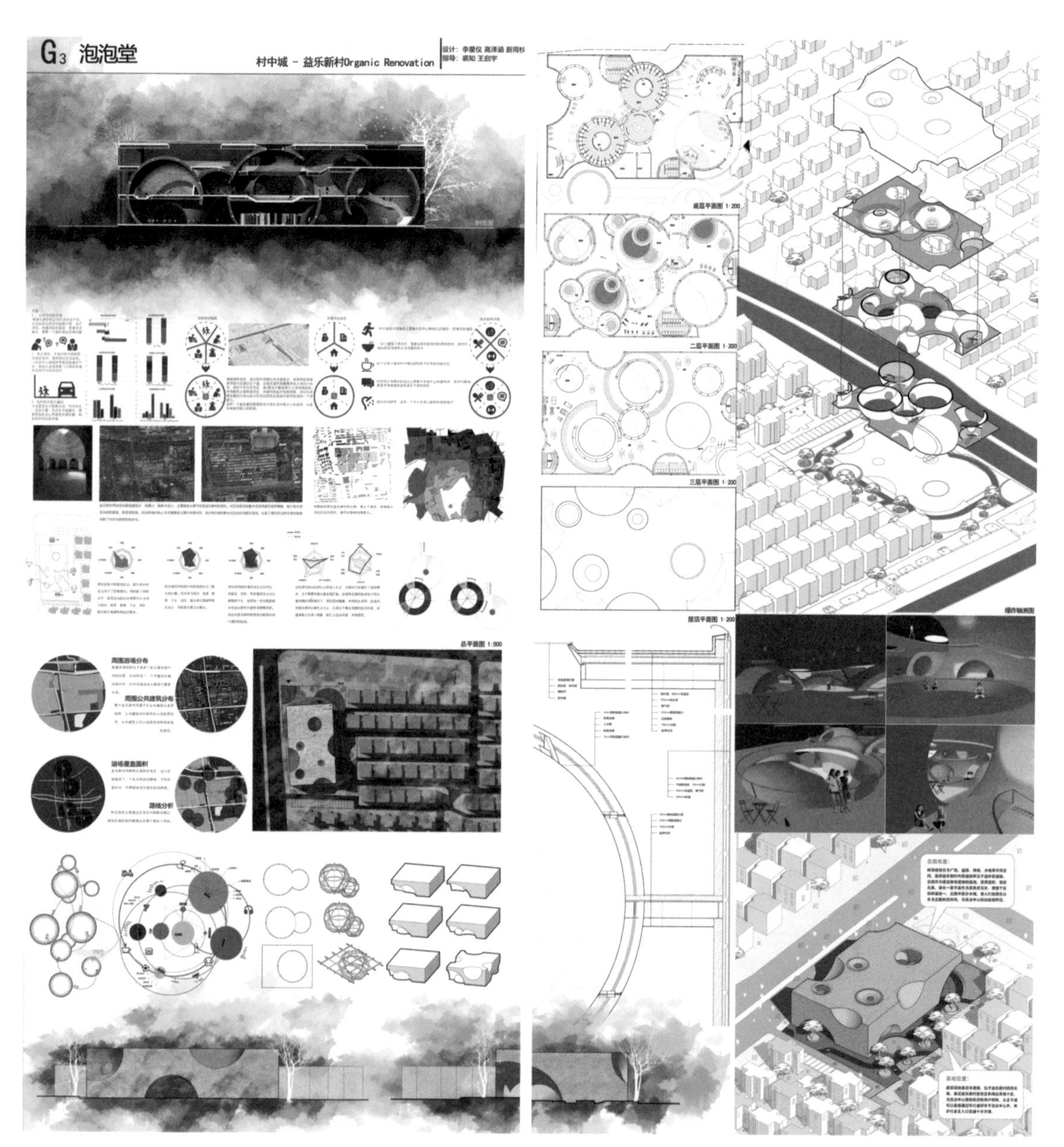

2015 级 李星仪 高泽涵 蔚雨杉

2016 级 褚爽 郑祎旋

2016 级 方瑜媛 刘怡敏 李慧琳

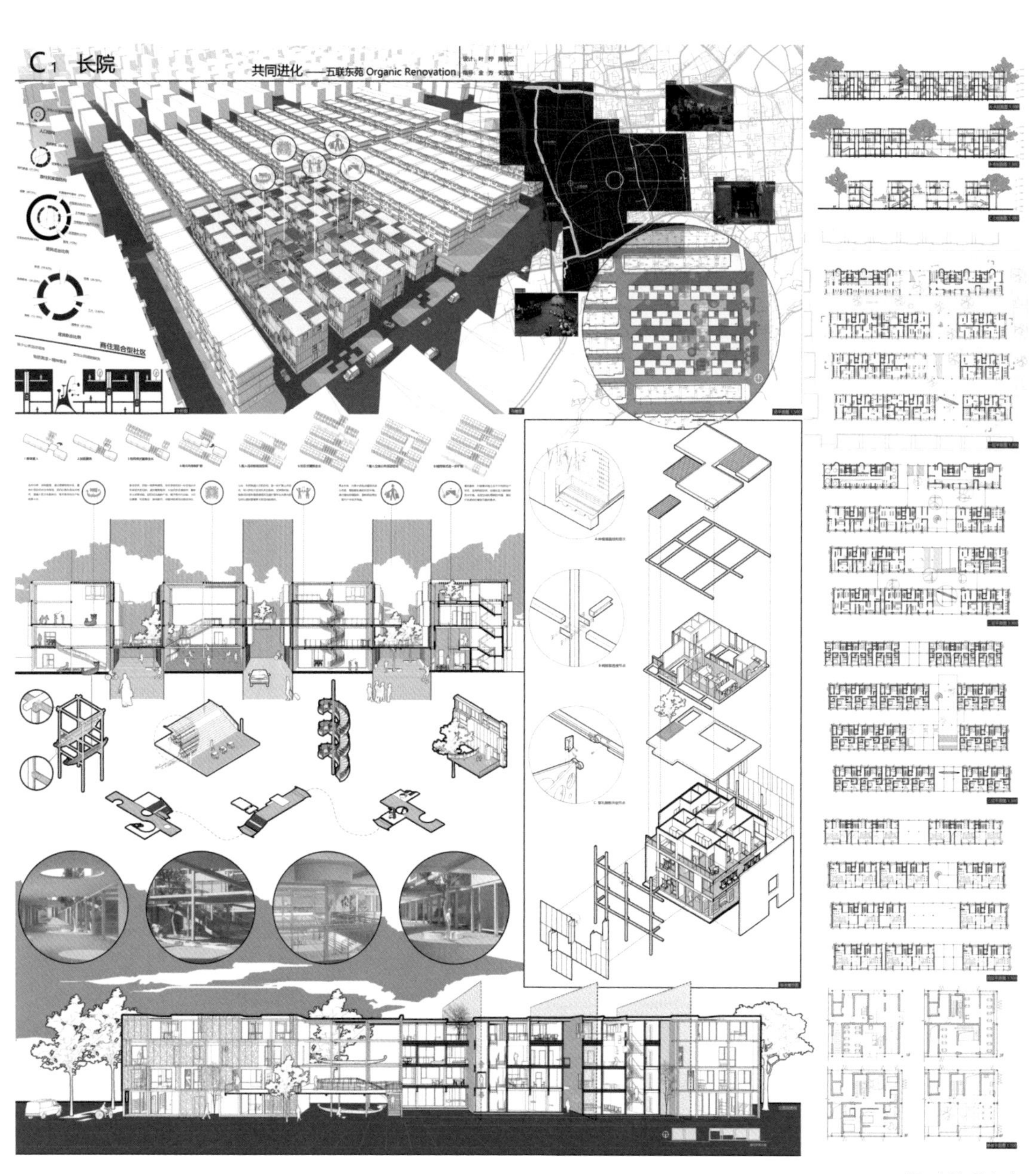

2016 级 叶柠 陈相权

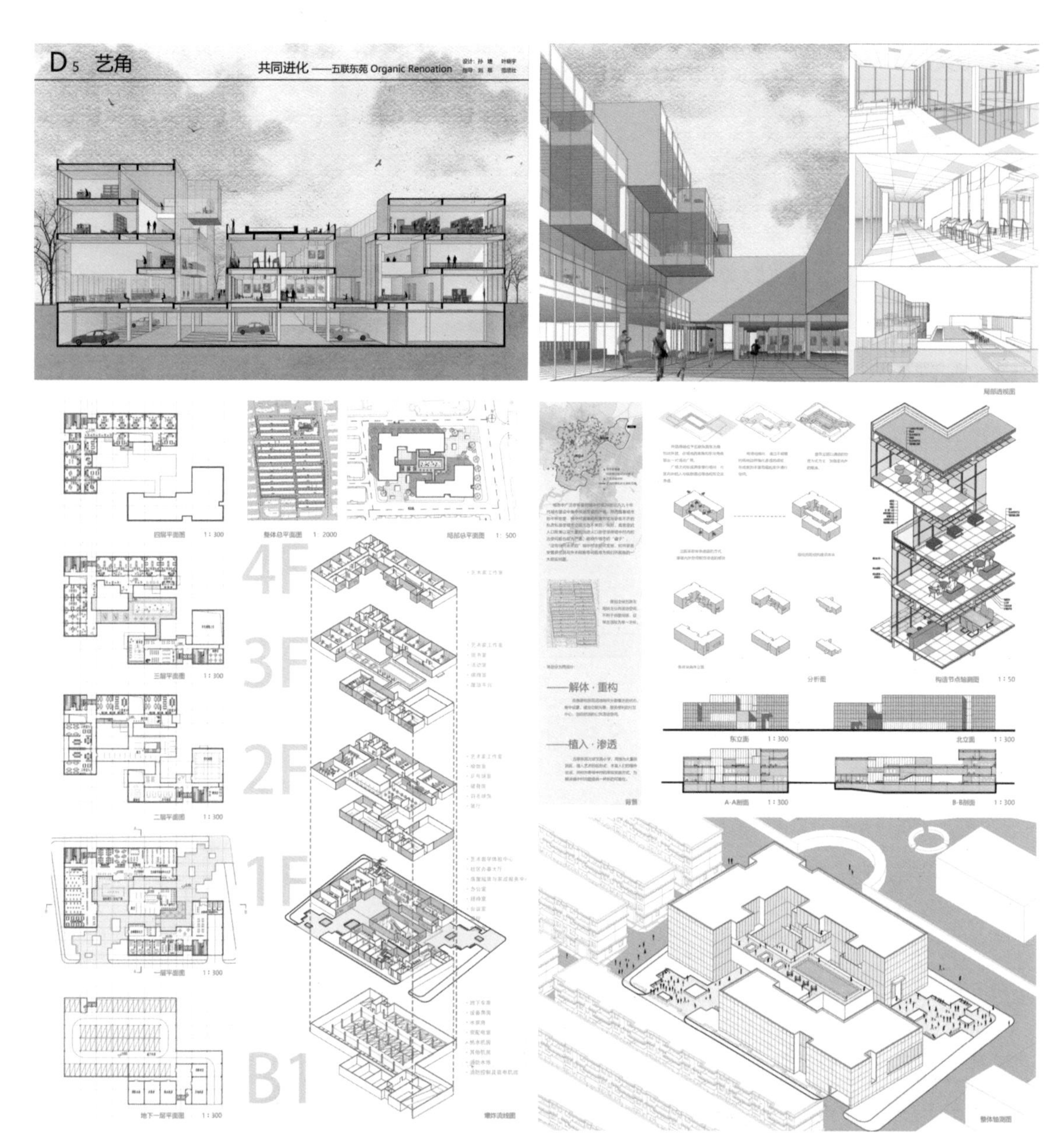
D5 艺角
共同进化——五联东苑 Organic Renoation
设计：孙 婕 叶晓宇
局部透视图
四层平面图 1：300
整体总平面图 1：2000
局部总平面图 1：500
4F
3F
2F
1F
B1
三层平面图 1：300
二层平面图 1：300
一层平面图 1：300
地下一层平面图 1：300
爆炸流线图
分析图
构造节点轴测图 1：50
——解体·重构
——植入·渗透
东立面 1：300
北立面 1：300
A-A剖面 1：300
B-B剖面 1：300
背景
整体轴测图

2016 级 孙婕 叶晓宇

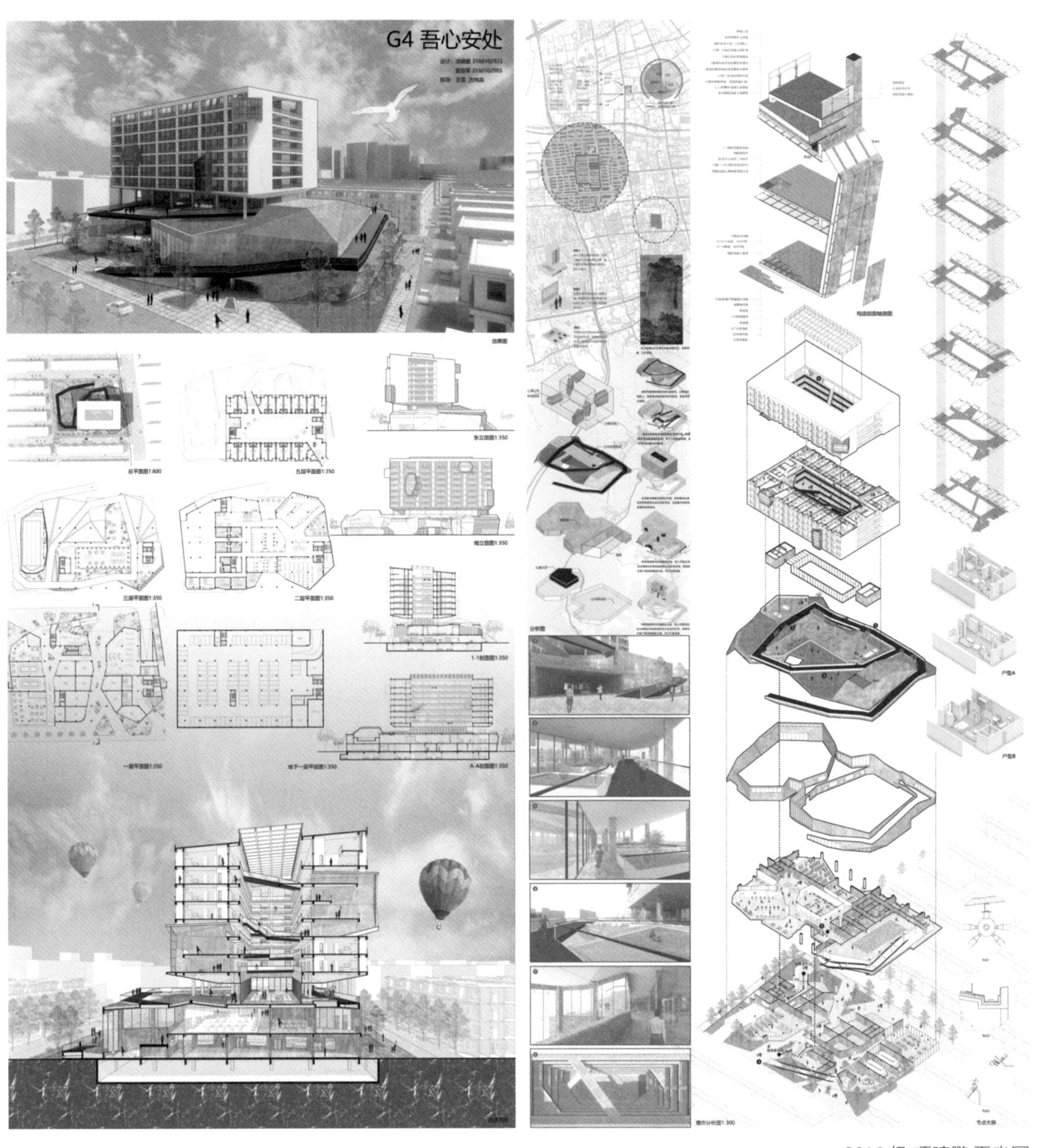

2016 级 项啸鹏 夏淼军

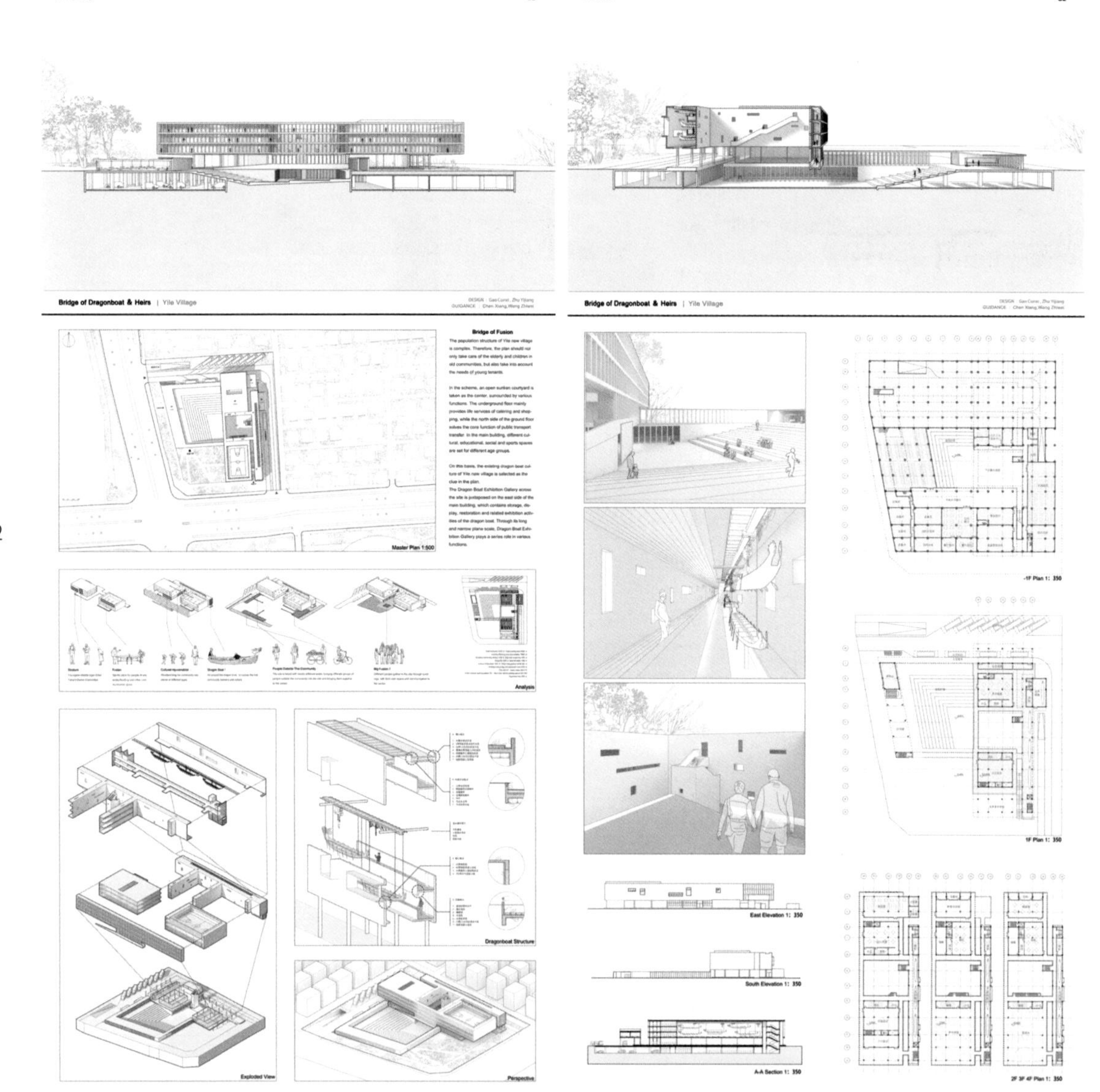

2017 级 高存希 朱怡江

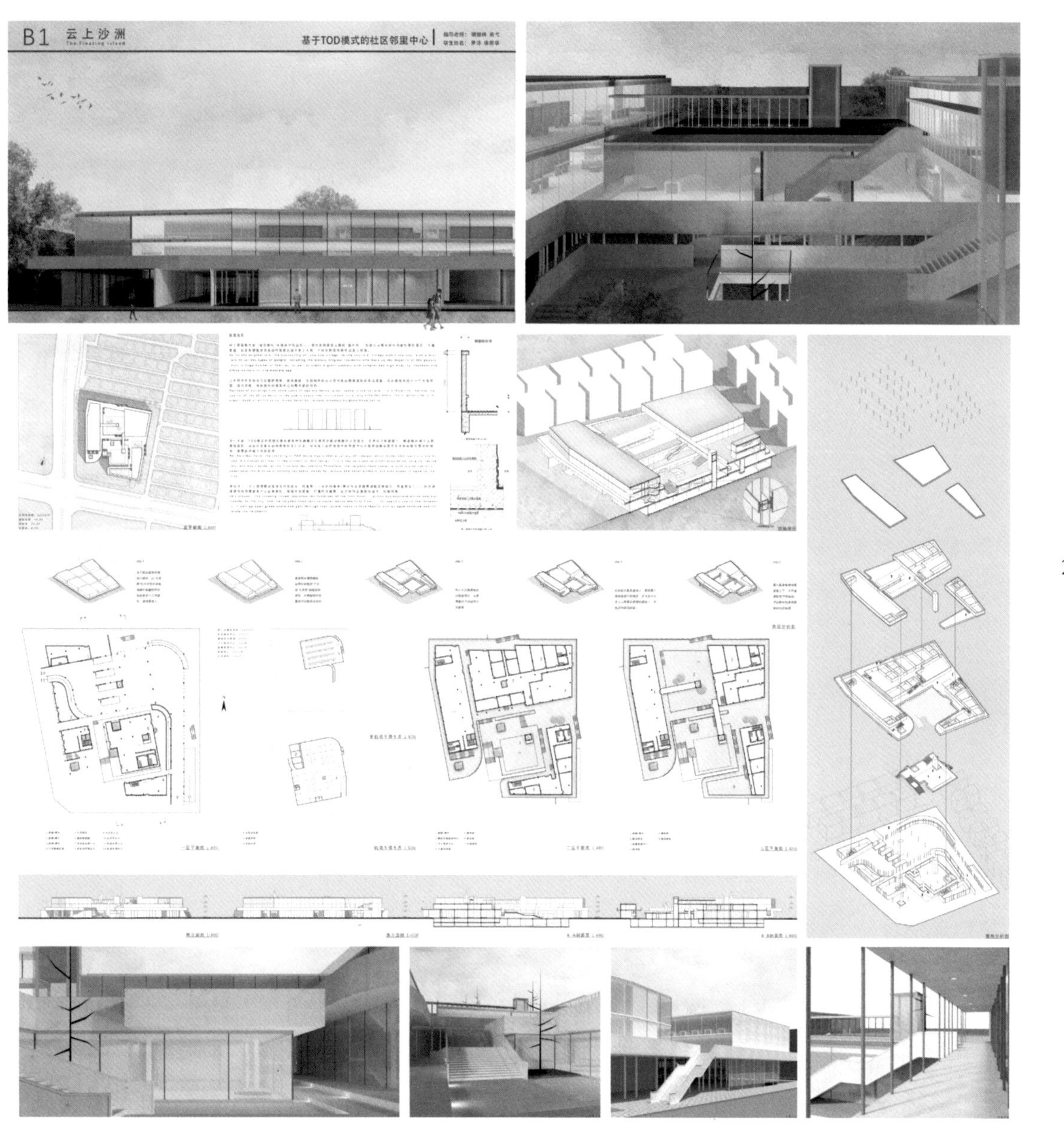

2017 级 罗洋 徐思学

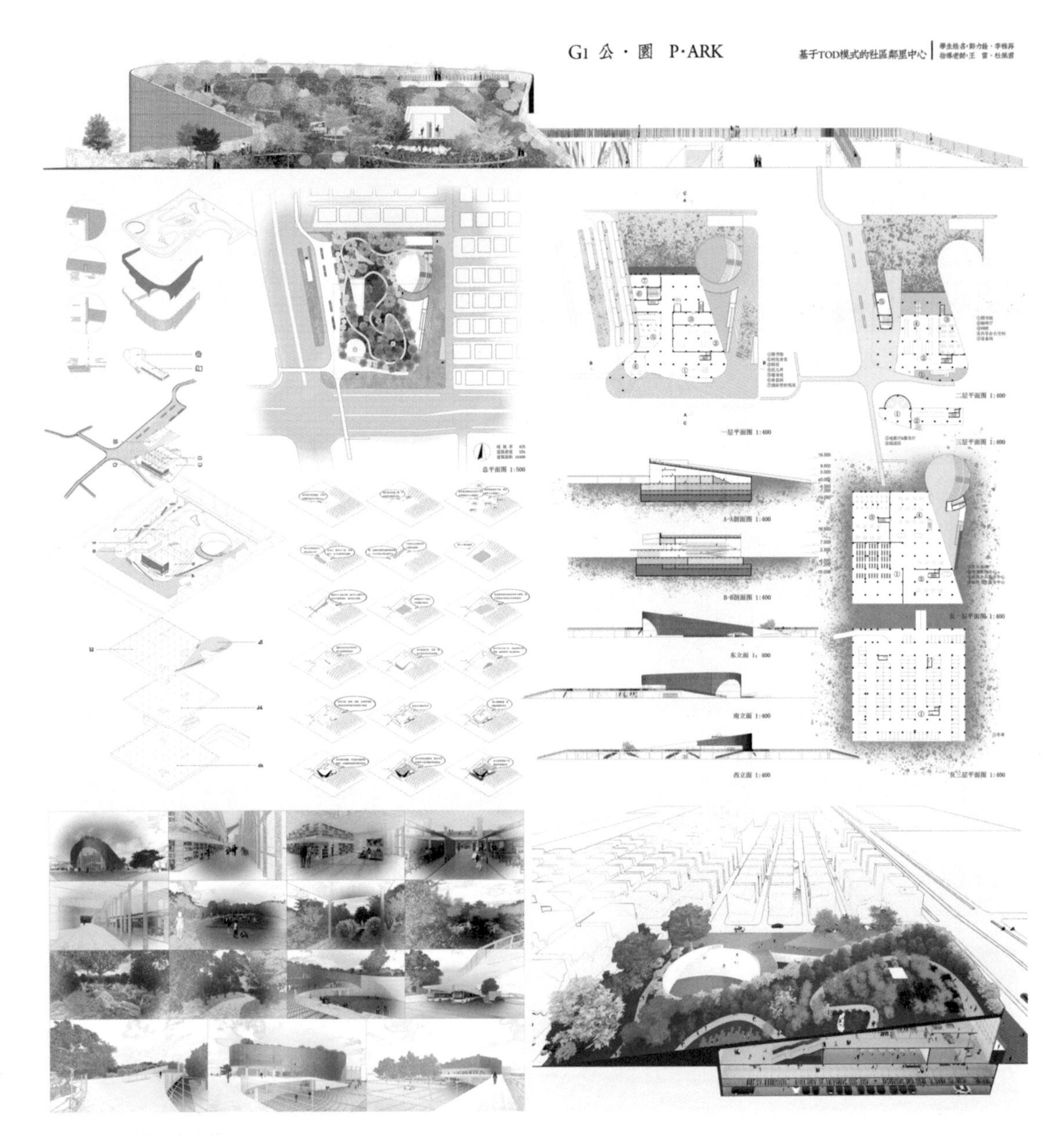

2017 级 郑力铨 李雅菲

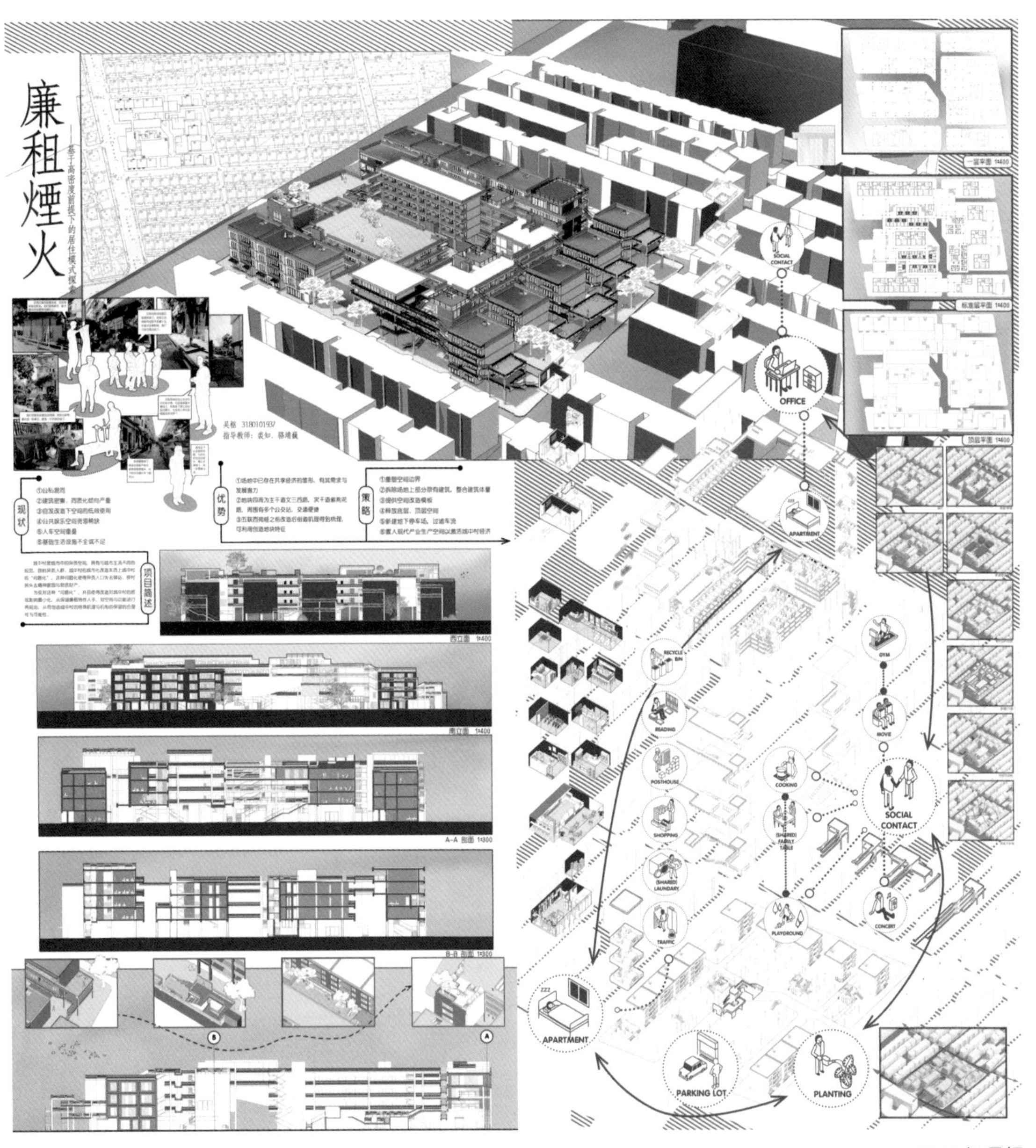

2018 级 吴枢

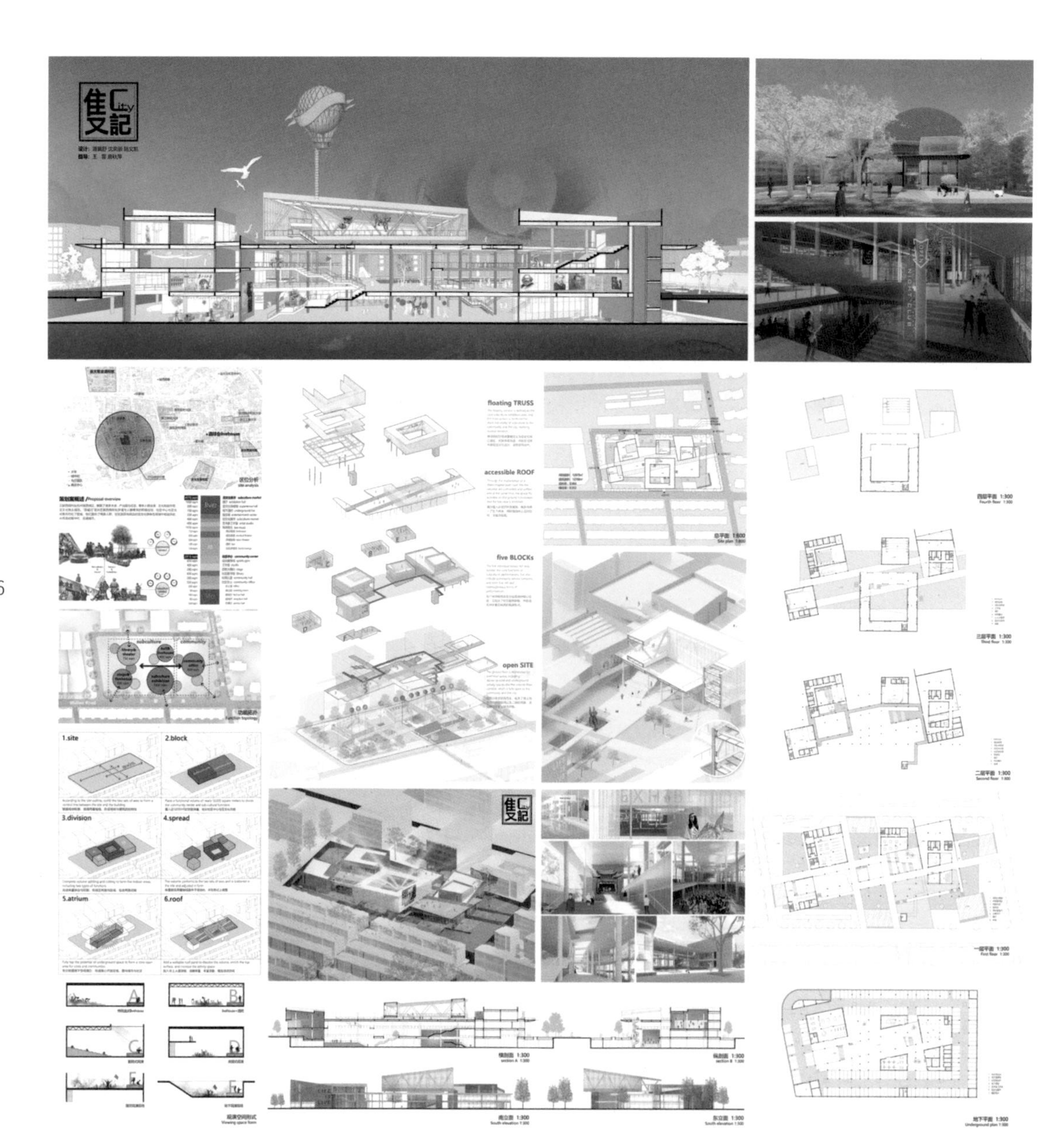

2018 级 潘翼舒 沈奕辰 陆文凯

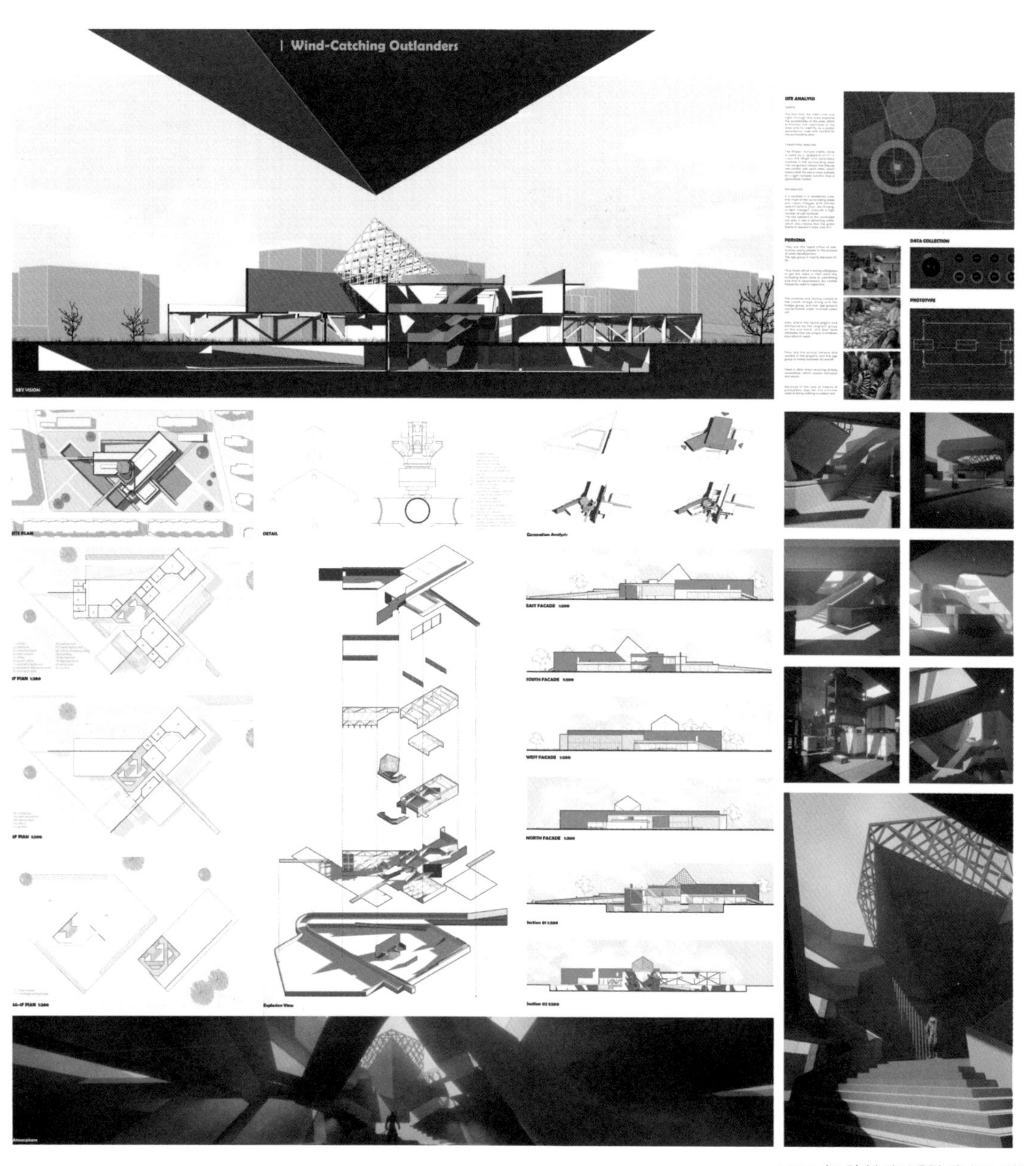

2018 级 陈泊嘉 潘胜璋 汪川淇

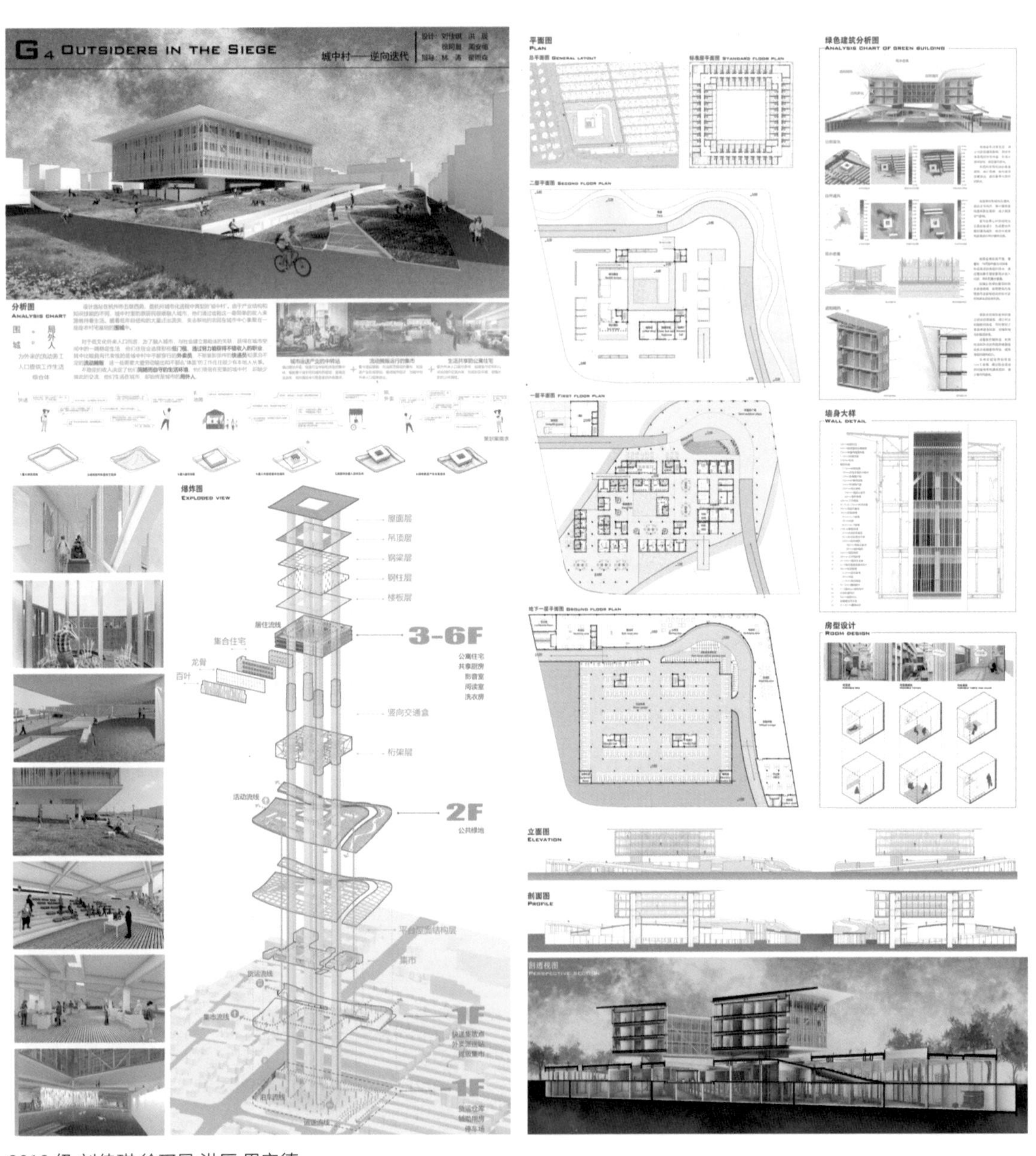

2018 级 刘佳琪 徐珂晨 洪辰 周安德

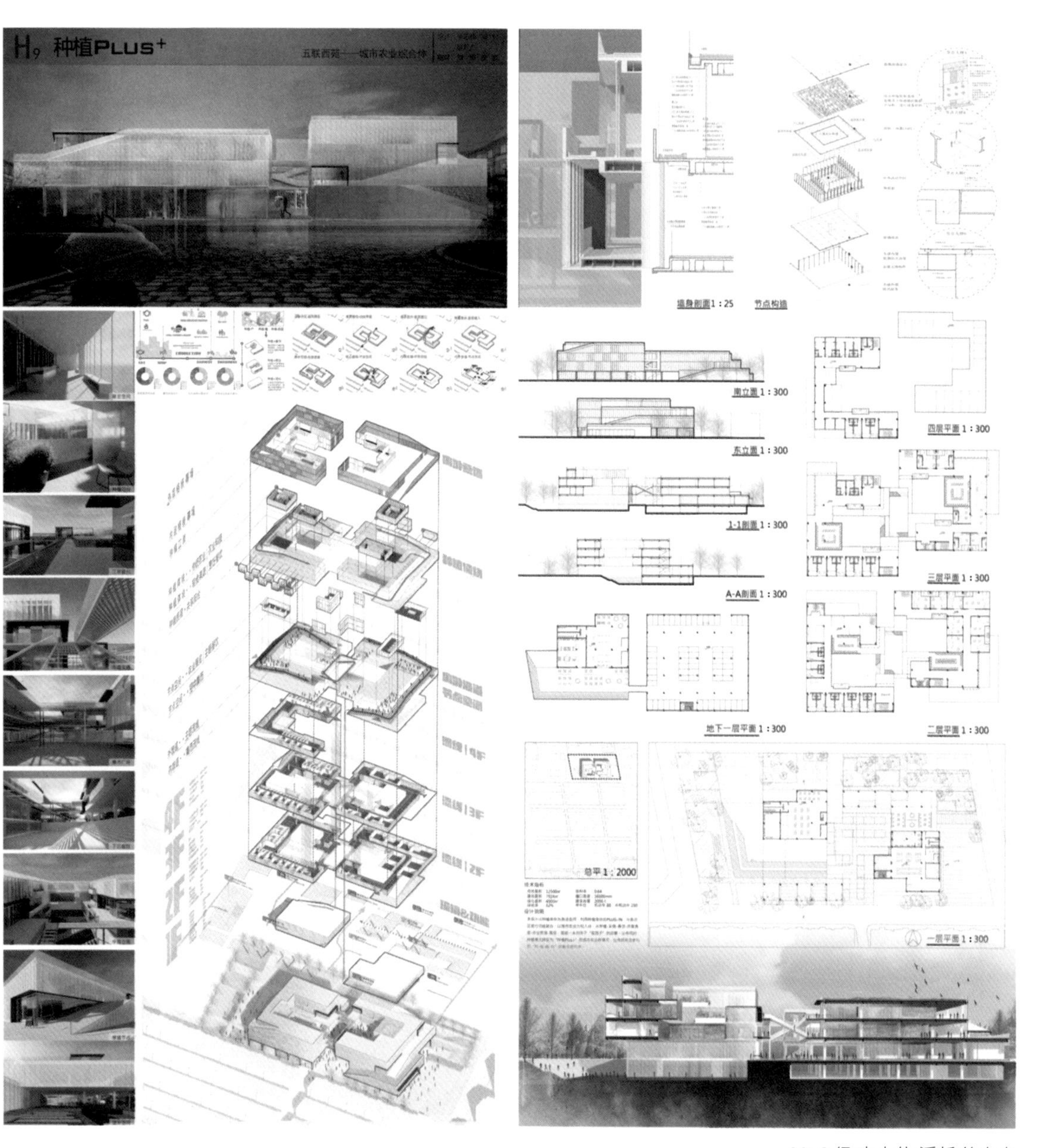

2018 级 李志伟 潘哲 徐志杰

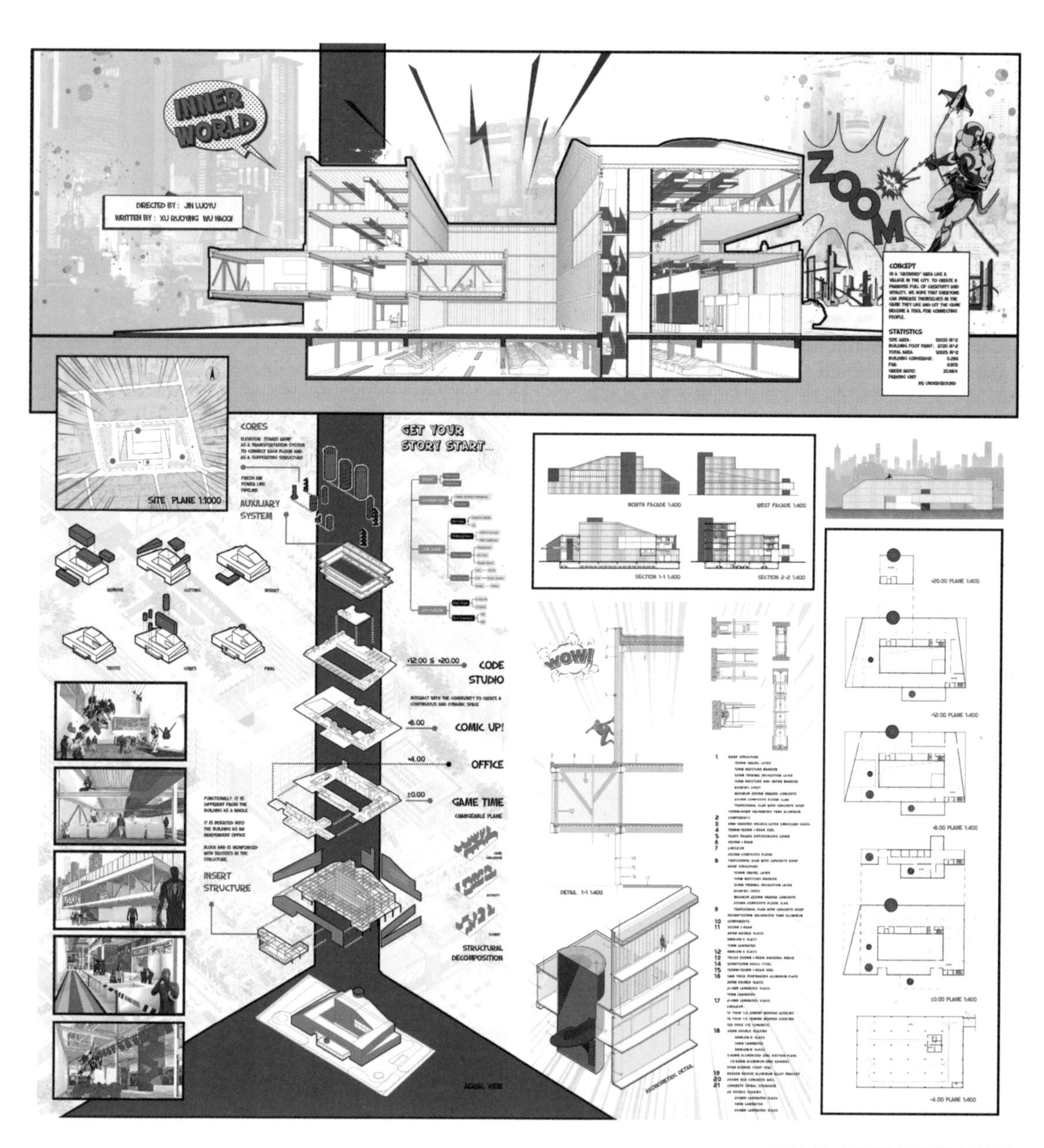

2018 级 金洛羽 吴浩麒 徐若滢

模型示例

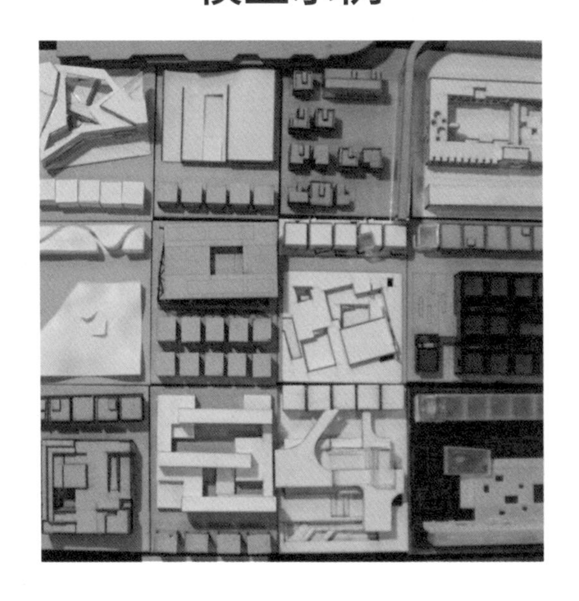

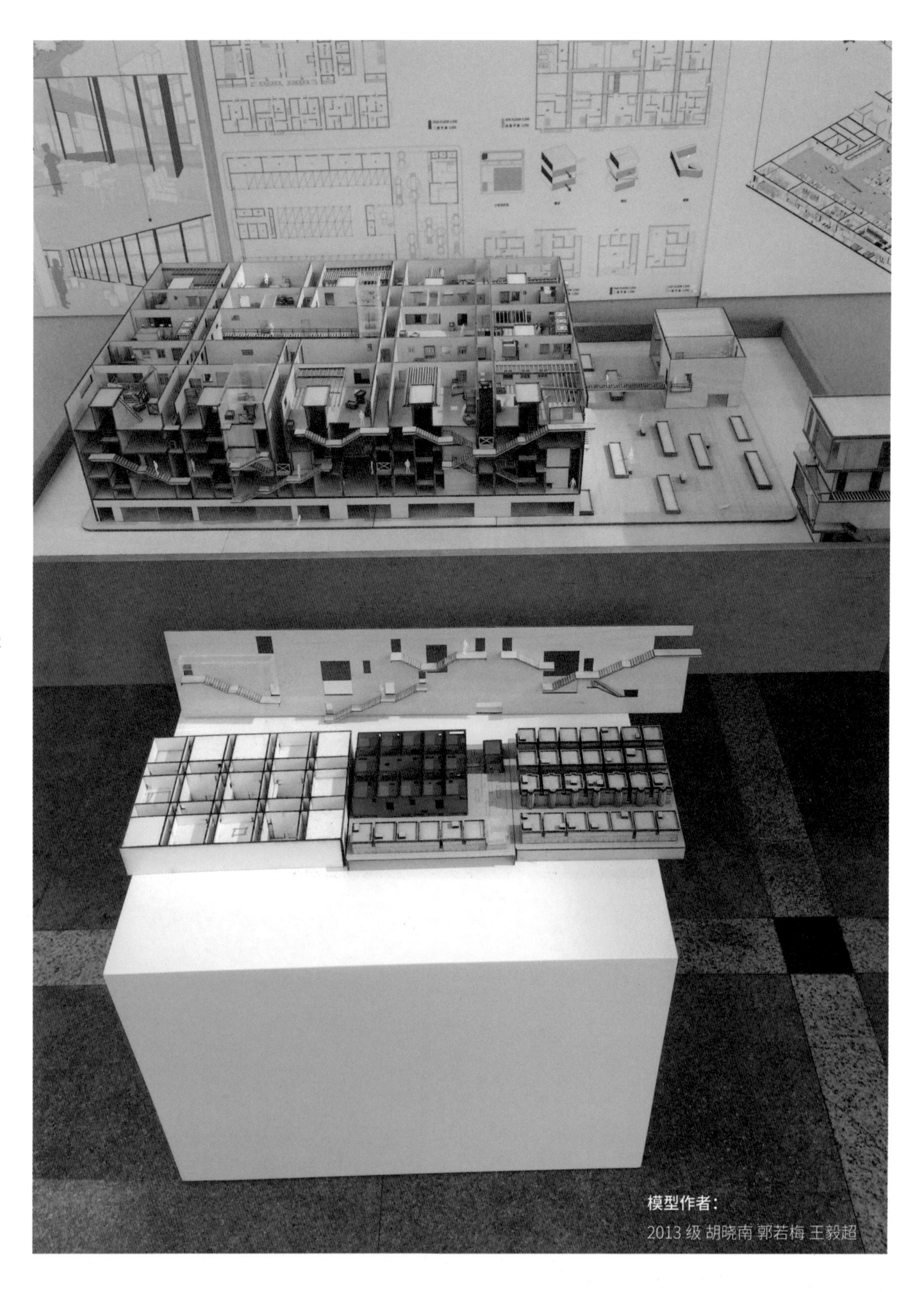

模型作者：

2013 级 胡晓南 郭若梅 王毅超

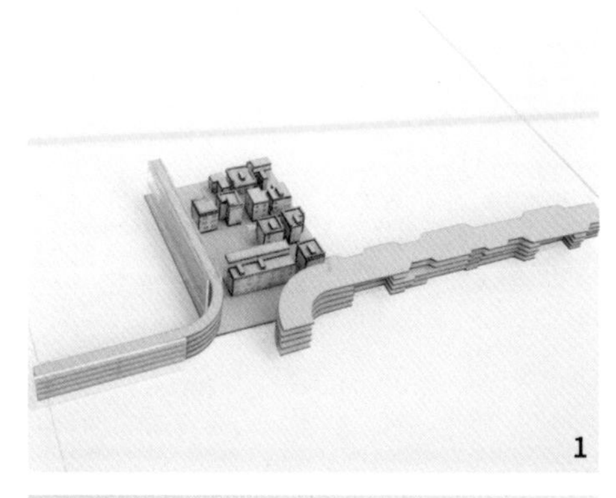

1

2

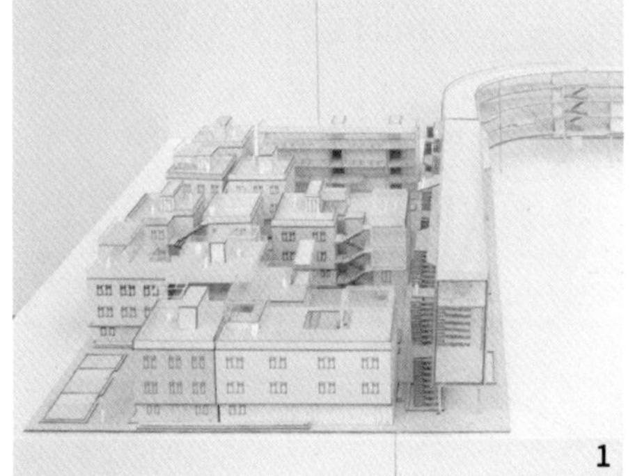

1

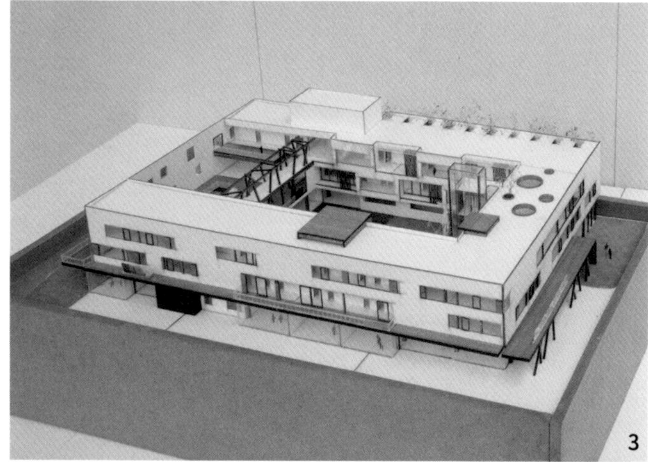

3

模型作者：

2013 级 姚嘉伟 任一凯 周宇嘉

2013 级 罗玉婷 翁惟繁 付鑫玥

2013 级 郑诗吟 赵文凝 秦士耀

2013 级 伍一峰 毛金统 李泽

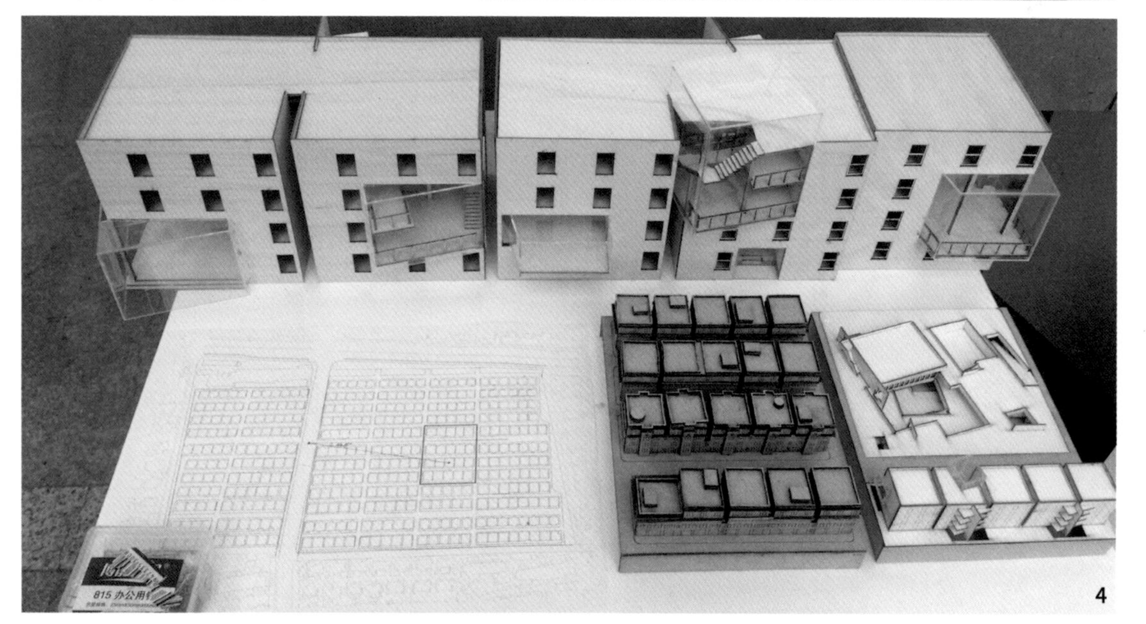

4

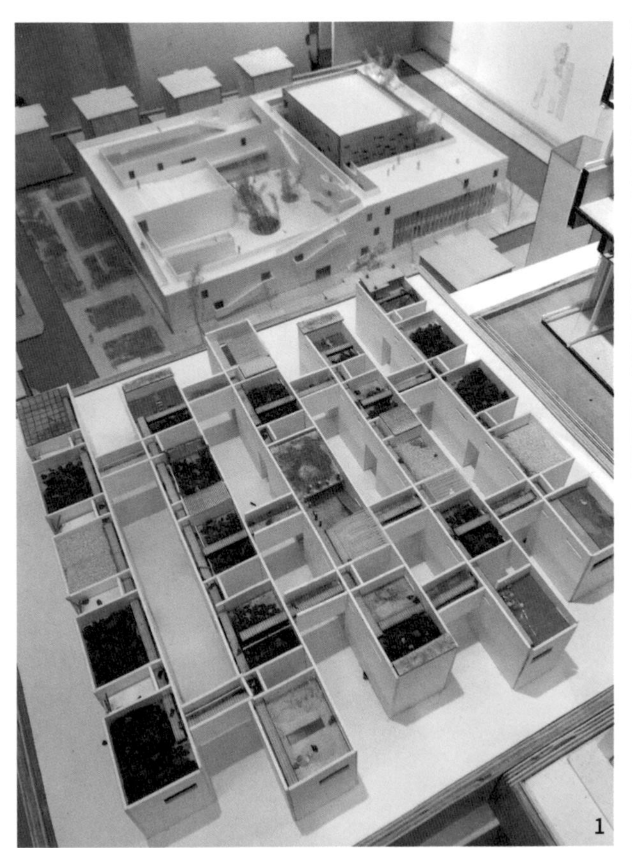

1

2

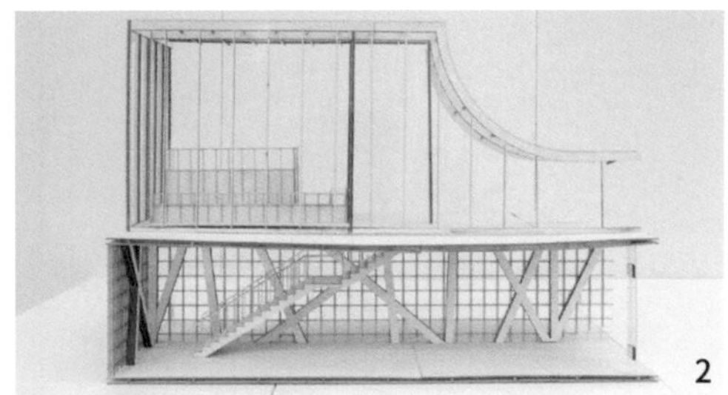

2

模型作者：

2015 级 吴柳青 陈健胜 周安宇

2013 级 张颢阳 梁露露 张晨丹

2013 级 胡晓南 郭若梅 王毅超

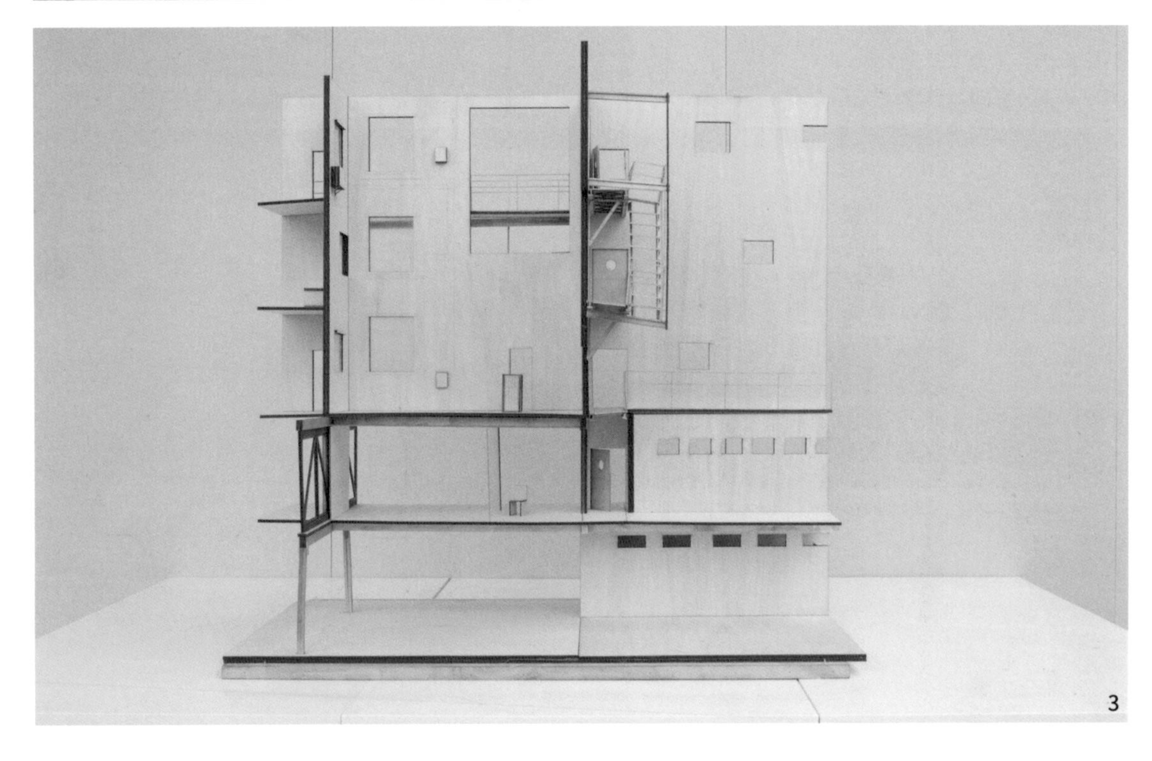

3

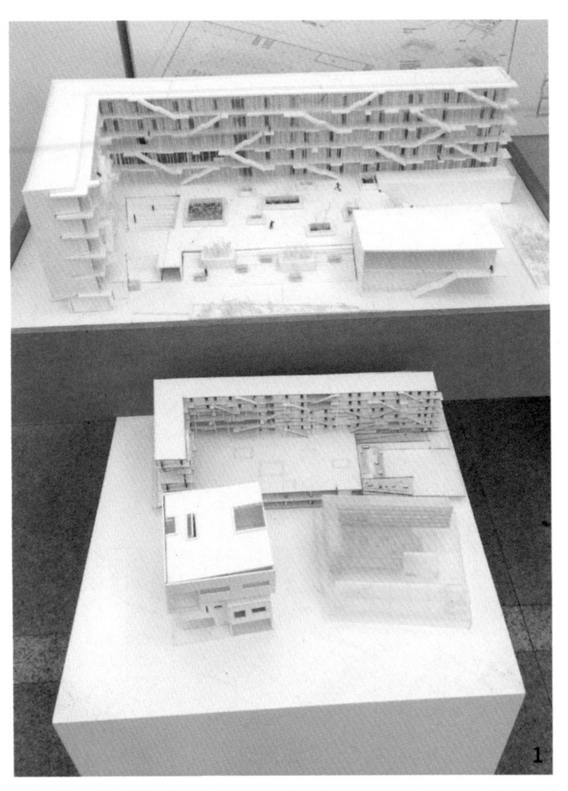

1

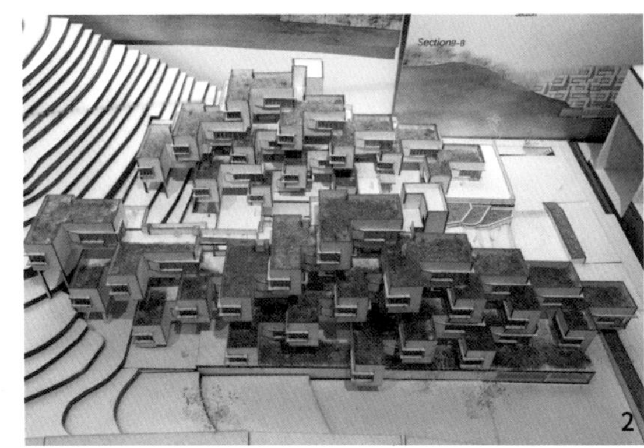

2

3

4

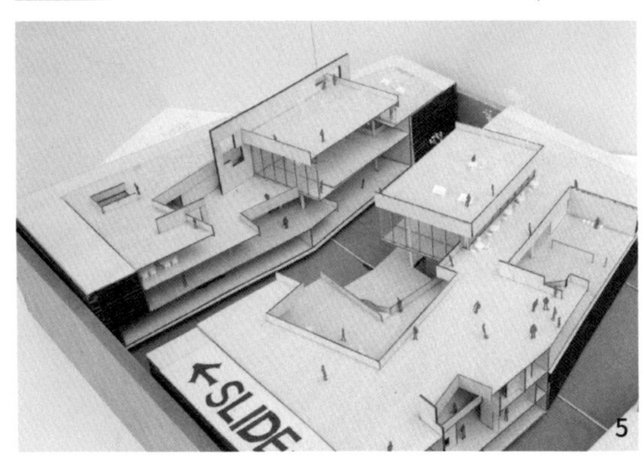

5

6

模型作者：

2013 级 方晗茜 丁一 温皓悦

2014 级 欧阳煜宽 林俊挺 徐珑珲 童珈慧

2015 级 金子豪 吴蕴芃 陆融融

2015 级 刘琦 詹育泓 叶佳琪

2013 级 伍一峰 毛金统 李泽

2015 级 叶旎 林巾业 许皓康

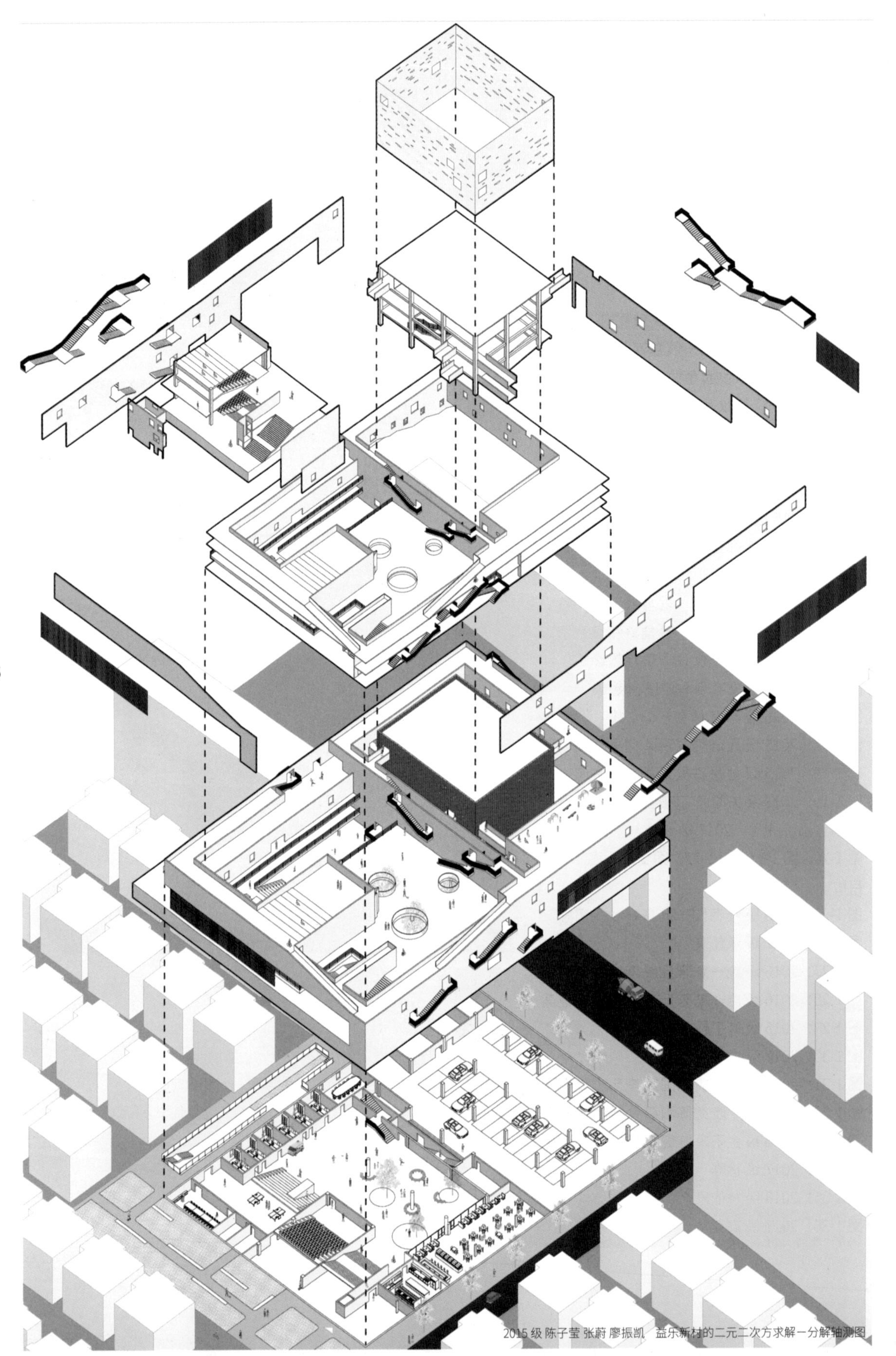

2015 级 陈子莹 张蔚 廖振凯 益乐新村的二元二次方求解—分解轴测图

图片来源

图 1：作者自绘
图 2：作者自绘
图 3：作者自绘

图 1-1：2015 级 徐致远 董倬诚 黄文玥
图 1-2：2015 级 徐致远 董倬诚 黄文玥
图 1-3：2015 级 叶旎 陶一帆 詹育泓 金采恩
图 1-4：2015 级 徐致远 董倬诚 黄文玥
图 1-5：2015 级 徐致远 董倬诚 黄文玥
图 1-6：2015 级 徐致远 董倬诚 黄文玥
图 1-7：2017 级 陈心畅
图 1-8：2015 级 郑巍巍 许皓康 徐超颖
图 1-9：2015 级 郑巍巍 许皓康 徐超颖
图 1-10：2015 级 郑巍巍 许皓康 徐超颖
图 1-11：作者自绘
图 1-12：2015 级 叶旎 陶一帆 詹育泓 金采恩
图 1-13：2015 级 叶旎 陶一帆 詹育泓 金采恩
图 1-14：2015 级 郑巍巍 许皓康 徐超颖
图 1-15：2015 级 郑巍巍 许皓康 徐超颖
图 1-16：2015 级 苏亮 林淑艺 郭剑峰
图 1-17：2015 级 程浩然 温润泽 刘子剑
图 1-18：2015 级 孙源 许昊 蔚雨杉 刘兴隆
图 1-19：2013 级 方晗茜 丁一 吴铮然，2015 级 叶旎 陶一帆 詹育泓 金采恩，2017 级 赵睿
图 1-20、图 1-21、图 1-22、图 1-23、图 1-24：作者拍摄、自绘
图 1-25：2015 级 叶旎 陶一帆 詹育泓 金采恩
图 1-26：2017 级 丁任琪
图 1-27：2016 级 施一豪 宋丘吉 李慧琳 章铠淇
图 1-28：2016 级 施一豪 宋丘吉 李慧琳 章铠淇
图 1-29：2015 级 叶子超 张蔚 王小艺
图 1-30：2017 级 虞凡
图 1-31：2016 级 许筱婉 杨国升 李艺珍 魏小飞
图 1-32：2016 级 于晓炎 陈雨瑶 余科润 吴长庚
图 1-33：2015 级 金子豪 陈健胜 吴柳青 倪珩茸
图 1-34：2017 级 徐晔
图 1-35：2018 级 林依泉
图 1-36：2017 级 高存希
图 1-37：2017 级 江钧
图 1-38：2016 级 陈楚意 庞荻 刘怡敏 张钰莹、2017 级 高存希、2017 级 罗洋等
图 1-39：2013 级 郑盛远 马康伟 李胤赜 胡凌
图 1-40：2015 级 程浩然 温润泽 刘子剑
图 1-41：2013 级 毛宇青 杨兆轩 王嘉慧
图 1-42：2018 级 张彦彤
图 1-43：2015 级 叶子超 张蔚 王小艺

图 2-1：2017 级 高斌赫 高存希
图 2-2：2012 级丁培宇
图 2-3：2018 级 潘翼舒 吴玲姿
图 2-4：2012 级 徐沛 欧晓琳 周昕怡 诸梦杰 王泽洲
图 2-5：2012 级 孙蓓蓓
图 2-6：2017 级 徐晔 丁任琪
图 2-7：2017 级 江钧 李宜
图 2-8：2012 级 马釗尔 夏明杰 叶在乔 刘梦 王思佳
图 2-9：2017 级 高斌赫 高存希
图 2-10：2012 级 王朕 龙敏孜 李沿 赵颖瑜
图 2-11：2018 级 姚双越 张彦彤
图 2-12：2018 级 金晨晰 蔚岱蓉
图 2-13：2018 级 金晨晰 蔚岱蓉
图 2-14：2011 级 吴彬彬
图 2-15：2011 级 李越鹏
图 2-16：2011 级 陈睿昕
图 2-17：2012 级 姚依虹 诸梦杰 周昕怡 胡丁予
图 2-18：2012 级 陈睿鑫 邵鸣 杨淑涵 干可雨
图 2-19：2012 级 陈梓威 杨紫荃 盧百浩 梁俊
图 2-20：2018 级 李媛 张嘉楠
图 2-21：2013 级 唐玉田 王家诚 张晨丹
图 2-22：2018 级 金晨晰 蔚岱蓉
图 2-23：2012 级 陈梓威 杨紫荃 盧百浩 梁俊
图 2-24：2012 级 孙蓓蓓
图 2-25：2012 级 王朕 龙敏孜 李沿 赵颖瑜
图 2-26：2012 级 徐沛 欧晓琳 周昕怡 诸梦杰 王泽洲
图 2-27：2017 级 江钧 李宜
图 2-28：2013 级 苏思玮
图 2-29：2015 级 叶子超

图 2-30：2012 级 朱旺达 上官富豪 武威 洪一帆
图 2-31：2012 级 朱旺达 上官富豪 武威 洪一帆
图 2-32：2012 级 朱旺达 上官富豪 武威 洪一帆
图 2-33：2015 级 苏亮
图 2-34：2018 级 叶海丽 张路漫
图 2-35：2018 级 陆文凯 赵宏逸

图 3-1：2017 级 郑错钧、宝敔昌
图 3-2：作者：（法国）勒·柯布西耶 译者：金秋野 王又佳
图 3-3：2017 级 丁任琪 徐晔
图 3-4：2017 级 丁任琪 徐晔
图 3-5：2017 级 孔雨薇 付悦
图 3-6：2018 级 方琰 张彦彤 金晨晰 章颖 周可涵 王子煜 厉铭明 尹靖文 刘佳琪 高嘉杰 徐柯晨 徐宇超
图 3-7：2018 级 潘胜璋
图 3-8：2018 级 旦增罗仁 姚笈
图 3-9：2018 级 胡耀天 洪辰
图 3-10：2018 级 胡玥琪 胡展豪

图 4-1：作者自绘
图 4-2：2015 级专题研究
图 4-3：2014 级、2015 级同学自摄
图 4-4：2015 级专题研究
图 4-5：2015 级专题研究
图 4-6：2015 级专题研究
图 4-7：2015 级专题研究
图 4-8：2015 级专题研究
图 4-9：2013 级专题研究与场地模型
图 4-10：2014 级专题研究与场地模型
图 4-11：2015 级专题研究
图 4-12：2016 级 项啸鹏 夏淼军 叶柠 陈相权
图 4-13：2016 级 方瑜媛 刘怡敏 李慧琳 陆浩 王龙佳 侯明欣
图 4-14：2014 级 梁晨 刘雅茜 孙玙 郭画儿
图 4-15：2015 级专题研究
图 4-16：2015 级 叶子超 赵程浩 吴涵
图 4-17：2015 级 金子豪 吴蕴芃 陆融融
图 4-18：2017 级 江钧 李宜
图 4-19：2015 级专题研究
图 4-20：2015 级专题研究
图 4-21：2014 级 杨文韵 刘慧琳 孙少奇
图 4-22：2015 级 叶子超 赵程浩 吴涵
图 4-23：2017 级 高存希 朱怡江
图 4-24：2015 级 叶旎 林巾业 许皓康
图 4-25：2013 级 胡晓南 郭若梅 王毅超
图 4-26：2014 级、2015 级专题研究
图 4-27：2018 级 华颖 董笑恬 范浙文 孙竞超
图 4-28：2015 级专题研究
图 4-29：2015 级 金子豪 吴蕴芃 陆融融
图 4-30：教师课件
图 4-31：作者自绘
图 4-32：教师课件
图 4-33：教师课件